国家科学技术学术著作出版基金资助出版

建筑热湿环境营造过程的热学原理

刘晓华　谢晓云　张　涛　江　亿　著

中国建筑工业出版社

图书在版编目（CIP）数据

建筑热湿环境营造过程的热学原理/刘晓华等著 . —北京：中国建筑工业出版社，2016.4

ISBN 978-7-112-19093-5

Ⅰ.①建…　Ⅱ.①刘…　Ⅲ.①建筑热工－热工学　Ⅳ.①TU111

中国版本图书馆 CIP 数据核字（2016）第 030531 号

　　本书以建筑热湿环境营造过程的内部损失为认识视角，运用合理的热学分析参数，通过定量刻画室内末端热湿采集过程的损失、热量传输过程的损失、热湿转换过程等内部损失情况，并分析减少各环节损失的有效方法，以期寻求提高各处理环节性能的指导原则，为合理构建建筑热湿环境营造系统奠定基础，在保证建筑适宜的热湿环境的情况下，尽可能降低整个系统的能源消耗。

　　本书主要内容包括：从建筑热湿环境营造系统的特点（第 2 章）和热学参数的基本定义（第 3 章）出发，寻找到适宜的热学参数来定量刻画热湿环境营造过程的损失；以热学参数为指导工具，第 4 章～第 7 章将从理论分析角度认识建筑室内热湿环境营造过程的各个关键环节，包括室内空间的热湿采集过程、稳态传热过程（换热器与换热网络）、动态传热过程（围护结构传热和蓄能）以及湿空气热湿传递过程等，介绍各环节的基本分析方法及相应的优化指导原则；在各环节特性分析的基础上对整个建筑环境营造过程的系统性能进行研究，给出相应的系统热学分析原则（第 8 章）。

　　责任编辑：张文胜　姚荣华
　　责任校对：李美娜　关　健

建筑热湿环境营造过程的热学原理

刘晓华　谢晓云　张　涛　江　亿　著

*

中国建筑工业出版社出版、发行（北京西郊百万庄）

各地新华书店、建筑书店经销

北京楠竹文化发展有限公司制版

北京云浩印刷有限责任公司印刷

*

开本：787×960 毫米　1/16　印张：23¼　字数：333 千字

2016 年 2 月第一版　2016 年 2 月第一次印刷

定价：**65. 00** 元

ISBN 978-7-112-19093-5

（28149）

前　言

　　本书的主题是讨论室内热湿环境营造系统的热学基础。室内热湿环境营造系统，包括为满足对居住者室内环境温度湿度需求的供暖、通风和空调系统，也包括为了人类的生产、科研、生活的不同需要而营造的各种不同于外界自然温湿度环境的人工环境系统。例如为了有利于蔬菜生长的温室大棚，已经是保证居民食品供应的重要生产设施；为了储藏品的保质、保鲜所要求的各种冷藏环境，已成为保证人民生活的不可或缺的设施；更不用说各种各样的为了工业生产过程所需要的恒定温度湿度环境和为了科学研究所要的各类变化的或极端的温湿度环境等。

　　营造和维持室内温湿度以满足各类不同的需求，不仅直接关系人民的生活和工农业生产与科学研究，同时也构成巨大的能源消耗。建筑室内热湿环境的营造使用了建筑运行一半以上的能源，也占用了人类总的能源消耗的15%～20%；再加上工农业科研所需要的温湿度环境的营造，运输工具（飞机、火车、轮船）内部温湿度环境的营造等，这个领域的日常运行占用了目前人类能源消耗总量的约20%，成为能源消耗比例最大的领域之一。因此，这是一个既关系人民基本生活水平，也同时为各行各业提供基础条件，还与当前人类面临的节能减排任务密切相关的学科领域。

　　如果从开利博士系统地提出空调的概念和方法算起，室内热湿环境营造系统的理论和工程实践已经有了一百年以上的发展历史，人类已经可以根据需求，在任何自然环境下在任何建筑内准确、稳定地实现所要求的各种热湿环境。并且也发展出了系统的分析方法、设计方法、系列的设备产品和成熟的运行管理方法。空调制冷技术被誉为20世纪对人类影响最大的二十项重大发明的第十位，并且已经发展成为一门成熟的学科。既然如此，有何必要去重新讨论和研究它的什么"热学基础"呢？这是由于：

（1）室内热湿环境营造应该作为一门系统的学科（按照我国的学科管理体系的提法，应该是"一级学科"），然而，它的理论体系是什么？目前室内热湿环境营造的相关内容，在我国被散落在4个大"一级学科"的7个"二级学科"中。我们近二十年来不断呼吁，希望把它作为一门学科来看待，从而有利于系统的发展这一关系到国计民生大事的学科。然而，在论证时往往被问及：构成这一学科的理论基础是什么？一提到这一问题，一般都回答，我们的基础理论是工程热力学、传热学和流体力学。这些确实是我们的重要基础，但这都属于工程热物理范畴，是与相关的热能动力、制冷及一些机械工程系统的共性内容，并不能反映出室内热湿环境营造学科的特殊性，由此也就不能作为使其成为独立学科的理由。再一种回答是"人体热舒适"。这确实是我们这一学科独到的、有特色的理论基础问题，但它只是部分需求侧问题的理论基础，不涉及非民用建筑的需求问题，更不涉及如何营造室内热湿环境这一基本问题。因此它只能作为构成我们这个学科的理论基础的一部分，不足以代表全部。那么，更主要的反映这个学科独到的特点的、构成这个学科精髓的理论体系应该是什么呢？

（2）经过一百多年的发展，目前这一学科的整套的分析研究方法可以完善地解决设计和运行供暖通风空调系统，营造室内热湿环境的各种问题，满足人类对室内热湿环境的各种需求。当不太在意运行能源消耗，仅以实现室内环境参数为主要目标时，这个理论分析体系已可完全满足。但是，当同时关注运行能源消耗，寻求最少地消耗常规能源来实现室内热湿环境的营造时，现在的分析工具似乎就不是非常有效了。例如：

1) 给定室内外热湿参数和建筑的相关参数，是否存在维持室内要求的热湿状态所需要的最小能耗？这一最小能耗又是多少？

2) 当依靠供暖维持室内温度时，以前对上一问题的回答是"此时供暖需要的热负荷"。的确，如果采用锅炉燃烧产生热量，为维持室内温度就需要提供相当于此时热负荷的热量。但是如果采用热泵呢？如果热泵热源状况（空气源、水源等）不同呢？对于夏季制冷空调又怎样呢？实际系统的能耗不仅发生于锅炉和热泵，还有担负热量输运的风机、水泵。如何把这些辅助系统的用能也给予统一考虑？

3) 再深入一步，上面所提的能耗的表述方式又应该是什么？以"热量"为表述单位？似乎还应该考虑其温度水平，考虑能源的品位。那么都折合成"一次能源"（例如标准煤）是否就能给出清晰的表述？从理论上应该采用什么更清晰的方法？

4) 进一步，当研究包括除湿过程在内的夏季空调过程，在讨论最小能耗时问题就更多了。除湿需要的潜热是否可以与降温的显热统一以冷量来标识？冷量是否可以按照参考冷机的 COP 转换成电功率？当室外空气焓值高于室内而含湿量低于室内时，为了降低空调能耗应该尽可能多采用新风还是尽可能多用回风？

5) 甚至于当涉及一些围护结构或某些专门装置的蓄热问题时，可以简单地计算蓄热放热量吗？如何考虑热量品位的变化？在30℃条件下蓄存热量在20℃下有可能释放出更多的热量，这能说"蓄热效率＞1"吗？

（3）以上仅是举了很少的例子说明目前分析方法的欠缺，随手还可以列举出更多的例子。而这些理论或分析工具的欠缺又往往造成我们对实际工程问题认识上的混乱甚至错误和误导。尤其当研究系统的运行能耗或节能问题时。例如：

1) 通过提取地下水或地埋管换热方式的地源热泵被誉为一种"可再生能源"方式，那么依靠空气夏季冷却冷凝器或冬季加热蒸发器的方式就不是可再生能源吗？如果热泵在冬季制热是"可再生能源"，在夏季制冷是否也属于"可再生能源"？"可再生能源"，顾名思义就是可以从自然界获得的、取之不尽、用之不竭的、可以用来做功的资源，通过地源热泵提取的热量属于利用地下的热能做功吗？

2）建筑围护结构的保温在很多场合被作为实现建筑节能最主要的内容，甚至已成为建筑节能与否的主要标志。保温的功能就是减少或割断通过围护结构形成的室内到室外的热量传递，这怎么就成了建筑节能的主要任务？我们是在任何时候任何场合都期望尽可能减少室内外间的传热吗？我们到底希望具有什么热性能的围护结构？

3）各类辐射末端形式（辐射地板、辐射吊顶等）开始被作为建筑节能的一种方式。它们为什么节能？怎样的辐射末端形式才真的节能？当室内某处存在高温热源时，应该把低温的供冷末端靠近高温热源以直接带走更多的热量、还是远离高温热源，避免过多的冷热掺混？

4）再回到大尺度上，当北方发展热电联产、集中供热时，很自然地就有人想到冷似乎和热是对称的，于是在南方就应该发展"冷电联产、集中供冷"了。"冷"和"热"是对称的吗？实际上物理学中只讨论热，"冷"表示一种状态，而"冷量"似乎是排除热量的能力，实际工程中"热"和"冷"有很大的不同，这种简单地类比所引起的误导有可能导致我们在节能减排工作中的重大失误！

当建筑节能前所未有地成为全社会关注的重大任务时，尤其是当多个不同学科不同知识背景的专家开始进入这一领域时，上述这样的认识不清而误导工作的案例就变得非常之多，由此在理论上提供清晰的认识和有效的分析工具就成为建筑节能工作所急切需要解决的基础问题。近二十年来国内外学者开始关注这一问题，并相继提出一些新的观点和分析手段。20世纪80年代初就有用㶲的方法分析空气处理过程的研究，以后陆续有对整个空调系统和建筑的㶲分析，但这些分析都未提到室内热湿环境营造过程的本质，未能找到恰当的观测角度和研究问题的出发点。采用㶲分析的基础是确定参照状态作为零㶲参照点，当涉及湿空气问题时，取室外空气状态还是取等干球温度下的饱和空气状态为参照点，多年来也一直争论不休。而不同的零㶲参照点会导致㶲分析的结果完全不同，这甚至使人对㶲分析能否解决这些问题产生质疑。然而在欧洲，由于气候原因湿度很少考虑，这时采用㶲分析研究和指导室内热环境设计取得了很大的成功。德国20世纪90年代开始研究建筑物中"㶲的流动"，配合建筑节能的需求，进一步提出"低㶲建筑"，成立了低㶲建筑学会，国际能源组织（IEA）的EBC（建筑和社区系统节能）合作研究计划陆续两次立项开展低㶲建筑研究，德国和芬兰进一步把低㶲建筑和低㶲系统作为实现建筑节能的主要途径。在这些研究的推动下，欧洲在实际工程中开始倡导"低温供热、高温供冷"的新的系统方式，取得了很好的节能效果。在德国汉堡机场和泰国曼谷机场使用地板冷辐射方式维持室内温度，也解决了透过玻璃幕墙的太阳辐射造成的高密度冷负荷问题，得到很好的环境控制效果。在同一时期，日本也对空调建筑中的热过程进行深入研究，探讨热量输送系统的本质，指出节能的关键是应尽量避免室内空间及空调系统内不同温度掺混造成的混合损失。

上述这些研究从不同目的出发，都力求从能源品位的角度重新考查室内热湿环境营造系统，试图建立新的理论框架和分析工具，从能量利用的角度重新认识这一系统，从而得到更好的系统解决方案。然而，这些研究中至少还有如下不足：

（1）㶲真的反映了室内热湿环境营造系统的本质了吗？追求低能耗系统就是追求低㶲系统吗？

（2）怎样分析空气的湿度问题？尤其涉及对各类蒸发冷却、冷凝除湿、各类吸湿剂（固体或液体）除湿和热回收问题的分析，目前还缺少有效的分析工具。

（3）实际的供暖空调系统中，由各类风机和水泵构成的热量输送系统的能耗是系统总能耗的重要组成部分，而前述分析方法中很难把输送系统的能耗与冷热源的能耗共同进行分析。倡导"低温送风"者说低温冷源可以加大送风温差、减少风量从而降低风机能耗；提倡"温湿度独立控制"者则说高温冷源可以提高蒸发温度，从而提高冷机 COP，降低冷机电耗。这二者都只强调了问题的一个方面，怎样把冷源的能耗与输送系统的能耗统一起来呢？

我们开始产生朦胧的想法，试图开始相关的研究。还是在 1995 年，当时在开展一些新的除湿方式的研究中，美国一些同行提出利用电场下某些树脂材料可发生变形的现象，可以开发一种全新的除湿方式，其能源利用效率似乎可以远高于通常的冷凝除湿方式。这在当时形成一股研究热潮，几个基金项目，已形成若干个专利，甚至还有风险投资基金开始投资此技术研发公司。然而，二三年后，实验和研究通通失败。所预测的除湿能耗小于热力学理想过程的除湿能耗，因此这种类似于"永动机"的除湿方法最终被证明是不成立的。对于这样的问题，为什么不能有一个清晰的理论判断方法去指出其可行性与否，而非要通过大量的技术研究去尝试，最后再宣告失败呢？如果各式各样的永动机也都需要这样来判断真伪，人类的研究力量恐怕就会耗尽于这种几乎无效的研究中。而当涉及湿空气和热湿转换过程时，当时还真的没有一个有效的理论工具来做这种判断。这就使我们慢慢产生了开始做这方面基础理论研究的念头。

感谢清华大学基础研究基金的支持。这是一项 3 万元的基础研究资助基金，但确是这样一项十余年长期研究的起点。以后，有国家自然科学基金的持续支持，有科技部十五计划和十一五计划的支持，有北京市科委研究计划的支持，更有国家自然科学基金重点项目的支持，使我们这项研究坚持下去，逐渐深入，并不断得到一些有益的理论成果和应用成果。

在湿空气热湿转换过程的认识有了一定突破后，我们陆续研究开发出利用盐溶液吸湿作用的空气湿度调控方法，研究出干燥地区把干空气的"干"转换为"冷"的方法，这些都立即产生了巨大的应用价值，成为实际的产品，陆续获得两项国家科学技术发明奖。这都是攀登理论高山途中的收获。尽管当时距彻底阐述清楚热湿转换过程还有不少距离，但理论研究的途中已经采集到丰盛的果实。

随着研究的深入，在一些问题上多次碰壁后，我们发现实际上是很多更基本的问题还没有搞清楚，需要退回来，从传热过程，从热量输送过程，甚至从热环境营造的本质上重新开始研究，建立系统的理论框架。现在我们认识到，热湿转换过程可能是这整个理论体系中最复杂、最困难的部分。我们怎么偏偏从最难的地方入手呢？回过头来，先把最一般的基本的过程弄清楚！恰恰在这时，我们又接触到传热传质专家、清华大学过增元院士关于传热过程中的㶲耗散理论的研究。读到这些理论，真有一种"久旱逢甘露，他乡遇故知"的感觉。这些东西正是我们所苦苦追求和寻找的！在过增元先生的悉心指导下，尤其是用上他提出的新参数㶲之后，问题变得清晰和明朗了，研究热湿环境营造系统的新的热学理论框架就这样慢慢形成了。

退回到纯显热的简单问题，再用新的方法来看，问题就变得不简单了，一些实际的工程问题得以从新的角度来审视，从而也就得到新的认识。我们很快就在高密度发热的数据机房环境控制中得到有效应用，利用发热芯片和室外温度之间的温差最大可能地把芯片发出的热量导到室外，而不消耗过多的动力，使机房空调的能源消耗降低 50% ~ 70%。同样利用这些分析方法看室内的温度场，在供暖空调室内末端方式的认识上一下子有了大的突破，伴随着也就涌出各种新的末端形式和装置。

对不断获得新的理论成果的冲动和对不断得到随之而来的应用成果的喜悦，我们急切地期望更多的业内同行和业外专家能够分享我们的成果，能够都掌握这一理论利器。于是，从 2010 年秋季开始，我们把它作为新的研究生学位课，在清华大学试讲。这门课受到我们的研究生和清华多个系的研究生的欢迎。与其说是分享我们的研究成果，不如说是由大家共同来完善这一新的理论体系，更是由上课逼着我们把一些事想清楚，把不完整、不健全的地方一步一步完善、健全起来。

本书是对我们在热湿环境营造的热学基础研究的全面总结，希望通过这一研究产生的新的理论工具能更好地解决这一领域的工程问题，从而营造出更适宜使用需求、更节省运行能源，更便于运行调节的热湿环境营造系统和相关设备产品。

以下是相关研究的主要参与者：

张立志，1999 年结束他在清华大学博士后的工作，他从那时开始，直到现在，已十多年不断地开展透湿膜方面的研究。

袁卫星，2000 年结束他在清华大学博士后的工作。他的主要贡献是关于全热回收转轮和除湿转轮的研究。

李震，2004 年博士毕业，提出维持室内湿环境的最小能耗，也是数据机房排热系统的主要工程实践者。

刘晓华，2007 年博士毕业，提出湿空气热湿处理过程"热湿匹配"的概念，在溶液调湿空气处理装置研究中做出重要贡献，也是后来热学研究小组的领导者。

陈晓阳，2005 年硕士毕业，是溶液调湿空气处理装置的主要研究者，以后又成为研究和推广新型溶液调湿空调的主要实践者。

谢晓云，2009 年博士毕业，提出热湿转换过程热学分析的一些基本概念，又是利用干空气能产生空调冷源的主要发明者和工程实践者。

刘拴强，2010 年博士毕业，成功解决了溶液调湿机组中换热器面积最佳匹配问题，成为热学分析的一个有效案例，后来在溶液调湿空调技术的工程实践中作了很大贡献。

田浩，2013 年博士毕业，是研究小组第一个以数据机房的排热为题目的博士，系统地利用新的分析方法建立了数据中心排热系统的理论框架。

张伦，2014 年博士毕业，深入从㶲和㶲这两个角度分析了热湿交换过程，给出了这两种分析方法关注点的不同，说明了各自的适用性。

张涛，2015 年博士毕业，也是本书作者之一。他发展了温湿度独立控制空调系统，并系统地整理了历年来的热学研究成果，使其得以系统地全面表述。

涂壤，2014 年博士毕业，完成了转轮全热回收和转轮除湿过程的系统研究。在她之前，我们总是讲转轮除湿不是好的湿度处理过程，而她却指出，当除湿、再生扇区合理划分后，转轮过程本身是接近理想的热湿匹配过程，问题出在前面对再生气流的预热。

赵康，2015 年博士毕业，对包括辐射末端的高大空间中各类热源的释放过程及各种热量采集过程进行了深入研究，建立起这一过程的烟耗散模型。

还有多位没有列到这里的硕士研究生在这一方向上也作出重要贡献。目前，还有多位同学仍然在这一研究方向辛勤耕耘。很难把参加过这一方向研究，并做出重要贡献的合作者都一一列出，对上面列出的各位和更多的没能够列出的各位所作的贡献，深深表示感谢。这样的工作必须有一只持续不断的队伍，出于着迷的兴趣，出于对科学的热爱，也出于对建立热湿环境营造学科体系的社会责任，全身心地投入，一起争论，共同创造。没有这样一支多年不散、持之以恒的队伍，很难想象会发展出这样一个系统的理论框架，更不能想象会伴随产生出这样多的应用成果。

更应该感谢过增元院士和他领导的课题组。没有他的指导和鼓励，我们不可能建立这样系统的理论框架，没有他的课题组人员的参与和讨论，也不可能有今天的成果。最后还要感谢中国建筑工业出版社的张文胜、姚荣华编辑的大力支持和认真细致的工作。另外，本书英文版将由 Springer 出版社出版。

由于是从一个全新的角度看已有百年历史的事物，我们的认识还很局限，尚不深入，因此一定有很多不准确的地方，很多不合适的提法，也难免有不少错误。希望读者不客气地指出，并提出修改的建议。真希望大家能共同关注这样一个东西，共同浇水、施肥，把这棵刚发芽的小苗培育大，使她为人类的热湿环境营造事业，为人类的节能减排事业做出应有的贡献。

江　亿

于清华大学节能楼

2015 年 11 月 28 日

目　录

第1章　绪论　　　　　　　　　　　　　　　　　　　　　　1

1.1　对建筑热湿环境营造过程的思考　　　　　　　　　　　1

1.2　对建筑热湿环境营造过程的基本认识　　　　　　　　　5

1.3　本书主要内容与框架　　　　　　　　　　　　　　　11

第2章　建筑热湿环境营造过程目标与特点　　　　　　　13

2.1　建筑热湿环境营造过程的任务　　　　　　　　　　　13

2.2　被动式围护结构　　　　　　　　　　　　　　　　　15

   2.2.1　热量与水分传递驱动力全年变化　　　　　　　16

   2.2.2　围护结构的可调节性　　　　　　　　　　　　18

   2.2.3　关于"零能耗"建筑的讨论　　　　　　　　　22

2.3　主动式供暖空调系统　　　　　　　　　　　　　　　25

   2.3.1　排热过程分析（利用自然冷源）　　　　　　　25

   2.3.2　排热过程分析（利用机械冷源）　　　　　　　27

   2.3.3　供暖过程分析　　　　　　　　　　　　　　34

   2.3.4　主动式供暖空调系统的特点　　　　　　　　38

2.4　热源与热汇的特征　　　　　　　　　　　　　　　　41

   2.4.1　典型的热源与热汇　　　　　　　　　　　　42

   2.4.2　高温供冷与低温供热对热源/热汇性能的影响　45

2.5　建筑热湿环境营造过程构建原则　50

　　2.5.1　扩大被动式围护结构的可调节范围　51

　　2.5.2　减少主动式系统各环节的消耗温差　51

第3章　热学参数　55

3.1　采用热学参数分析的原因　55

3.2　熵与㶲分析　59

　　3.2.1　物理概念与定义　62

　　3.2.2　在建筑环境领域的应用分析　67

　　3.2.3　在应用过程中遇到的困惑　72

3.3　㶲分析　76

　　3.3.1　物理概念与定义　76

　　3.3.2　基本传热过程分析　80

　　3.3.3　从室内热源－传输－冷源全过程分析　84

3.4　㶲与㶲参数的联系与区别　86

　　3.4.1　热量与品位的综合考虑　86

　　3.4.2　㶲参数和㶲参数的区别　89

3.5　热学分析在建筑热湿环境营造过程中的应用　93

　　3.5.1　减少损失与建筑热湿环境营造过程性能的关系　93

　　3.5.2　建筑热湿环境营造过程遵循的基本热学原则　96

第4章　室内空间的热湿采集过程　101

4.1　室内产热源、产湿源的特点　101

　　4.1.1　热源的分类与温度水平　102

　　4.1.2　湿源的特点　104

4.2　室内热湿采集过程的目标与特点　105

　　4.2.1　热湿采集过程的目标　105

4.2.2　热湿采集过程掺混损失带来的影响　108

4.3　室内采集过程损失的量化描述　112

4.3.1　典型过程的㶲耗散　112

4.3.2　整个采集过程的㶲耗散　118

4.4　室内非均匀热环境与热量采集过程分析　119

4.4.1　室内非均匀热环境的热量采集　120

4.4.2　高大空间中围护结构热量的排除　122

4.5　典型热湿采集过程（空调方式）特性　125

4.5.1　全空气空调方式　125

4.5.2　风机盘管加新风方式　127

4.5.3　温湿度独立控制方式　129

4.6　从室内热湿采集过程出发的系统构建原则　131

第5章　稳态传热过程：换热器与换热网络　135

5.1　供暖空调系统中的热量传递网络　136

5.2　单个换热器传热特性分析　141

5.2.1　换热过程的㶲耗散与热阻　141

5.2.2　换热过程性能影响因素与不匹配热阻　144

5.3　热量传递网络的热阻特性　150

5.3.1　存在多个换热环节时的热阻分析　150

5.3.2　利用热阻分析对热量传递网络的优化　152

5.3.3　分级方式在热量传递过程中的作用　155

5.4　典型换热过程的特性分析　157

5.4.1　冷水机组蒸发器换热过程　157

5.4.2　提高供水还是回水温度（送风还是回风温度）　159

5.4.3　分离式热管换热装置　162

5.4.4　大温差水系统的冷机串联方式　167

5.4.5　冰蓄冷与水蓄冷方式的特性　　170

第6章　动态传热过程：围护结构与蓄能　　175

6.1　围护结构传热过程分析　　175

6.1.1　围护结构基本性能　　175

6.1.2　典型类型建筑的需冷/热量分析　　182

6.1.3　围护结构的可调性　　187

6.2　周期性蓄热过程分析　　191

6.2.1　蓄热式换热器　　191

6.2.2　中间媒介蓄放热过程的热阻分析　　194

6.2.3　整个蓄热式换热过程的热阻分析　　204

6.2.4　典型案例分析　　208

第7章　湿空气热湿处理过程的特性分析　　221

7.1　空气–水热湿处理过程的物理模型　　221

7.2　空气–水热湿交换过程的㶲分析　　225

7.2.1　热湿交换过程的㶲分析　　225

7.2.2　典型热湿交换过程的分析　　232

7.3　热湿交换过程的匹配特性　　239

7.3.1　逆流的热湿交换过程　　241

7.3.2　顺流的热湿交换过程　　254

7.4　热湿处理过程的案例分析　　259

7.4.1　空气加湿器　　259

7.4.2　冷却塔　　262

第8章　建筑热湿环境营造过程热学分析原则　　265

8.1　建筑热湿环境营造过程整体性能分析　　265

　　　　8.1.1　增大被动式围护结构的可调节范围　　　266

　　　　8.1.2　减小主动式空调系统内部各环节的损失　　　267

　　8.2　减少系统各环节损失的分析原则　　　269

　　　　8.2.1　原则1：减少冷热抵消（干湿抵消）　　　270

　　　　8.2.2　原则2：减少传递环节　　　274

　　　　8.2.3　原则3：减少掺混损失　　　276

　　　　8.2.4　原则4：改善匹配特性　　　279

　　8.3　综合分析案例　　　283

　　　　8.3.1　案例Ⅰ：数据机房的室内环境营造　　　283

　　　　8.3.2　案例Ⅱ：航站楼等高大空间建筑的室内环境营造　　　298

　　8.4　建筑热湿环境营造过程的历史变化与思考　　　308

　　　　8.4.1　"冷热量"与"品位"　　　308

　　　　8.4.2　"冷"与"热"　　　311

　　　　8.4.3　"分散"与"集中"　　　314

　　　　8.4.4　"材料初投资"与"运行能耗"　　　316

　　　　8.4.5　"冷热源能耗"与"输配能耗"　　　319

附录A　湿空气的㶲分析　　　323

　　A.1　热量㶲与湿度㶲的统一表达式　　　323

　　A.2　湿空气㶲参考点的选取　　　325

附录B　表冷器冷凝除湿过程　　　331

　　B.1　物理模型　　　331

　　B.2　湿工况区热湿传递过程与匹配特性分析　　　332

　　B.3　冷凝除湿过程性能分析　　　334

参考文献　　　339

第1章　绪论

1.1　对建筑热湿环境营造过程的思考

室内热湿环境营造就是通过各种工程手段营造出不同于室外自然环境的温度、湿度的人工环境空间，以满足人类生活、生产、科学实验等各种活动的不同需求。在我国通过火炕为室内供暖的历史可以追溯到 2000 年以前；在北美开利博士通过空气喷淋的方式同时调整室内温度和湿度，以满足生产过程的环境需要也已经有超过百年的历史。进入现代社会，供暖、空调这些营造建筑室内环境的方式已经成为建筑不可或缺的必备系统；而大量科学实验、工农业生产中，营造各类不同温湿度参数的环境空间也已经成为保障这些生产与科学研究过程正常进行的重要条件。此外，食品、医药和其他一些特殊物品的安全储存也需要各种不同的温湿度环境，飞机、火车、汽车、船舶中的密闭空间中的温湿度条件的建立与维持，又成为这些交通设施得以正常运行的必需。室内热湿环境的营造已经成为现代社会各种活动中都必不可少的基础条件。

然而，与热湿环境营造工程伴随而来的是这些设施运行过程中消耗的大量能源。以美国、日本为例，伴随其现代化过程的都是建筑运行能耗迅速增长的过程（见图 1–1）。目前，发达国家建筑运行能源消耗都已占到

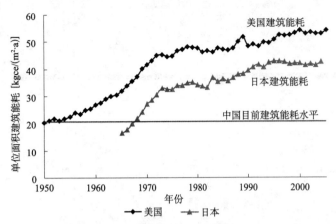

图1-1　美国、日本单位面积建筑能耗逐年变化

该国能源消耗总量的35% ~ 40%。而建筑运行能源消耗中，大约有50%以上是用于营造室内热湿环境。而在大量的工农业生产和科学实验中，室内热湿环境营造所消耗的能源有时也占到主要部分。例如，大规模集成电路制造过程中，60%以上的能源用于超净空调；支撑云计算的大型数据中心，空调系统的能耗占总能源消耗的30%以上；大型汽车生产线的喷涂车间能耗占整个生产线的一半以上，而喷涂车间能耗的80%是用于空调通风。现代社会人类消耗总的能源中20%以上用于各种空间中热湿环境的营造，这是人类获取适宜的热湿环境所付出的巨大代价。

人类文明的发展已经从工业文明发展到生态文明，如何大幅度减少常规能源的使用，如何减少伴随能源使用而产生的大气碳排放问题，已经成为能否实现人类可持续发展的重大挑战。这时，室内热湿环境营造就不再仅仅是营造出满足需求的室内热湿环境，更需要大幅度降低相应系统的运行能耗。满足参数需求与降低能源消耗成为这一学科的两大重要任务。

当仅仅从满足室内热湿环境需求出发，进行工程设计、运行和分析，可以认为现有的理论体系和工程分析方法可以完全满足要求。也正是依靠近百年所发展完善起来的这套理论和方法，解决了各种热湿环境空间的营造问题，保证了民生需要、工农业和科学研究的发展。然而当进一步考虑能源问题时，却发现尚有大量的问题还含糊不清，需要进一步探讨和梳理。

例如作为节能的基本问题，是对热湿环境营造所消耗的能源的定义。传统的定义是供暖的热量和空调制冷的冷量。节能就是减少系统所消耗的热量和冷量。当采用燃煤锅炉生产供暖所需的热量时，所产生的热量与需要的燃煤量成正比，减少热量需求就可以节省燃煤。然而，当采用热泵方式提供热量时，热泵所消耗的电力不仅与所提供的热量成正比，同时还与低温热源与所提供的热量的温度之差成正比。提供较高温度水平下的热量所消耗的电力远比提供较低温度水平下的热量时要高。这样在谈能耗时就不能仅看热量，更要看温度水平，也就是在什么温度下的热量。不仅是热泵热源，除燃煤锅炉之外的其他各种供暖热源的能源转换效率（也就是单位供暖热量与所消耗的化石能源或电力之比）都与所提供的热量的温度水平有关。这样，温度水平和热量大小这二者都是我们在考虑节能时必须关注和追求的量。那么这二者的关系又是什么？能否将其合并为一个目标参数？

目前相当多的供暖系统教科书中还规定进入室内的供暖循环水是供水温度95℃，回水温度70℃。这就要求供暖热源要提供高温下的热量。可是供暖的室内温度也就是20℃左右，为什么要这样高的循环水温度？再看实际的供暖系统运行状况，我国北方有的集中供热系统即使在室外 –20℃的时候室内供暖循环水也仅为50℃/40℃，而此时系统也可以获得很好的供暖效果。既然能源消耗的代价同时还与热量的温度水平有关，为什么不能把供暖循环水的温度降下来？到底应该降低到多少？即使是一些室内末端循环水温度为50℃/40℃的系统，其热源厂提供的一次循环水温度大多也在供水100℃，回水60℃的水平上。为什么需要这么高的温度？从热源到室内（室温仅20℃）的热量需求，温度水平相差如此之大是否必要？温差都用来干什么了？深思起来，简单的集中供热供暖问题中还有很多问题尚未说清楚！

再来看看空调制冷。与供暖相反，系统提供的冷量所处的温度越高，在同样供冷量情况下，制冷机所需要的电耗越小；制冷温度越低，制冷机消耗的电力越多。那么如果要求空调的室温是25℃，为什么要按照目前常用的做法制备7℃的冷水作为冷源呢？可以说7℃的冷水是为了满足冷凝除湿的需要，而不是仅仅为了降温排热。那么如果除湿仅是20%或30%

的需求，为什么不能另外设置一套低温冷源来满足除湿的要求，而采用高温冷源来排热降温？进一步考虑，为什么一定要通过对空气降温使水蒸气冷凝的方法除湿呢？是不是会有更好的不需要降温的除湿方法？为了除湿最节能的流程应是什么？

当适当提高空调冷水温度时，就要减少冷水的供回水温差和冷风的送回风温差，这时风机、水泵的耗电又要有所增加。而当采用冰蓄冷方式的冷源时，近年还在推行"低温送风"方式，通过减少风量节能。那么是该提高温度减少送回风温差还是降低温度加大送回风温差？两个相反的方向，却都是为了节能。那么到底应该向哪个方向努力，如何平衡风机水泵的电耗与"高温冷却、低温供热"？

进一步看，传统的设计中，到处都是5K温差：换热器换热温差5K，循环水供回水温差5K，5K似乎是用在热湿环境营造系统中温差的"标配"。然而，现在很多制冷设备厂商为了改善其能效品质，冷凝器、蒸发器的传热最小端差已经设计到了1K。在热量冷量的温度水平已经和热量冷量本身同等重要了的时候，这些温差还应该维持在5K吗？还是该怎样优化？

室内热湿环境的营造还离不开构成这一封闭空间的围护结构的性能。这样，当谈及建筑节能时，围护结构的保温就成为建筑节能的第一要务。北方地区大力改善围护结构保温水平，确实有效降低了供暖能耗，取得显著的节能效果。那么是不是任何需要营造热湿环境的空间都要下大力保温？有些室内高发热量的数据机房加强围护结构保温的结果往往是增加了实际的运行能耗。那么到底该怎样要求围护结构的保温性能？实际上围护结构的热惯性也对室内热环境有重要影响，又怎样进一步分析和优化热惯性的影响呢？

热量冷量的温度品位、热量冷量的传递、热量与冷量输送过程风机水泵的耗电直至最终构成人工热湿环境空间的围护结构性能，营造室内热湿环境所涉及的这些基本环节都与能源消耗有关，而按照目前已建立和成熟应用的分析系统似乎都还不能对各个环节中与节能相关的各基本问题给出清晰的分析和解释。所以需要针对热湿环境营造过程的能源消耗问题建立系统的理论体系、基本方法和有效的分析工具。本书就是围绕这一目的而展开。

1.2　对建筑热湿环境营造过程的基本认识

笔者所在的研究小组十多年来一直在前面所述的各问题中探索，力图找到更适当的观察问题的角度，更清晰的分析问题的线索，更有效的处理问题的工具。经过十多年的研究和工程实践，初步形成了一个新的理论框架，并且开始尝到采用这种新的分析方法与工具的甜头。本节初步介绍这一理论框架，后续各章则对各环节做深入分析，并利用这一方法，从新的视角出发具体讨论一些典型的工程问题。

以营造室内温度环境为例，传统的认识是：为了维持室内温度，需要在冬季向室内提供热量，夏季向室内提供冷量，这些冷量、热量由此时室内的冷热负荷决定。改善围护结构保温，有可能减少室内冷热负荷，所以可减少需要向室内提供的冷量和热量。根据这样的理解，确定了冷热负荷后，配置相应的供暖和空调系统，使其能够向室内提供所需要的冷量、热量，这就完全可以满足维持室内所需环境参数的目标。

改变观察问题的角度，从能源使用的角度，而不再是热量或冷量的角度来看室内维持温度的过程，可以得到如下的不同认识：将围护结构视为被动的传输过程，仅分析室内各种热源（人员、设备、灯光以及透过窗户的太阳辐射等）的热量释放过程，这些室内热源均是向室内释放热量，要维持室内温度状态则需要持续地排除这些热量：

（1）这些室内产热量可以通过围护结构（包括传热和渗透风）被动地向室外排除；

（2）当围护结构不能排除全部热量时，需要采用由供暖空调系统构成的主动式系统排除多余的热量；

（3）当围护结构被动地过量排除了热量时，则需要通过供暖空调主动系统补偿这部分多排出的热量。

为什么把热环境的营造理解为排除热量的过程而不是提供冷热量的过程？这是因为室内不断产生热量这一特点是绝对的，只要室内有人、有设备，无论在何处，就一定产生热量，参见图1-2。而室内需要热量则是相对的，只有当围护结构（包括传热和渗透风）过量散失了热量时，才需要主动式系统适量补充热量。并且为了维持室内热环境所要排除的热量主要从室内不同的部位分别释放出来的，即使在炎热地区，通过围护结构从室外空气传热进入室内的热量也仅占所要排除热量的小部分；而当需要向室内补充热量时，热量的散失则全部是通过围护结构进行，二者的特点完全不同。

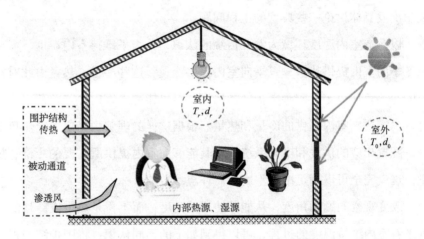

图1-2　建筑室内热源、湿源与围护结构被动式传输过程

围护结构把室内的热量排除到室外环境，热量传递过程的驱动力是室内外温差。从要求的室内温度出发考查室内外温差的变化，可知一般情况下围护结构被动传热的驱动力（温差）在一年内变化会很大。如果围护结构的综合传热热阻仅能在小范围内变化而室内热源全年变化范围也很小，则仅依靠围护结构很难准确地满足排除热量的要求；为了维持要求的室内

温度状态，就需要依靠主动式系统，也就是供暖与空调系统。当围护结构过量排热时（冬季室内外驱动温差很大），就需要主动式系统补充散失的热量；当围护结构排热量不足时，则需要主动式系统排除剩余的热量。这就是为什么需要作为主动调控系统的供暖空调系统的原因。

供暖空调主动式系统的任务就是通过室内与室外某个或多个热源或热汇之间的热量传递来维持室内适宜的空气参数。热源，顾名思义是指热量的来源，在供暖空调系统中是指能够提供热量的媒介；热汇，则是指热量汇集的场所，是收集、接收热量的媒介。作为主动式系统的热源或热汇，可以选择室外空气，也可以选择不同于室外温度的其他热源、热汇：例如地下土壤、地下水、地表水、各种工业过程排出的余热以及锅炉燃烧产生的高温热量等，参见图1-3。与围护结构一样，驱动供暖空调系统实现热量传递的也是室温与热源或热汇温度间的温差。在不同需求情况下选择不同的热源或热汇就可能获得不同的驱动温差。这个驱动温差应克服系统的热量传递阻力，实现要求的热量传递。由此可见，对供暖空调主动式系统来说，其任务是完成热量输送：

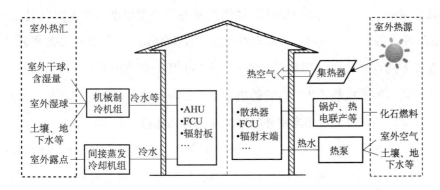

图1-3 建筑热湿环境营造过程的主动式供暖空调系统

（1）当热汇与室温之间可提供的驱动温差足以实现这一热量输送任务时，问题是怎样调节这一系统使其较准确地实现热量的输送；

（2）当需要传递的热量过大、温差不足、甚至驱动温差与要求的热量传递方向不一致时，就需要通过热泵（制冷系统）来增加驱动温差。

　　热泵的功能实际就是通过做功增加系统的驱动温差甚至改变驱动温差的方向。围护结构很难改变热量传递能力，不易适应大幅度变化的驱动温差和基本不变的排热量需求之间的矛盾；而主动系统则可以通过改变驱动温差和改变系统的传热能力来适应和解决这一矛盾，从而在室外温度大幅度变化的情况下有效地维持室内要求的温度状态。因而，对于主动式供暖空调系统而言，怎样设计和运行供暖空调系统，尽可能使得每个环节在输送要求的热量时消耗最少的温差，从而减少对热泵增加温差的需求，成为主动式系统节能所追求的主要目标。

　　关于热泵所提供温差的消耗，一种观点认为在夏季室内温度低，室外温度高，热泵主要是用来把热量从室内较低温度水平提升（搬运）到室外温度水平，进而排出到室外环境中。然而对于最常见的住宅分体空调器，典型的运行参数为：室内温度为 25℃（露点温度 17℃）、室外温度为 32℃ 的工况下，制冷系统的冷凝温度为 45℃、蒸发温度为 5℃。考虑建筑除湿的要求，热泵（制冷系统）的作用是从室内露点温度 17℃ 下提取热量，提升到室外 32℃ 环境下排出，热泵所消耗的电能与所提升热量的温差和热量的乘积成正比。这时热泵提供的温差（冷凝温度与蒸发温度之差）为 40K，而室外空气与室内露点温度之差仅为 15K，其余 25K 温差或者是总温差的 60% 以上都用来克服各个传输环节中的温差损失了！再以典型的冷却塔＋冷水机组＋风机盘管的集中空调系统为例，由于冷却塔的喷水过程，实际的热汇温度相当室外湿球温度，典型运行数据为：室外湿球温度为 27℃、室内温度为 25℃（露点温度 17℃）的工况下，热泵的冷凝温度为 38℃、蒸发温度为 5℃。热泵提升的温升为 33K，而室内外温差仅 10K，另外 23K 的温差是为了满足热量搬运的需要，由各个环节所消耗。也就是说，在这种情况下，30% 的热泵用能用于把热量从室内露点温度提升到室外温度，而 70% 的热泵用能用于克服热量搬运过程各个环节的温差损失！因此，合理地设计热量传输系统，尽可能减少各个环节消耗的温差，应该是降低空调系统能耗的最主要问题。在热量传输的各个环节中，这些温差到底都是怎样消耗的，温差的消耗与各个部件及运行参数有哪些关系，怎样的系统形式可以最大可能地减少传输过程的环节，从而减少温差消耗，这些就成为研究中的重点分析对象和设计中的重点关注对象。通过温差消耗这样一个新的视角来观察、研究空调系统的问题，会给我们许多新的启示。

　　冬季供热的任务是向室内输送热量来补偿围护结构过量传热造成的热量散失。传统的热源方式是燃烧煤或天然气等化石能源而产生热量。这时作为热源的燃烧温度在 1000℃ 以上而所加热的热媒体温度也可以在 100℃ 以上，而室内需求的温度一般在 20℃。利用上百摄氏度的温差把热量从热源输送到建筑室内相对来说是很容易的事，或者说有足够的驱动温差供系统的各个环节来消耗，所以温差的消耗就不再成为任何值得考虑的问题。反之，由于从热源采集的热量直接与所消耗的化石燃料成正比，所以人们主要关注于热量，如何提高热源效率使同样的化石燃料产生更多的热量，如何加强输送系统的保温以最大可能地减少输送过程中的热量损失，如何改善调节使得输送到室内的热量正好等于其围护结构的过量排热量。这些就形成了"以热量为中心"的研究、分析和设计思路。然而，燃烧化石能源产生高温热量来满足建筑室内的常温热量需求，是"高温低用"的方式，将逐渐向直接从常温和低温中提取热量的方式转变（如空气源热泵等）。这时，供暖空调系统向室内供热的任务就成为从接近或者低于室温的常温、低温热源中采集热量，通过热泵做功提升温度后向室内输送的过程。热泵的性能系数 COP 随着冷凝温度与蒸发温度之差的增加而降低，这时减少温差的消耗又成为系统节能的最主要途径。以空气源热泵为例，当室外温度为 0℃，室温为 20℃ 时，典型工况下热泵的蒸发温度为 −10℃，冷凝温度为 45℃。此时热泵所提供的温差为 55K，其中 20K 的温差用于克服室内外温差，或者称为把室外温度下的低温热能提升到较高的室温状态，而温差的 64%（即 35K）还是用来克服热量传输过程各个环节的温差消耗。而当采用温度为 15℃ 的地下水作为热源时，热泵的蒸发温度为 5℃；室温为 20℃时，冷凝温度为 45℃，这样热泵所提供的 40K 的温升只有 5K（也就是 12.5%）用于克服室外热源与室温之间的温差，而 35K（即 87.5%）用于克服各个热量传输环节的温差消耗。因此，供暖空调系统节能的主要问题就成为在满足热量传递需求的基础上，怎样减少各环节的温差消耗、减少热量传递过程中的环节，从而降低对热泵提供温升的需求，达到节能的目的。

以上是从热量传递的角度，重新考察维持室内温度状态的过程。同样可以这样来认识维持室内湿度状态，也就是维持室内空气中水蒸气含量的过程。室内存在一些不断释放水蒸气的湿源（例如人体、花草、敞开的水表面等），要维持室内的湿度状态就需要持续地从室内排除这些水蒸气。对于围护结构隔湿做得比较好的建筑，所谓围护结构的排湿主要是通过室内外渗风和自然通风实现。当围护结构不能满足排湿要求或过量排湿时，也需要供暖空调主动式系统来补充。

营造适宜的建筑室内热湿环境的核心任务是：将室内多余的热量和水分搬运到室外环境的过程。室内需要排除的热量 Q_o（需要排除的水分 M_o），通过围护结构传输热量 Q_{en}（传输水分 M_{en}），则需要通过主动式供暖空调系统传热量 $Q_{ac} = Q_o - Q_{en}$（传输水分 $M_{ac} = M_o - M_{en}$）。这样，分析和研究室内热湿环境营造过程就成为如下几个基本问题：

（1）围护结构系统传热传湿的特点。如何改进围护结构的性能使得可以较少地依赖供暖空调主动式系统就可以营造要求的室内热湿环境？

（2）可作为供暖空调系统的各类热源、热汇的特点。怎样选择适宜的热汇和热源，以减少热泵主动式系统所需提供的温差？

（3）供暖空调系统输送热量性能的研究。怎样在满足热量传递需求的基础上使其消耗最少的常规能源？

（4）系统中水蒸气的传递。水蒸气传递驱动力（湿度差）的形成，与热量传递驱动力（温度差）之间的相互影响与转换。

1.3 本书主要内容与框架

随着暖通空调的发展及全社会对节能减排事业前所未有的重视，需要重新审视营造建筑热湿环境系统的过程，传统以"热量"为分析体系的方法无法满足对建筑热湿环境营造系统本质特点的认识以及节能减排的需求，需要转换分析问题的视角，梳理被动式围护结构以及主动式供暖空调系统的特征，从驱动温差/湿差，从"品位"的角度重新衡量、剖析建筑热湿环境营造系统的过程及形式，从供暖空调系统内部各环节的损失着手，分析怎样减少各环节的温差消耗、减少传递过程的环节，以期找到性能影响的主要原因并指引解决问题、实现大幅度降低营造系统运行能耗的有效途径，促进我国建筑节能减排事业的发展。

本书后续将全面阐述利用热学参数分析建筑环境营造系统各环节的理论方法和应用案例，主要内容包括：从建筑热湿环境营造系统的特点（第2章）和热学参数的基本定义（第3章）出发，寻找到适宜的热学参数来定量刻画热湿环境营造过程的损失；以热学参数为指导工具，第4章~第7章将从理论分析的角度认识建筑室内热湿环境营造过程的各个关键环节，包括室内空间的热湿采集过程、稳态传热过程（换热器与换热网络）、动态传热过程（围护结构传热和蓄能）以及湿空气热湿传递过程等，介绍各环节的基本分析方法及相应的优化指导原则；在各环节特性分析的基础上对整个建筑环境营造过程的系统性能进行研究，给出相应的系统热学分析原则（第8章）。

本书以建筑热湿环境营造过程的内部损失为认识视角，运用合理的热学分析参数，通过定量刻画室内末端热湿采集过程的损失、热量传输过程的损失、热湿转换过程等内部损失情况，并分析减少各环节损失的有效方法，以期寻求提高各处理环节性能的指导原则，为合理构建建筑热湿环境营造系统奠定基础，在保证建筑适宜的热湿环境的情况下，尽可能降低整个系统的能源消耗。本书主要内容的框架如图1-4所示。

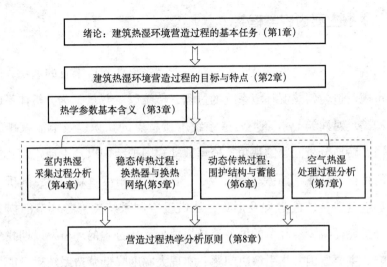

图1-4   本书框架

第 2 章　建筑热湿环境营造过程目标与特点

建筑热湿环境营造过程的根本任务是将室内多余的热量、水分等排除，以满足室内温湿度参数需求，其实质是在一定的驱动力下，完成室内热源、湿源与室外适宜的热汇之间进行热量、水分"搬运"和传递的过程。本章将从基本任务及温差（湿差）驱动力的角度整体认识建筑热湿环境营造过程，阐明驱动温差（湿差）对被动式围护结构、主动式供暖空调系统等的影响规律，分析室外可资利用的典型热汇、热源的温度水平及关键设备性能随温度的变化情况。在对热湿环境营造过程特性进行整体认识的基础上，为改善整个营造过程的性能提出构建原则。

2.1　建筑热湿环境营造过程的任务

室内人员、设备、照明、进入室内的太阳辐射等构成了室内的产热，而室内产湿大多来自人员散湿、开敞水面散湿、植物散湿等。对于一般的建筑应用环境，室内产热、产湿是绝对的，即建筑热湿环境营造过程是将室内多余热量和水分排除到室外的过程。

图 2-1 给出了建筑从室内热源与湿源，到室内余热余湿通过围护结构被动式传输途径，以及通过供暖空调系统主动式传输途径将热量排出到

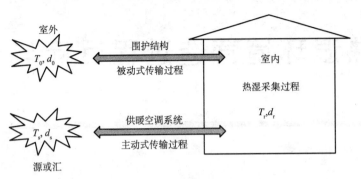

图 2-1 营造建筑热湿环境的基本过程

室外的过程。由此构成了建筑热湿环境营造过程的四个核心环节：

（1）室内热湿采集过程：室内的产热源与产湿源种类众多，各种热湿源之间的品位存在显著差异，如室内不同热源（灯光、人员、设备）表面的温度水平之间明显不同。建筑热湿环境营造过程的根本任务就是将这些室内产热、产湿通过一定的手段排出，而室内热湿采集过程则是直接与热湿源联系的关键环节。如何从末端热湿环境的基本特点出发，构建合理的热湿采集过程？不同末端方式对室内热湿采集过程存在什么影响？如何选取合适的末端方式，合理利用不同热湿源的品位从而尽量减少热湿采集过程中能量品位的损失或浪费？这些都是应在末端热湿采集环节中分析的问题。只有通过构建合理的末端采集方式，才能有效保证排热、排湿过程的传递动力，并为营造合理的热湿环境系统提供基础。

（2）围护结构被动式传输过程：建筑通过外墙、外窗等围护结构与室外环境分隔，室内产热、产湿可以通过围护结构直接进行传递，这种方式可以看作是被动式的传输过程，同时由于围护结构气密性限制而产生的渗透风也是这种被动式传输过程的一部分。对于这一被动式传输过程来说，室内与室外的温差或湿差是将室内热量或水分排除到室外的驱动力。如何有效利用这一室内外驱动力来构建合理的被动传输过程是对围护结构性能提出的新要求，当室外温湿度水平适宜，即可通过被动式传输过程将室内多余热量与水分传递到室外，由此实现通过被动式方法来满足建筑热湿环境营造的需求。

（3）供暖空调系统主动式传输过程：当通过上述围护结构等被动式传输过程难以满足室内热湿环境的营造要求时，则需要借助主动式供暖空调系统实现对室内热湿环境的营造过程。不同于向室内提供热量或冷量的认识角度，如果从排除室内热量或水分的角度来看，是否会对主动式系统产生新的认识和理解呢？单纯从热量角度认识主动式供暖空调系统是否还能适应新形势下的能源与社会发展状况？主动式系统是由包括冷热源设备、输送环节以及末端设备在内的多个环节构成的复杂系统，这些环节间是如何相互作用的？如何构建合理的主动式系统来使得在满足供暖空调需求的基础上尽量降低运行能耗？这些都是主动式系统中需要研究探讨的问题。

　　（4）室外源和汇：对于围护结构等被动式传输过程而言，室内与室外的温差与湿差是整个排热排湿过程的驱动力。对于主动式传输过程，从排除室内产热产湿的角度来看，室外为接收热量或水分的汇；若应用主动式供暖系统向建筑提供热量时，则需要寻找室外源来实现提供热量。源或汇的基本任务是满足热湿营造过程的驱动力需求，通过选择适宜的室外热源与热汇可以改变（一般为加大）整个排热排湿过程的驱动力，从而尽量降低主动式传输过程的能源消耗。室外源或汇存在多种选择，可以为室外空气，也可以是土壤、地下水等。这些源或汇的特性不同，在提供热量或接收热量时应如何合理选取？

　　室内热湿采集过程将在本书第 4 章详细分析，本章将重点介绍围护结构被动式传输过程、供暖空调系统主动式传输过程以及室外源和汇的特点。

2.2　被动式围护结构

　　围护结构组成被动地进行室内外传热的通道，它包括外墙、外窗、屋顶和地面组成的通过导热和表面换热实现的室内外空气间的热量传递，还包括伴随由缝隙渗风和开窗自然通风形成室内外通风换气所导致的热量传递（见图 2-2）。如果墙、窗、屋顶、地面等构成的综合传热能力为 UA（单位 W/K），室内外空气交换量为 $c_p G$（单位 W/K），当不考虑围护结构的热惯性时，可以得到通过围护结构向室外排除的热量 Q_{en}（单位 W）为：

$$Q_{en} = (UA + c_p G) \cdot (T_r - T_0) \qquad (2-1)$$

式中　　U——综合传热系数，W/（$m^2 \cdot$ K）；

　　　　G——室内外空气交换量，kg/s；

　　　　c_p——空气比热，J/（kg·K）；

　T_r、T_0——分别为室温和室外热汇温度（室外空气干球温度），K。

　　（$T_r - T_0$）成为驱动热量传递的驱动温差。

　　同样可以分析湿度的情况。一般情况下通过围护结构的传湿量相对于渗风引起的传湿量而言可以忽略不计，这样通过渗透风排除室内产湿量 M_{en}（单位 kg/s）为：

$$M_{en} = G \cdot (d_r - d_0) \qquad (2-2)$$

式中　　d_r、d_0——分别为室内和室外空气含湿量，kg/kg。

　　（$d_r - d_0$）成为驱动水分传递的驱动湿差。

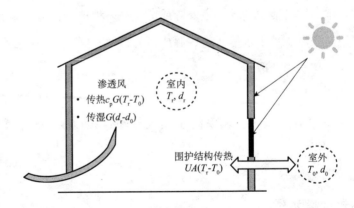

图 2-2　通过围护结构的排热量和排湿量

2.2.1　热量与水分传递驱动力全年变化

　　我国幅员辽阔、各地气候存在着显著差异。图 2-3 为哈尔滨、北京和广州等典型城市全年的驱动温差（$T_r - T_0$）的变化情况。其中室内温度根据室外状况设置为在 18~28℃ 范围内变化，考虑围护结构的热惯性，室外取为每天的日平均温度，由此得到全年的驱动温差的变化情况。可以看到，三地全年的驱动温差都在很大范围内变化，除哈尔滨全年基本上都是正向，另外两地驱动温差的方向在夏季还有所不同。要排除室内的产热量，则要求 $(T_r - T_0)$ 需为正值。在北京与广州夏季，当驱动温差 $(T_r - T_0)$ 为负值，即与建筑排热量方向相反时，则依靠被动式围护结构无法实现排除热量的目的，此时需要主动式空调系统提供正向的、足够大的驱动温差以实现热量从室内到室外的传递过程。

图 2-4 给出了哈尔滨、北京和广州三地室内温度维持在 18 ~ 28℃，相对湿度在 40% ~ 60% 范围内变化时，全年的传湿驱动力 $(d_r - d_0)$ 的变化情况。可以看出：哈尔滨、北京等地冬季及过渡季室外含湿量水平较低，传质驱动力 $(d_r - d_0)$ 为正数，可以利用室外的低湿空气排除室内的余湿；夏季室外含湿量水平高，传质驱动力 $(d_r - d_0)$ 为负值，无法用被动式围护结构实现排除余湿的任务，需要采用主动式空调系统实现对室内的除湿处理过程。广州室外含湿量水平高，传质驱动力 $(d_r - d_0)$ 几乎全年为负数，较难采用自然通风满足室内湿度控制的要求。

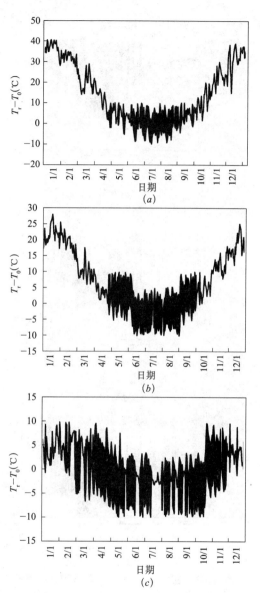

图 2-3　室内温度在 18℃ 和 28℃ 时我国典型城市全年室内外驱动温差 $(T_r - T_0)$

（a）哈尔滨；（b）北京；（c）广州

注：室外日平均温度低于 18℃ 时，室内按 18℃ 计算；室外日平均温度高于 28℃ 时，室内按 28℃ 计算；室外日平均温度在 18 ~ 28℃ 之间时，室内分别按 18℃ 和 28℃ 与室外日平均温度相减，得出一可能区域。

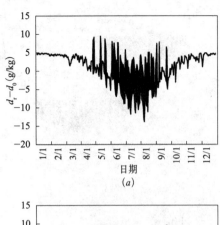

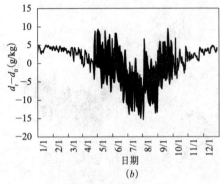

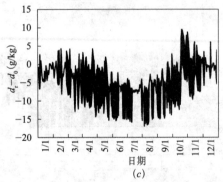

图 2-4　室内相对湿度在 40% ~ 60% 时我国典型城市全年室内外驱动湿差（$d_r - d_0$）

（a）哈尔滨；（b）北京；（c）广州

注：当室外日平均温度低于 18℃ 时，室内含湿量按 5.1g/kg（18℃，40%）计算；当室外日平均温度高于 28℃ 时，室内含湿量按 14.2g/kg（28℃，60%）计算；当室外日平均温度在 18 ~ 28℃ 之间时，室内分别按 5.1g/kg 和 14.2g/kg 与室外日平均含湿量相减，得出一可能区域。

2.2.2　围护结构的可调节性

如图 2-1 所示，室内产热量（产湿量）可通过围护结构被动式传输过程以及供暖空调系统主动式传输过程共同承担。对于排热过程，可以得到：

$$Q_o = Q_{en} + Q_{ac} \qquad (2-3)$$

式中　Q_o——室内产热量；

Q_{en}——通过围护结构排除的热量；

Q_{ac}——通过主动式空调系统排除的热量。

对于一般的建筑应用环境，室内产热是绝对的，即 Q_o 为正值。当围护结构可以准确地排除室内的产热量时（$Q_{en} = Q_o$），无需主动式空调系统，仅通过围护结构即可营造适宜的室内温度水平（被动式建筑）。结合式（2-1），可以得到此时对围护结构的性能要求为：

$$(UA + c_p G) = \frac{Q_o}{T_r - T_0} \qquad (2-4)$$

室内的产热量一般来自于室内人员、设备、灯光等，相对于室内外传热驱动力（$T_r - T_0$）在一年内大范围的变化幅度而言，室内产热量 Q_o 的变化相对较小。当 Q_o 为定值时，图 2-5 给出了所要求的围护结构性能（即 $UA + c_p G$）随传热驱动力的变化情况。

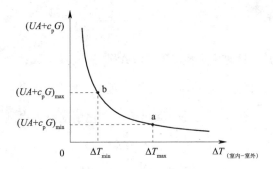

图 2 - 5　要求的围护结构性能随室内外驱动温差的变化情况

当实际围护结构的性能满足图 2 - 5 的要求时（即围护结构性能是随着室内外驱动温差不断变化的），仅围护结构即可实现建筑排热的任务，无需主动式空调系统。对于实际的围护结构，其性能（$UA + c_pG$）仅能在一定范围内变化。围护结构由其传热能力 UA 与室内外空气交换的传热能力 c_pG 两部分中：

（1）室内外空气交换的传热能力 c_pG 的可变化范围较大。G 的最小值由建筑的密闭性决定，建筑越密闭，则渗透风量 G 越小；当建筑可开启外立面比较多时，建筑内可形成较大的自然通风量，使得 G 明显增大。

（2）围护结构传热能力 UA 的可变化范围相对较小。UA 的最小值由建筑的保温性能决定，保温性能越好，则 UA 的数值越小。建筑中也有一些调节 UA 数值的措施（如遮阳帘等），相对于室内外空气交换的传热能力 c_pG 的可变动幅度而言，建筑围护结构传热 UA 的可调节范围相对较小。

综合围护结构 UA 和 c_pG 的可调节性能，可以得到实际围护结构（$UA + c_pG$）的最小值，该最小值由建筑保温和密闭性决定，由此得到被动式系统可排除室内余热的最大温差 ΔT_{max}，对应图 2 - 5 中 a 点。被动式系统可排除室内余热的最小温差 ΔT_{min} 则由围护结构（$UA + c_pG$）的最大值确定，体现围护结构的可调节性能，对应图 2 - 5 中 b 点。

$$\Delta T_{max} = \frac{Q_o}{(UA + c_pG)_{min}} \qquad (2 - 5)$$

$$\Delta T_{\min} = \frac{Q_o}{(UA + c_p G)_{\max}} \qquad (2-6)$$

围护结构的可调节性越大，则 $\Delta T_{\max}$ 和 $\Delta T_{\min}$ 的差异越大；当围护结构几乎无可调节性时（如很少的外窗导致自然通风受限），则 $\Delta T_{\max}$ 和 $\Delta T_{\min}$ 的数值越接近。相对于建筑室内外驱动温差的变化情况可以得到：

（1）当室内外驱动温差 ΔT（等于 $T_r - T_0$）$> \Delta T_{\max}$ 时，通过围护结构向室外传热散失过多的热量，需要主动式供暖系统向建筑补充热量。

（2）当 $\Delta T_{\min} \leqslant \Delta T \leqslant \Delta T_{\max}$ 时，围护结构可准确地排除室内余热，无需主动式系统即可满足建筑排热需求。

（3）当 $0 < \Delta T < \Delta T_{\min}$ 时，虽然室内外驱动温差为正值，但受围护结构调节性能的影响，难以实现足够大的室内外通风换热量（或如此大的通风量导致风机能耗过高）；此时仅围护结构被动式传热过程无法满足建筑排热需求，需要主动式空调系统协助排除室内余热。

（4）当 $\Delta T \leqslant 0$ 时，室内外传热驱动温差为负值，需要主动式空调系统排除室内余热。

上述过程可在图 2-6 上表示出来。对于建筑围护结构的设计，除了期望其具有较好的保温与密闭性能（对应图中 $\Delta T_{\max}$），也期望其具有较大

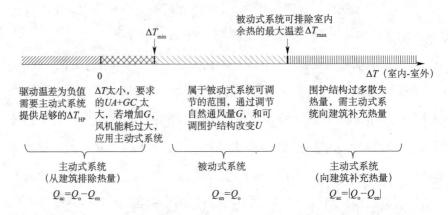

图 2-6 不同的室内外驱动温差（$T_r - T_0$）对应的系统方式

的可调节范围（对应图中 ΔT_{min} 到 ΔT_{max} 较大范围），能够适应室内外不断变化的传热驱动力的需求，能够在较大时间范围内仅靠围护结构被动式传输过程即可满足建筑排热需求，尽可能减少主动式供暖空调系统的使用时间。

同样分析，可以得到建筑排湿过程与室内外不同驱动湿差的关系。室内产湿量可通过围护结构被动式传输过程以及空调系统主动式传输过程共同承担，如式（2-7）所示。

$$M_o = M_{en} + M_{ac} \qquad (2-7)$$

式中　M_o——室内产湿量；

　　　M_{en}——通过围护结构的排湿量；

　　　M_{ac}——通过主动式空调系统的排湿量（或需要补充的湿量）。

对于一般的建筑应用环境，室内产湿量是绝对的，即 M_o 为正值。当围护结构可以准确地排除室内的产湿量时（$M_{en} = M_o$），无需主动式空调系统，仅通过围护结构即可营造适宜的室内湿度水平。结合式（2-2），可以得到此时对围护结构的性能要求为：

$$G = \frac{M_o}{d_r - d_0} \qquad (2-8)$$

当 M_o 为常数时，图 2-7 给出了所要求的围护结构性能（即 G）随着室内外传湿驱动力的变化情况。当实际建筑围护结构的室内外空气换热量 G 在 G_{min} 到 G_{max} 范围内变化时，对应图 2-7 中 a 到 b 的变化范围，分别对应图中室内外驱动湿差 Δd_{max} 和 Δd_{min}。围护结构的可调节性越大，Δd_{max} 和 Δd_{min} 的差异越大，否则 Δd_{max} 和 Δd_{min} 的数值越接近。

图 2-8 给出了不同室内外驱动湿差情况下，对应的系统方式情况：

（1）当室内外驱动湿差 Δd（等于 $d_r - d_0$）$> \Delta d_{max}$

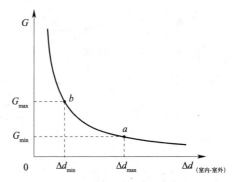

图 2-7　要求的围护结构性能随室内外驱动湿差的变化情况

时，渗风带走过多室内水分，需要主动系统向建筑补充水分（加湿）。

（2）当$\Delta d_{min} \leq \Delta d \leq \Delta d_{max}$时，围护结构可准确地排除室内余湿，无需主动式系统即可满足建筑排湿需求。

（3）当$0 < \Delta d < \Delta d_{min}$时，虽然室内外驱动湿差为正值，但驱动湿差太小，单靠渗风系统难以排除室内余湿（或如此大的通风量导致风机能耗过高），应采用主动式系统除湿。

（4）当$\Delta d \leq 0$时，室内外驱动湿差为负值，需要利用主动式系统对建筑除湿。

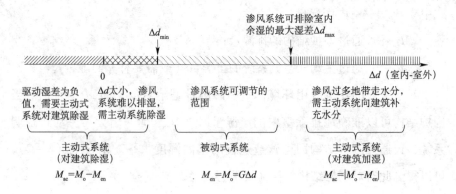

图2-8　不同的室内外驱动湿差（$d_r - d_0$）对应的系统方式

当建筑的可调节性越大时，可利用渗风/通风等方式进行被动式围护结构调节的范围越大，即可实现建筑的排热排湿过程，无需主动式空调系统。

2.2.3　关于"零能耗"建筑的讨论

目前北欧不少国家以实现"零能耗"建筑，甚至"负能耗"建筑（产能建筑）作为其建筑节能努力的目标。一些学者想借鉴北欧的经验，在我国推广"零能耗"建筑的节能经验，这是否真的适用呢？

所谓"零能耗"建筑，即采用围护结构等被动式手段排除室内余热余湿而不消耗化石能源的室内热湿环境营造方式。图2-9以丹麦哥本哈根为例，给出了处于北欧国家传热过程驱动温差（$T_r - T_0$）和传质过程驱动湿差（$d_r - d_0$）的全年变化情况，计算方法与图 2-3 和图 2-4 相同。哥本哈根室外温度与含湿量均较低，驱动温差（$T_r - T_0$）和驱动湿差（$d_r - d_0$）几乎全年均为正值，为利用室外低温低湿的空气排除室内余热余湿创造了良好条件。因此，在全年低温低湿的北欧地区，供暖为主要矛盾，若围护结构的保温及密闭性能（即 $UA + c_p G$）足够好并且可以根据室外温度自动调节，"零能耗"建筑理论上是可行的。

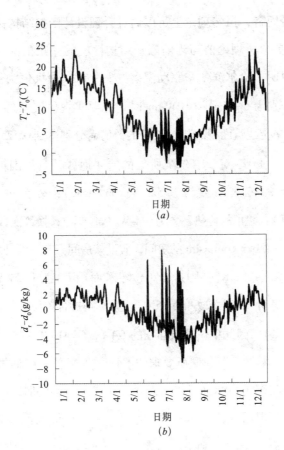

图 2-9　丹麦哥本哈根全年室内外传热、传质驱动力

（a）室内温度在 18℃ 和 28℃ 时全年室内外驱动温差（$T_r - T_0$）；

（b）内相对湿度在 40% ~ 60% 时全年室内外驱动湿差（$d_r - d_0$）

而在哈尔滨、北京、广州等城市，夏季高温高湿，空气调节的主要矛盾是降温除湿，而此时室外温度、含湿量长时间高于室内要求值，室内外传热驱动力、传湿驱动力与排除室内余热、余湿的方向相反，即围护结构非但没有起到排除热量的目的，反而将室外的热量与湿度传递到室内，起到了反作用，需要采用主动式空调系统提供足够的传热传质驱动力，不可避免地消耗压缩机输入功。因此，从理论上讲，降温、除湿无法做到"零能耗"。

对于供暖而言，虽然理论上可以通过合理设计围护结构性能实现"零能耗"，但需要分析理论值与当前围护结构性能的差距情况，下面以哈尔滨为例加以说明。哈尔滨冬季驱动温差（$T_r - T_0$）最大值为40K，当室内日均发热量分别为5W/m^2和10W/m^2时，若要实现供暖"零能耗"，根据式（2-1），单位建筑面积的 $UA + c_pG$ 的数值需分别达到0.125W/（m^2·K）和0.25W/（m^2·K）。对于哈尔滨所处的严寒地区，典型围护结构性能的取值为：外墙的传热系数为 0.52 W/（m^2·K），外窗的传热系数为2.5 W/（m^2·K），屋顶的传热系数为0.4 W/（m^2·K）；换气次数一般在0.5~1.0h^{-1}。对于一个6m×6m×4m的房间，假设该房间只有一面外墙，外墙传热系数设为0.5 W/（m^2·K），则折合单位建筑面积 UA 为0.33 W/（m^2·K）；换气次数按照房间气密性较好的0.5h^{-1}计算，则折合单位建筑面积的 c_pG 为0.56 W/（m^2·K）。因此单位建筑面积的 $UA + c_pG = 0.89$ W/（m^2·K），远大于上述可实现"零能耗"供暖所要求的 $UA + c_pG$ 数值。因而按照哈尔滨目前的建筑保温和密闭性标准，仍旧需要主动式供暖系统加以解决。

对于哥本哈根而言，冬季驱动温差（$T_r - T_0$）最大值为24K，当室内日均发热量分别为5W/m^2和10W/m^2时，若要实现供暖"零能耗"，要求单位建筑面积的 $UA + c_pG$ 的数值需分别达到0.21W/（m^2·K）和0.42W/（m^2·K）。哥本哈根新建典型围护结构性能的取值为：外墙的传热系数为0.15 W/（m^2·K），外窗的传热系数为1.4 W/（m^2·K），屋顶的传热系数

为 $0.1\ \mathrm{W/(m^2 \cdot K)}$。同样对于 $6\mathrm{m} \times 6\mathrm{m} \times 4\mathrm{m}$ 的房间，假设该房间只有一面外墙，外墙传热系数设为 $0.15\ \mathrm{W/(m^2 \cdot K)}$，则折合单位建筑面积 UA 为 $0.10\ \mathrm{W/(m^2 \cdot K)}$；换气次数按照通常采用的 $0.25\mathrm{h^{-1}}$ 计算，则折合单位建筑面积的 $c_\mathrm{p}G$ 为 $0.335\ \mathrm{W/(m^2 \cdot K)}$；在此算例下，单位建筑面积的 $UA + c_\mathrm{p}G = 0.435\ \mathrm{W/(m^2 \cdot K)}$，与上述可实现"零能耗"供暖所要求的 $UA + c_\mathrm{p}G$ 数值较为接近。当通过加强围护结构的保温性能、增强围护结构的密闭性等措施，可使得实际建筑的 $UA + c_\mathrm{p}G$ 数值等于实现"零能耗"供暖的需求数值。可见，适用于某个国家、某个气候区域的节能措施（如"零能耗"建筑），不能简单地直接"移植"到其他不同气候区域。

2.3　主动式供暖空调系统

当围护结构无法在要求的范围内准确调节其传热能力，造成过量排热或由于驱动温差不足而不能满足排热要求时，就要使用主动式供暖空调系统补充不足的热量或排除剩余的热量。在供暖空调系统实现补充热量或排除多余热量的过程中，其驱动力可看作为室温与系统选取的热源或热汇间的温差。对于供暖空调系统来说，用作排热的热汇、供暖取热的热源不再局限于室外空气，而是任何可以接收热量或提供热量的自然界环境或载体。不同形式的热源和热汇的温度不同，其系统形式和能源利用效率也大不相同。

2.3.1　排热过程分析（利用自然冷源）

此时空调系统的任务就是在驱动温差（$T_\mathrm{r} - T_0$）的作用下把要求的热量 Q_ac 排除，Q_ac 等于室内需要排出的热量 Q_o 与通过围护结构排除的热量 Q_en 之差，图 2 - 10 给出了一种可能的系统形式。其中风机 A 使空气在室内循环并通过空气 - 水换热器 B 把热量传递到循环水；循环水泵 C 使水在系统中循环，实现两个空气 - 水换热器 B、D 之间的热量输送；空气 - 水换热器 D 使热量从水侧传递到室外空气侧；风机 E 则使室外空气经过换热器 D 进行换热最终将热量排除到室外。这一系列的热量传输过程的驱动力为室内外温差（$T_r - T_0$），它被分别消耗在如下四个环节：

（1）室内空气循环温差（$T_r - T_{rs}$），该温差等于 $Q_{ac}/(c_p G_r)$，其中 G_r 为室内侧空气质量流量（kg/s）。

（2）室内侧空气 - 水换热器 B 的温差：空气的进口侧为（$T_r - T_{wr}$），空气的出口侧为（$T_{rs} - T_{ws}$），室内换热器 B 的传热量 Q_{ac} 见式（2-9），其中 G_w 是循环水质量流量（kg/s），c_w 为水的比热容［J/(kg·K)］，UA 为换热器换热系数与换热面积的乘积（W/K）。

$$Q_{ac} = UA_B \frac{(T_r - T_{wr}) - (T_{rs} - T_{ws})}{\ln\left(\dfrac{T_r - T_{wr}}{T_{rs} - T_{ws}}\right)} = c_w G_w (T_{wr} - T_{ws}) \quad (2-9)$$

（3）室外空气 - 水换热器 D 的温差：一侧为（$T_{wr} - T_{0s}$），一侧为（$T_{ws} - T_0$），室外换热器 D 的传热量 Q_{ac} 为：

$$Q_{ac} = UA_D \frac{(T_{wr} - T_{0s}) - (T_{ws} - T_0)}{\ln\left(\dfrac{T_{wr} - T_{0s}}{T_{ws} - T_0}\right)} = c_w G_w (T_{wr} - T_{ws}) \quad (2-10)$$

（4）室外空气循环温差（$T_{0s} - T_0$），该温差等于 $Q_{ac}/(G_0 C_p)$，其中 G_0 为室外侧空气质量流量（kg/s）。这样，驱动温差 $\Delta T = (T_r - T_0)$ 的消耗为式（2-11）：

$$T_r - T_0 = Q_{ac} R_{ac}，其中 R_{ac} = \frac{1}{2 c_p G_r} + R_{换热器B} + R_{换热器D} + \frac{1}{2 c_p G_0}$$

$$(2-11)$$

式中　　　　　　R_{ac}——整个排热过程的热阻；

$R_{换热器B}$ 和 $R_{换热器D}$——分别是换热器 B 和换热器 D 的热阻（详见第 5.2 节）。

由式（2-11）可以看出，当需要主动式系统排出的热量 Q_{ac} 确定时，系统的总热阻 R_{ac} 越小，则主动式系统排热过程所需的驱动温差 ΔT 越小；在维持同样的室温 T_r 需求时，室外温度 T_0 相应可以提高，从而扩展了利用室外自然冷源排热的时间。主动式系统的热阻 R_{ac} 由系统中各个传输环节的性质决定，系统的驱动温差 $\Delta T = (T_r - T_0)$ 被各热量输送环节所消耗，其消耗量又取决于各环节换热器换热能力和两侧热媒的循环流量。加大换热器换热能力 UA 并尽可能使两侧热媒比热容量相等（称之为流量匹配，详见第 5 章），可以减少温差的消耗，但需要增加换热器初投资并增加装置体积；增加两侧空气循环量 G_0 和 G_r，也可以减少温差的消耗但需要同时增加循环水的循环流量以维持流量匹配，避免换热器两侧流量差别太大造成换热温差的增大。但空气循环量和水循环量的增加又要引起风机和水泵能耗的增加。

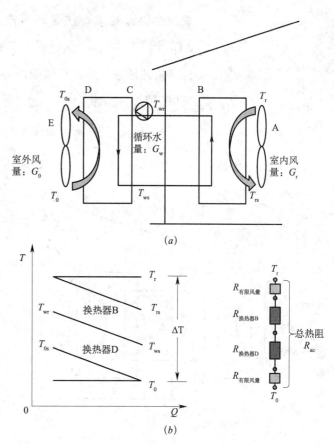

图 2 - 10 空气 - 水换热器系统形式及各环节温差

(a) 工作原理；(b) 换热过程在 T - Q 图上的表示及换热过程热阻

A—室内风机；B—室内侧风水换热器；C—水泵；D—室外侧风水换热器；E—室外侧风机；T_r—室内回风温度；T_{rs}—室内送风温度；T_0—室外温度；T_{0s}—室外排风温度；T_{wr}—D 进水温度；T_{ws}—B 进水温度

2.3.2 排热过程分析（利用机械冷源）

当总的驱动温差 $(T_r - T_0)$ 不够大或者驱动温差传递方向与 Q_{ac} 要求传递方向相反，无法满足各个环节为了传输热量所消耗的温差时，就要在热量搬运过程中增加热泵（制冷机），由热泵把功转换为温差，增大总的驱动温差，从而克服系统内各环节的温差消耗，实现所要求的热量输送。图 2 - 11 给出了增加热泵后热量搬运过程的工作原理：由于热泵的作用，室内侧空气的换热对象不再是循环水，而成为热泵蒸发器内的工质，换热对象的温度从图 2 - 10 中 T_{ws} 和 T_{wr} 变为蒸发温度 T_e；室外侧空气的换热对象也不再是循环水，而成为冷凝器内的工质，换热对象的温度从图 2 - 10 中 T_{ws} 与 T_{wr}

变为冷凝温度 T_c。热泵环节没有消耗温差，而是通过做功增加了温差 $\Delta T_{HP} = (T_c - T_e)$，从而解决了驱动温差不足的问题，实现了空调系统输送热量的任务。热泵提供的温差 ΔT_{HP} 与系统内各个环节温度之间的关系可以用下式表示：

$$\Delta T_{HP} = (T_0 - T_r) + (T_r - T_e) + (T_c - T_0)$$

$$= (T_0 - T_r) + \frac{Q_{室内侧}}{R_{总,室内侧}} + \frac{Q_{室外侧}}{R_{总,室外侧}} \quad (2-12)$$

热泵提供的 ΔT_{HP} 被三部分温差所消耗，一是室外热汇与室内的温差（$T_0 - T_r$），这是排热过程所必须克服的温差；二是热量从室内到热泵蒸发器之间排热过程需要克服的温差；三是热量从热泵冷凝器到室外热汇之间排热过程需要克服的温差；上述三部分温差分别对应式（2-12）右边的三项。

热泵（制冷机）投入的功 W_{HP} 为：

$$W_{HP} = \frac{Q_{ac}}{COP} = \frac{Q_{ac}}{\eta_{ch} \cdot COP_{ideal}},$$

其中 $COP_{ideal} = \dfrac{T_e}{T_c - T_e} = \dfrac{T_e}{\Delta T_{HP}}$

$$(2-13)$$

式中　η_{ch}——热泵的热力学完善度，数值在 $0 \sim 1$ 之间；

COP——工作在冷凝温度 T_c（单位 K）和蒸发温度 T_e（单位 K）下实际制冷机的性能系数；

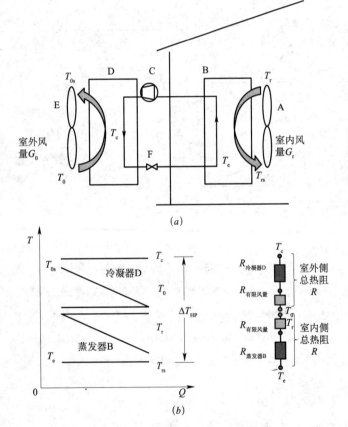

图 2-11　采用热泵后热量搬运过程的形式及各环节温差

（a）工作原理；（b）换热过程在 $T-Q$ 图上的表示及换热过程热阻

A—室内风机；B—蒸发器；C—压缩机；D—冷凝器；E—室外侧风机；F—膨胀阀；T_r—室内回风温度；T_{rs}—室内送风温度；T_0—室外温度；T_{0s}—室外排风温度；T_e—蒸发温度；T_c—冷凝温度

COP_{ideal}——在相同蒸发温度与冷凝温度情况下理想卡诺制冷循环的性能系数，参见图 2 - 12（a）。

因此，单位制冷量的投入功 W_{HP}/Q_{ac} 可以表示为：

$$\frac{W_{HP}}{Q_{ac}} = \Delta T_{HP} \cdot \frac{1}{\eta_{ch} \cdot T_e} \qquad (2-14)$$

上式中，η_{ch} 主要由热泵自身性能决定；蒸发温度 T_e 为绝对温度，在常用的蒸发温度变化范围内对 T_e 的数值影响很小（如蒸发温度 3～12℃ 大范围变化，T_e 仅在 276～285K 很小范围内变化）。由式（2-14）可以得到，热泵（制冷机）所需输入功与热泵（制冷机）所工作的温差 ΔT_{HP} 近似成正比关系，参见图 2 - 12（b）。因此，在主动式系统排除建筑相同的热量 Q_{ac} 情况下，热泵系统所需的工作温差 ΔT_{HP} 越小，热泵系统的耗功越小。减小热泵系统所需的工作温差 ΔT_{HP} 就成为提高系统性能的有效途径。

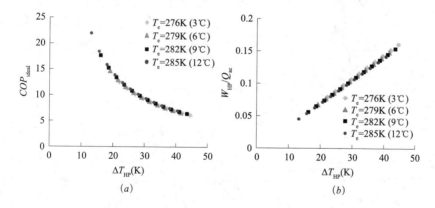

图 2 - 12　蒸发温度对制冷机性能的影响

（a）COP_{ideal}；（b）单位冷量所需输入功

当围护结构的排热排湿量无法满足排除建筑室内余热余湿的需求时，就需要借助主动式供暖空调系统（HVAC 系统）来作为辅助，以便实现排除（补充）剩余的热量和水分至（从）某个热汇（热源）的过程，从而完成营造适宜建筑室内热湿环境的任务。图 2 - 10 和图 2 - 11 以显热排热过程为例，分析了当室内外驱动温差足够大时采用室外空气自然冷源的主动式系统排热过程以及当室内外驱动温差不足时热泵主动式系统中各个环节的温差消耗情况。

　　图 2 - 11 对应较为简单的家用空调器的整个排热过程，室外热汇为室外干球温度（冷凝器为风冷形式）。对于集中空调系统，通常选择冷却塔排热方式，即室外热汇为室外湿球温度。图 2 - 13（a）给出了风机盘管（FCU）加新风空调系统的工作原理，这是目前我国应用最广泛的集中空调系统形式之一。制冷机组制备出冷水（通常为 7℃），经冷冻水泵输送至新风机组表冷器和室内风机盘管，用于对新风和室内空气降温除湿，之后温度升高的冷水（通常为 12℃）返回制冷机组的蒸发器。制冷机组冷凝器的排热通过冷却塔排放到室外环境中。这种风机盘管加新风系统的空气处理过程在焓湿图上的表示见图 2 - 13（b）。

　　图 2 - 14 给出了该典型空调系统中各个环节的温度分布情况，包括从制冷机组到风机盘管的处理过程和从制冷机组到新风机组的处理过程。以图 2 - 14（a）风机盘管环节的换热过程为例，蒸发器—冷水—风机盘管空气—室内空气换热过程的换热量即为风机盘管带走的热量 Q_{FCU}，冷凝器—冷却水—冷却塔空气换热过程的换热量在 Q_{FCU} 的基础上多出了制冷机组压缩机的耗功。在该系统中，室外空气的湿球温度由气象条件决

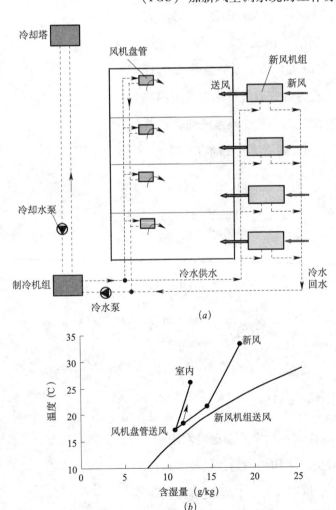

(a)

(b)

图 2 - 13　典型风机盘管加新风空调系统

(a) 系统工作原理；(b) 空气处理过程在焓湿图的表示

定，室内温度由环境控制需求决定，可认为是两个确定的量。制冷机组的冷凝温度为系统中的最高温度，制冷机组的蒸发温度为系统中的最低温度。在冷凝温度与室外空气湿球温度之间存在两个换热环节（制冷剂与冷却水在冷凝器内的换热、冷却水与室外空气在冷却塔内的热湿交换过程）和两个输配环节（冷却水输配、冷却塔内空气输配）。从排除室内显热热量的角度来看，室内温度限定了蒸发温度的上限，在室内温度和蒸发温度之间存在三个换热环节（室内空气与风机盘管送风的换热、风机盘管内空气与冷水的换热、冷水与制冷剂在蒸发器内的换热）和两个输配环节（风机盘管内空气输配、冷水输配）。如果采用冷凝除湿方式，则室内空气的露点温度限定了蒸发温度的上限。对新风系统的处理过程进行分析，可以得到与风机盘管系统类似的结论。

制冷机组（热泵）提供的温差 ΔT_{HP} 与系统内各个环节温度之间的关系可以用下式表示：

$$\Delta T_{HP} = (T_{0w} - T_r) + \frac{Q_{室内侧}}{R_{总,室内侧}} + \frac{Q_{室外侧}}{R_{总,室外侧}} \qquad (2-15)$$

式（2-15）中右边三项分别表示克服室外热汇与室内之间的温差（$T_{0w} - T_r$）、热量从室内到热泵蒸发器之间排热过程所需消耗的温差、热量从热泵冷凝器到室外热汇之间排热过程所需消耗的温差。

对整个风机盘管加新风空调系统而言，总的投入包括如下三个部分：

（1）换热器的换热能力 UA 或热质交换装置的传热传质能力（蒸发器、冷凝器、风机盘管、表冷器、冷却塔），增大换热面积或提高两侧流体的匹配特性可以提高此部分性能。

（2）输配系统的能耗，包括水循环中冷冻水泵、冷却水泵的能耗，空气循环中新风机组内风机、风机盘管内风机、冷却塔风机的能耗。输配系统的能耗直接受输配流体流量影响，增大输送温差、减小流量是降低输配系统能耗的有效措施。

（3）制冷系统的能耗，此部分直接受冷凝温度和蒸发温度的影响，降低冷凝温度或者提高蒸发温度是改善制冷系统效率的有效措施。

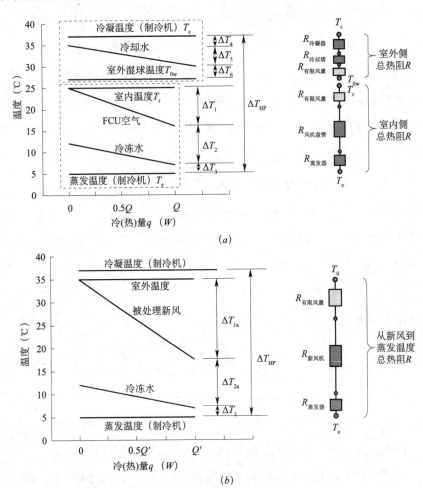

图 2-14　风机盘管加新风空调系统各环节温度水平

(a) 从制冷机组到风机盘管的处理过程及热阻；(b) 从制冷机组到新风机组的处理过程及热阻

表 2-1 汇总了图 2-14 所示的风机盘管加新风空调系统处理过程中各环节的温差以及对应的投入情况。减小制冷机组蒸发温度与室内温度之间的差值（即减小图 2-14 中 $\Delta T_1 + \Delta T_2 + \Delta T_3$ 的数值），以及减小制冷机组冷凝温度与室外空气湿球温度之间的差值（即减小图 2-14 中 $\Delta T_4 + \Delta T_5 + \Delta T_6$ 的数值），可以有效减小制冷机组的工作温差（ΔT_{HP}），提高制冷机组的性能系数 COP_{HP}。按照图 2-13 和图 2-14 所示的风机盘管加新

风空调系统形式，减小 ΔT_{HP}，需要提高系统的传热（或传质）能力，或需要多消耗风机、水泵输配系统的功耗。

风机盘管加新风空调系统各换热环节分析　　　　表 2-1

	温差	对应的投入情况		
		传热（或传质）能力 UA	输配耗功	压缩机耗功
风机盘管 处理过程	ΔT_1		风机耗功 W_{A}	
	ΔT_2	风机盘管换热能力	水泵耗功 W_{P}	
	ΔT_3	蒸发器换热能力	—	
新风机组 处理过程	$\Delta T_{1\mathrm{a}}$	—	风机耗功 W_{A}	
	$\Delta T_{2\mathrm{a}}$	表冷器换热能力	水泵耗功 W_{P}	
	$\Delta T_{3\mathrm{a}}$	蒸发器换热能力	—	
冷凝排热 处理过程	ΔT_4	冷凝器换热能力		
	ΔT_5	—	水泵耗功 W_{P}	
	ΔT_6	冷却塔换热能力	—	
制冷机组	ΔT_{HP}	—	—	压缩机耗功 W_{HP}

风机、水泵的耗功可用下式计算：

$$W_{\mathrm{A}} = \frac{G_{\mathrm{a}} \Delta p_{\mathrm{a}}}{\eta_{\mathrm{a}}}, \quad W_{\mathrm{P}} = \frac{G_{\mathrm{w}} \Delta p_{\mathrm{w}}}{\eta_{\mathrm{w}}} \qquad (2-16)$$

式中　W_{A}，W_{P}——分别为风机、水泵的耗功，W；

G_{a}，G_{w}——分别为空气和水的体积流量，m^3/s；

Δp_{a}，Δp_{w}——分别为风机和水泵提供的压头或扬程，Pa；

η_{a}，η_{w}——分别为风机和水泵的效率。

根据能量守恒关系，空气循环量 G_{a}、冷水循环量 G_{w} 可用下式计算：

$$G_{\mathrm{a}} = \frac{Q_{\mathrm{a}}}{c_{p,\mathrm{a}} \rho_{\mathrm{a}}} \frac{1}{\Delta T_{\mathrm{a}}}, \quad G_{\mathrm{w}} = \frac{Q_{\mathrm{w}}}{c_{p,\mathrm{w}} \rho_{\mathrm{w}}} \frac{1}{\Delta T_{\mathrm{w}}} \qquad (2-17)$$

式中　Q_{a}，Q_{w}——分别为空气循环带走的显热量和水循环带走的热量，W；

$c_{p,\mathrm{a}}$，$c_{p,\mathrm{w}}$——分别为空气和水的比热容，$\mathrm{J}/(\mathrm{kg \cdot K})$；

ρ_{a}，ρ_{w}——分别为空气和水的密度，kg/m^3；

ΔT_{a}，ΔT_{w}——分别为空气循环和水循环的温差，K。

制冷机组的耗功可用式（2-13）计算。图 2-15 给出了换热温差对制冷机组耗功与输配系统耗功的影响，当系统处于小换热温差时，制冷机组的性能系数 COP 较高，同样制冷量情况下制冷机组的耗功降低；但要求系统中风机或水泵的循环流量较大，造成风机或水泵输配系统的能耗大幅增加。因而，系统中各部分换热温差需要综合考虑制冷系统压缩机耗功与输配系统耗功及系统投入的传热传质装置的换热能力三方面的共同影响。

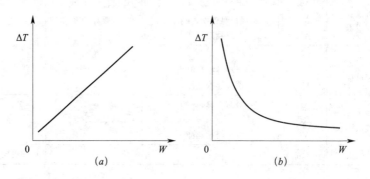

图 2 - 15　换热温差对制冷机组耗功与输配系统耗功的影响
(a) 制冷机组；(b) 风机／水泵

2.3.3　供暖过程分析

供暖系统的核心任务是对建筑供热、补充围护结构与渗透风等散失的热量。按照提供热量的来源不同，冬季供暖系统可分成两大类：一是利用锅炉燃烧或者热电联产方式来获得热量的集中供暖方式，利用煤、天然气等化石燃料的燃烧来为建筑提供热量；二是利用热泵（空气源热泵、水源热泵、地源热泵等多种方式）获得热量的分散供暖方式，一般需要电力驱动，通过热泵方式获取热量。由于供热时间较长、供热需求大，我国北方城镇建筑基本上采用集中供暖的方式来满足建筑冬季供暖需求，其中约一半的热源形式为热电联产方式，其余集中供热的热源则为不同规模的锅炉（包括天然气锅炉和燃煤锅炉等）。而针对长江流域等冬季有供暖需求的地区，由于气候特点等因素，使得采用热泵等分散式供暖方式成为解决冬季供暖需求同时不带来能耗大幅增加的最可行途径。以下分别介绍我国目前典型的几种供暖方式。

1. 热电联产方式

热电联产供热方式是目前我国最主要的集中供热热源途径之一，图 2-16（a）给出了热电联产供热方式的典型运行原理。在电厂内，通过汽轮机抽汽获得蒸汽作为热量来源，蒸汽与一次网循环水在换热器中换热，加热后的一次网循环水再送入换热站中与二次网循环水换热。这种热量输送方式可实现热量在热电厂和用户间的长距离输送（可达几十千米），满足城镇大面积集中供暖的需求（供热能力可达数百兆瓦）。目前我国热电联产供热方式的典型运行参数如图 2-16（b）所示，其中一次网循环水主要用于实现长距离的热量输送，循环水温度较高；二次网则用来满足末端用户供热的需求、温度明显低于一次网循环水；室内末端方式目前多为散热器形式，二次网热水通入末端用户的室内散热器中满足室内供热需求。

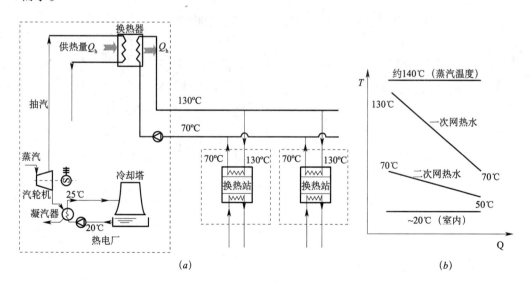

（a）　　　　　　　　　　　　　　　　　（b）

图 2-16　热电联产集中供热系统

（a）系统运行原理；（b）典型运行参数

对于热电联产供热方式来说，燃料燃烧获得的热量温度品位非常高，热电联产供热方式中输送的热水温度也在120℃以上，因而这类供热方式着重注意的是解决热量长途输送问题以及提高燃料燃烧效率等问题。在热电联产集中供热系统中，一次网的回水温度对于热电联产电厂的效率有着重要的影响，当一次网的供回水温度从目前典型的130℃/70℃改变为130℃/40℃甚至更低的回水温度时，则可有效利用热电联产电厂的冷凝排热，减少通过冷却塔排除的热量，提高热电厂的能源利用效率[38]；而且可以通过加大一次网供回水温差，有效降低输送能耗，并大幅增加集中供热系统的可承担的供热面积。

2. 锅炉供热

除了热电联产方式作为集中供热的热源外，各种形式的锅炉亦可作为冬季供暖的热量来源。图 2 - 17（a）给出了大型锅炉集中供热系统的运行原理，其热水的运行参数与热电联产供热方式的运行参数类似，可满足长距离输送热量的需求。各环节的温度分布情况如图 2 - 17（b）所示，其中锅炉内燃料燃烧的火焰温度可高达1000℃以上。

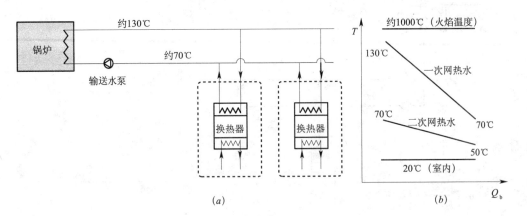

图 2 - 17　大型锅炉集中供热系统

（a）系统运行原理；（b）典型运行参数

除上述适用于长距离输送热量、满足大规模集中供热需求的热电联产等方式外，区域性锅炉房等也是我国现有供暖系统中的重要形式。目前，随着我国节能减排工作的不断推进，采用20t/h以上的大型燃煤锅炉以及燃气锅炉等已成为锅炉供热方式的重要发展趋势。图 2-18 给出了典型燃气热水锅炉的运行原理及各环节温度分布，锅炉内火焰温度可高达 1000℃以上，而循环热水的温度通常在 95℃/65℃左右，即可满足维持室内温度在 20℃左右的供热需求。天然气锅炉的燃烧效率与用户的回水温度密切相关，当采用冷凝热回收锅炉形式时，用户的回水温度越低（相应的锅炉排烟温度越低）则天然气锅炉的效率越高。在满足室内温度水平的情况下，尽可能降低用户侧需求的水温，则可有效提高锅炉的能源利用效率。

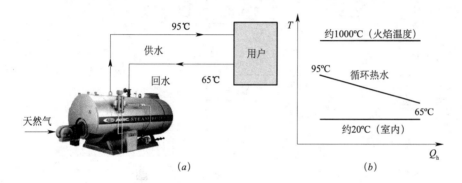

图 2-18 燃气热水锅炉集中供热系统

（a）系统运行原理；（b）典型运行参数

3. 热泵供热

除上述通过化石燃料燃烧直接获得热量来满足供热需求的供暖方式外，利用电力驱动各类形式的热泵来满足用户供热需求也是一种重要的供暖途径。图 2-19（a）给出了典型的热泵供热系统的工作原理，其利用热泵循环的冷凝器制取热水满足用户需求；蒸发器侧可有多种取热方式，空气源、地下水源、土壤源等都可以作为热泵取热的来源。

以空气源热泵系统为例，图 2-19（b）给出了室内为风机盘管（FCU）时，典型的热泵供热系统各环节温度分布情况。对于热泵供暖方式，获得的热源品位越高，要求热泵系统的冷凝温度越高，热泵系统的冷凝器与蒸发器之间工作的温差 ΔT_{HP} 越大，相应的热泵系统性能系数越低。热泵提供的工作温差 ΔT_{HP}，用于提供室内侧换热消耗温差（冷凝温度与室内温度之差）、室外侧换热消耗温差（室外空气与蒸发温度之差）以及室内与室外热源（室外空气）之间的温差。因而，对于热泵系统，减少各个环节所需要的温差消耗，则可有效降低热泵所需的工作温差 ΔT_{HP}，有利于提高热泵的性能系数。

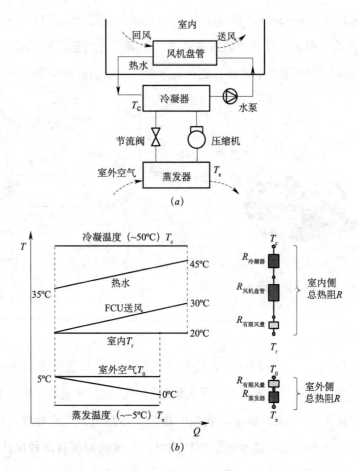

图 2-19　典型热泵供热系统

（a）系统运行原理；（b）典型运行参数及换热过程热阻

2.3.4　主动式供暖空调系统的特点

　　主动式供暖空调系统主要用来承担排出室内多余热量或向室内补充热量的任务，在这一热量搬运过程中，驱动力为室温与选取的热源或热汇之间的温差。供暖空调系统是从室内排出多余热量或向室内补充热量的过程，实质上就是在相应的驱动温差下从室内搬运热量或向室内输入热量的过程。那么，这一驱动温差是如何被消耗在供暖空调系统搬运热量过程中各个环节的呢？

1. 主动式系统提供的温差主要消耗在中间环节

从图 2-10、图 2-11、图 2-14、图 2-19 等所示主动式供暖空调系统各环节的温度分布情况来看，冷/热源设备等提供的温差大部分都消耗于中间环节。除锅炉燃烧方式下有大量的温差可供利用外，其余以制冷/热泵循环为驱动的主动式供暖空调方式中，冷/热源设备等提供的温差大多被消耗在中间各输送、换热环节。而真正需要的热量搬运驱动温差即室内状态与热源/热汇之间的温差通常较小，但由于中间各输送、换热环节需要消耗一定的温差，使得主动式供暖空调系统需要的温差远大于室内状态与热源/热汇之间的温差，也就需要投入制冷/热泵循环来提供满足需求的温差。以图 2-19 所示冬季热泵供暖过程为例，选取室外空气温度为热源，室内（20℃）与室外（5℃）温差仅为 15℃，但为了满足送回风间的输送温差、空气与换热器间的换热温差等的温差需求，热泵系统的工作温差 ΔT_{HP} 超过 55℃。热泵系统提供的工作温差仅 27% 用于克服室内与室外热源之间的温差，而超过 70% 则被热泵系统中各个换热与输送环节所消耗。

2. 主动式系统的能耗与需求提供的温差密切相关

在各种主动式供暖空调方式中，以热电联产为供热热源时，需求的温差可视为抽汽温度与室内状态之间的温差：抽汽温度越低，电厂发电量越多，但供热能力越低；抽汽温度越高，供热能力越高但会影响发电量。当抽汽温度（供热温度）一定时，热网的回水温度对于热电厂效率有着重要影响，回水温度越低，热电厂的效率越高。对于天然气锅炉供热方式，用户回水温度越低，为回收锅炉排烟的显热和水蒸气潜热提供有利条件，天然气锅炉可获得的燃烧效率越高。对于各种以制冷/热泵循环来满足主动

式系统温差需求 ΔT_{HP} 的供暖空调方式，制冷/热泵循环的工作温差 ΔT_{HP} 对其耗功影响显著，从图 2-12 可知，在满足同样冷/热量需求情况下，制冷/热泵循环的功耗几乎与其工作温差 ΔT_{HP} 成正比关系。因而，在满足建筑冷/热量需求的情况下，尽可能减小制冷/热泵循环的工作温差 ΔT_{HP} 可有效提高制冷/热泵循环的性能。

3. 输送环节消耗的温差与系统能耗密切相关

在主动式供暖空调系统中，包含多种形式的输送环节，通常选取水、空气等媒介作为载体，利用水泵、风机等来驱动水、空气的流动以实现热量的搬运过程。从式（2-17）可以看出，在这些输送环节中，风机、水泵等输配部件的能耗与输送媒介的温差密切相关：媒介输送温差越小，需求的循环流量越大，输送能耗越高。对于不需要投入热泵循环的热电联产、锅炉燃烧等供暖方式，循环流体的输送温差对系统能耗影响显著：在满足一定的供热量需求时，加大输送流体的温差、减小循环流量有助于降低输送能耗，从而改善系统性能。而对于需要投入制冷/热泵循环的系统来说，输送媒介的温差又与制冷/热泵循环的压缩机功耗密切相关：输送流体温差越大，需求制冷/热泵循环的工作温差 ΔT_{HP} 也相应增大，压缩机功耗相应增加。因而，对于这种需要投入压缩机功耗、风机和水泵功耗的主动式系统（见图 2-15），应综合考虑输送环节的温差与系统各部分功耗间的关系，综合考虑压缩机耗功与风机、水泵输送系统能耗之间的平衡。

4. 换热环节消耗的温差对系统初投资、运行性能影响显著

在主动式系统中，包含多个换热环节，各种形式的换热器、室内末端装置等均是两股流体（或多股流体）换热的部件。换热环节是实现热量搬运、传递的重要途径，换热环节的性能也对初投资、运行性能等有重要影响。由于管道保温等技术的进步，各换热环节并不会造成热量的大幅损失，却会带来温度品位（温差）的明显降低。换热环节消耗的温差一方面又与投入的换热能力（换热面积与换热系数的乘积 UA）有关：有限的换

热能力下会导致换热环节中温差的消耗；投入的换热能力 UA 越大，换热环节消耗的温差越小。另一方面，换热环节消耗的温差也与两侧换热流体的匹配特性有关，即使换热能力无穷大（$UA \to \infty$）时，由于两侧换热流体特性不同（恒温或变温流体的影响），换热环节仍可能产生温差消耗（用流量不匹配热阻 $R_{\mathrm{h}}^{\mathrm{(flow)}}$ 来衡量）。换热环节消耗的温差与系统投入的换热面积（初投资）、运行性能等密切相关，本书第 5 章将对换热环节的特性给出详细分析。

从以上对主动式供暖空调系统特点的分析中可以看出，主动式系统实质上是为实现在室内和室外冷/热源之间的热量搬运过程而提供温差。主动式系统包含室内末端采集过程、输配环节、换热环节等多个环节，主动式系统中的冷/热源设备提供的温差主要被这些中间环节所消耗。当要求排除热量或补充热量 Q_{ac} 的任务一定时，应通过系统各环节性能的整体分析，尽可能降低对于所需投入的驱动温差的需求。通过减少环节、降低环节的温差消耗等途径，降低主动式系统中所需的驱动温差，即实现"高温供冷与低温供热"（High Temperature Cooling and Low Temperature Heating），将有助于实现更为高效的热湿环境营造过程。同时，不同热源/热汇的温度水平等特性对建筑热湿环境营造过程有着重要影响，以下分别介绍不同形式的源和汇的特征。

2.4　热源与热汇的特征

对于主动式供暖空调系统，作为接收热量的热汇和提供热量的热源不是只能选择室外空气，自然界有多种可以作为热源和热汇的选择。由于不同热源和热汇的温度不同，如果能尽可能选择温度高者作为热源、温度低者作为热汇，当室内与室外热源/热汇的温差与希望的热量输送方向不一致时，可以缩小热源/热汇与室温之间的温差；甚至使温差与希望的热量输送方向一致，从而也就降低了对热泵提供的温升的需求，降低了热泵的能耗。实质上各类的热源和热汇并不都是恒温特性,其温度往往取决于其提供或接收的热量大小。因此热源/热汇的选择要根据其取热或接收热量时的温度与热量的关系,以及与主动式供暖空调系统之间换热的难易程度来决定。

2.4.1　典型的热源与热汇

除了借助煤、天然气等化石燃料并通过锅炉燃烧来产生热量外,热源和热汇还存在下列多种可能的选择:

(1)工业过程排热:大量高能耗工业产品的生产过程,包括通过热能转换为电能的热电过程,其大部分能源消耗量以低温热量的形式释放出来并排放掉,其中很大的比例是通过冷却塔水分蒸发散出。例如石化、建材、钢铁、有色金属以及其他各类窑炉等。这些热量释放时的温度水平在30~150℃之间(更高温度的余热往往用于余热发电)。这都可以作为很好的热源,在冬季为建筑供热。这时,需要在采集过程中尽可能维持热量的温度水平,尽可能减少不同温度、热量简单混合致使最终以较低的温度输出热量的现象。因为这样将使传输系统可以用来消耗的温差变小,有时还要通过热泵来加大驱动温差造成额外的能源消耗。而优化热量采集方式,尽可能避免不同温度热量的掺混,就有可能使采集到的热量维持在较高的温度水平,可直接实现向建筑物的供热。

(2)太阳能集热器:太阳能集热器接收太阳辐射,将其转换为温度 T_s 下的热量。由于 T_s 高于周围环境温度,因此输出的热量温度越高,同样情况下向周边环境散热造成的热损失就越大,从而输出的热量就越少。反之,如果以较低的温度输出热量,尽管输出的热量大,但这些热量提供的驱动温差小,就要求热量传输系统消耗的温差小。当驱动温差不足以克服系统各环节消耗的温差时,就需要再使用热泵补充驱动温差,消耗电力。优化选择太阳能集热器热量的输出温度,避免采用热泵,同时又尽可能减少集热器的散热损失,输出最多的热量,这是使用太阳能集热器向室内供暖的关键。

（3）城市原生污水：城市下水道系统中未被处理的原生污水温度具有冬暖夏凉的特点，在我国北方其冬季温度可以在 15~20℃之间，高于地下水温度；而在夏季温度可在 20~25℃之间，低于冷却塔可以提供的水温。当解决了原生污水的污浊物处理问题，能够安全、可靠、长期地实现与原生污水的换热时，可以将其用作空调系统夏季的热汇和供暖系统冬季的热源，通过热泵适当补充驱动温差，实现接收热量和提供热量的任务。此时，原生污水用量存在优化问题，污水用量大，进出口温差小，可以增大系统有效的驱动温差，但会增加污水处理和污水循环的设备容量和电耗；反之，尽管可以降低污水处理与循环设备的设备容量和电耗，但会减少可用的驱动温差。

（4）浅层地下水：由于其夏季可用的温度低于室外空气温度甚至低于室外空气的湿球温度，冬季可用的温度高于室外空气温度，因此以其作为空调供暖的热汇/源时，相比室外空气，无论是夏季作为热汇还是冬季作为热源，都有可能获得适宜的驱动温差，从而降低热泵所需工作温差 ΔT_{HP}。

（5）浅层地下换热：这实质上是一个地下换热器，实现盘管中的循环水与地下土壤的换热。那么地下土壤的温度是多少呢？对于目前广泛使用的大面积垂直填埋的 U 形管，如果无地下水渗流，U 形管及周边的土壤可以近似为周边绝热的长柱状蓄热体。忽略柱状蓄热体顶部与地面和底部与地层深处的换热，则可以将其近似为季节蓄能型换热器，依靠土壤蓄热的作用，实现冬季和夏季之间的热量传递。冬季进出 U 形管的平均水温即为夏季与管内循环水换热的另一侧冷源的温度，而夏季进出 U 形管的平均水温则是冬季与管内循环水换热的另一侧热源的温度。U 形管长度、间距、土壤热物性等决定这个季节蓄能式换热器的换热系数。

（6）地表水、海水：也可以作为系统的热源、热汇，替代室外空气。不同季节的地表水、海水水温受河流或洋流状况很大影响，必须通过大量的水文资料和现场测试确定。在某些情况下地表水不一定优于室外空气。例如夏季的湖水温度很可能高于当地空气的湿球温度，这时采用湖水作为热汇可能还不如通过冷却塔蒸发，向室外空气中排热。

（7）室外空气：这是最易于获得的热源和热汇，除了在作为热源时当外温处于零度左右时要处理好换热装置的结霜问题外，在可应用性上几乎没有其他问题。只是在大多数情况下所能提供的驱动温差小，需要热泵提供更大的温差。需要注意的是未饱和的空气加入水后水分会蒸发吸热，使温度降低，这就是蒸发冷却作用。采用直接蒸发冷却方式，使被冷却的水直接接触空气并蒸发，其可以实现冷却的极限温度是空气的湿球温度；而采用间接蒸发冷却时，可实现冷却的极限温度是空气的露点温度，所以采用间接、直接蒸发冷却作为空调系统的热汇时，可以处理成与温度为空气的露点温度或湿球温度换热的热量输送系统。

（8）夜间天空背景辐射：在晴朗的天气夜间天空背景辐射的等效温度可以比当时的室外空气温度低 10K 以上，因此在某些情况下也可以作为主动式系统的热汇。此时的散热装置等同于一个与天空背景温度间的换热器。这种辐射装置单位面积的换热能力不大，因此当热量较大而换热面积不足时，尽管天空背景辐射温度很低，但换热温差大，换热器另一侧温度还会很高。换言之，也可以认为这一装置本身有可能消耗很大的温差。

图 2-20 给出了各种不同源和汇的典型温度水平，由以上对多种不同热源、热汇的分析可以看出：①存在很多可以作为供暖空调系统的热源或热汇的选择，通过全面选择，因地制宜，有可能产生新的系统形式，降低系统能耗；②各个可能利用的热源/热汇的温度与热量之间有不同的关系，与供暖空调系统的需求合起来往往成为优化问题，存在最合理的系统结构形式和运行参数；③对各类热源和热汇来说，其性能需要由取热或接收热量时的温度和提供或接收的热量综合描述，不能简单地仅考察热量的大小。如果有可以把热量和温度综合考虑的参数，则可能对热源和热汇的性能有更恰当的描述。

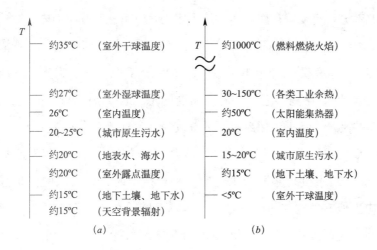

图 2 - 20　各种热源和热汇的温度水平

（a）热汇温度水平；（b）热源温度水平

2.4.2　高温供冷与低温供热对热源/热汇性能的影响

外界流体的温度水平对从热源取热和向热汇排热的效率产生重要影响。当可以通过减少系统中各个环节所需消耗的温差，实现建筑"高温供冷、低温供热"时，则为大幅提高冷热源的能源利用效率提供了可行途径。以下分别分析夏季供冷与冬季供热的情况。

1. 夏季供冷系统

当建筑夏季需求的供冷温度比较高时，可以采用土壤源换热器、地下水等直接利用自然冷源进行供冷，也可利用室外空气通过直接蒸发冷却、间接蒸发冷却方式进行供冷，而无需机械式制冷系统。当建筑无法应用自然冷源时，当需求的供冷温度提高时，有利于提高制冷机组（热泵）的蒸发温度，减少其工作温差 ΔT_{HP}，从而大幅提升制冷机组的 COP。

对于土壤源换热器，我国多采用埋深在 50～100m 范围的垂直埋管系统，地下土壤的初始温度可认为等于当地的年平均温度。在《地下水空调技术》[34]一书中给出了我国各个地区的地下水温度情况，共分为 5 个分区：第一分区（黑龙江、吉林、内蒙古全部，辽宁大部，河北、山西、陕

西偏北部分，宁夏偏东部分）的地下水温度在 6~10℃ 范围内；第二分区
（北京、天津、山东全部，河北、山西、陕西大部，河南南部、青海偏东
和江苏偏北一部分）的地下水温度在 10~15℃ 范围内。当建筑需求的供
水温度高于当地的土壤温度或地下水温度时，地质条件合适并能实现土壤
的全年热平衡、地下水回灌时，可有效利用此自然冷源进行供冷。

当采用室外空气通过直接蒸发冷却（冷却塔）、间接蒸发冷却方式
（间接蒸发冷水机）获取冷水对建筑进行供冷时，可获取的极限温度分
别对应当地室外空气的湿球温度、露点温度。在我国干燥地区，通过蒸
发冷却方式可以获得较低的水温。如在乌鲁木齐，其夏季室外设计干球
温度为 33.5℃、湿球温度为 18.2℃、露点温度为 9.3℃；采用冷却塔可
以获得 20~22℃ 的冷水，采用间接蒸发冷水机组可以获得 13~16℃ 的
冷水。

当建筑无法应用自然冷源时，制冷机组的 COP 随着需求供水温度
（对应蒸发温度）的提高也显著升高。图 2-12 给出了制冷机组理想卡
诺循环 COP 随蒸发温度和冷凝温度的变化情况，可以看出制冷机组的蒸
发温度越高、工作温差 ΔT_{HP} 越小，越有利于提高制冷机组的 COP。对于
常用的出水温度为 7℃、冷却水进/出口水温为 30℃/35℃ 的水冷式冷水
机组，国家标准中给出的最高能效（对应 1 级能效等级）的 COP 为
6.1。当提高冷水机组的冷水出水温度时，可以有效提
升冷水机组的 COP。图 2-21 给出了某额定制冷量为
1000kW 的高温冷水机组在不同负荷率下 COP 的实测
值，冷冻水供水温度为 16℃，冷却水进/出口水温为
30℃/35℃。对于此高温冷水机组，其额定 COP 可达
8.12，40% 的部分负荷以上时的性能也能做到更优
化，其 COP 显著高于工作在 7℃ 冷水出水温度的制冷
机组。

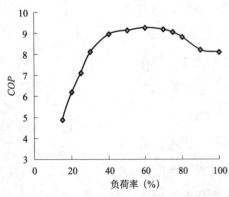

图 2-21   冷水出水温度为 16℃ 的离心式冷
水机组性能

2. 冬季供热系统

低温供热可促进多种品位能源的利用，如工业余热的利用、太阳能热利用等。图 2-22 以我国北方某有色金属冶炼厂为例，给出了该冶炼厂中工业余热按照温度品位的区分结果。从该工业余热的温度水平分布来看，温度水平低于 100℃ 的余热约占 70%，超过 200℃ 的仅占 14%，而具有回收可行性的余热也基本在 100℃ 以下，因此低温余热在工业余热中占有很大比例。另一方面，工业余热的分布往往较为分散，而且热量、温度参数参差不齐，需要对这些不同品位的低温热源加以整合才有可能应用于建筑供暖系统。建筑供暖过程所需的热水温度越低，越有利于应用工业余热作为热源来满足冬季供暖需求，也越有利于开展更充分地工业余热资源整合。

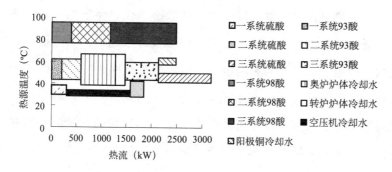

图 2-22　典型铜厂余热分布情况[42]

当利用太阳能集热器作为供暖的热量来源时，该过程也具有与工业余热利用类似的特点。当用户侧水温（太阳能集热管的水温）越低，太阳能集热器向环境散热造成的热损失就越小，集热器的瞬时热效率越高，同样集热面积情况下，可获得的热量也就越多。以某型号的两款常见太阳能集热器为例，图 2-23（b）给出了归一化温度对太阳能集热器瞬时热效率的影响，其中 T_w 为太阳能集热器内的平均水温（℃），T_a 为环境温度（℃），G 为太阳辐射强度（W/m²）。从图中平板型及真空管式集热器效率随归一化温度的变化情况来看，太阳能集热器的平均水温越低（低温供热情况），集热器的集热效率越高。

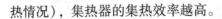
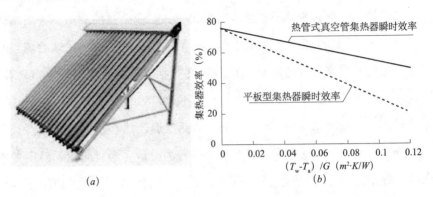

图 2 - 23　真空管太阳能集热器

（a）集热器实物；（b）某太阳能集热器瞬时效率曲线

　　热电联产也是一种常见的集中供热热源形式，当利用热电联产机组作为建筑供热热源时，供热过程的煤耗取决于供热温度水平。供热温度水平越低，意味着热电联产机组的抽汽参数可以越低，供热抽汽过程对热电联产机组发电过程的影响越小，或者更有条件通过一定的技术手段，例如利用热泵甚至汽轮机低真空运行来减少抽汽量，最终减小供热抽汽过程对发电量的影响。以采用高背压（低真空）供热方式的热电联产机组为例，图 2 - 24 给出了热电联产过程中乏汽压力对供热过程单位热量（GJ）煤耗的影响规律，其中供热煤耗是指抽汽供热过程的能耗等效于抽汽导致发电量的减少所折算成的煤耗。从图中可以看出，乏汽压力越低，对应的供热煤耗越小，表明此时热电联产机组的供热抽汽对发电过程的影响越小。因此，为了降低高背压供热方式的能耗、提高运行经济性，应当尽量降低热网回水温度，从而降低排汽压力。而降低供热所需的温度水平，有助于降低热电联产过程的供热煤耗，提高供热与发电过程的整体性能。

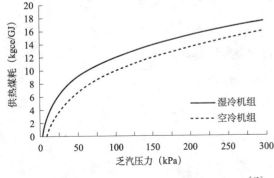

图 2 - 24　乏汽压力对热电联产供热煤耗的影响[43]

　　对于采用吸收式热泵回收电厂内凝汽余热的

热电联产机组，增大凝汽利用的比例是降低热源品位，提高能效、经济性的关键，而降低供热过程的温度需求正是增大此过程中凝汽利用比例的有效途径。以供热系统一次网侧供水温度保持130℃不变时为例，表2-2给出了回水温度不同时抽汽热量与凝汽余热回收热量的变化情况[42]，其中总供热量为100MW，抽汽参数为0.4MPa，乏汽参数为40℃。从表中结果可以看出，随着一次网回水温度的降低，凝汽余热回收热量所占比例逐渐升高。因而，通过降低回水温度，降低了供热过程所需的温度品位，可大幅改善热电联产过程凝汽余热回收利用效果。

热电联产凝汽余热回收量与回水温度的关系[42]　　表2-2

供水温度（℃）	回水温度（℃）	抽汽热量（MW）	凝汽热量（MW）	总制热量（MW）
130	70	92.5	7.5	100
	60	87.5	12.5	
	50	82.1	17.9	
	40	73.0	27.0	
	30	65.4	34.7	
	20	59.8	40.2	

冷凝式锅炉利用烟气冷凝余热回收装置来回收锅炉排烟中的显热和水蒸气潜热，以提高锅炉热效率。图2-25（a）为某种冷凝式锅炉的系统示意图，该系统是利用锅炉回水冷却烟气回收热量。图2-25（b）为不同排烟温度下某型号冷凝锅炉热效率的变化情况，可以看出锅炉热效率随着烟气温度的降低（或回水温度的降低）而提高。这是由于排烟温度的降低减少了排烟的显热损失。如果进一步降低烟气温度，则会看出当烟气温度低于某个温度点后，锅炉热效率突然显著上升。这是由于烟气中的水蒸气达到饱和，水蒸气凝出导致潜热释放。水蒸气的气化潜热要比烟气的比热容大很多，故而会导致热效率的突变。当回水温度低于烟气露点温度（一般在55~60℃之间）时，烟气中的水蒸气冷凝释放出汽化潜热可大幅提高锅炉热效率。

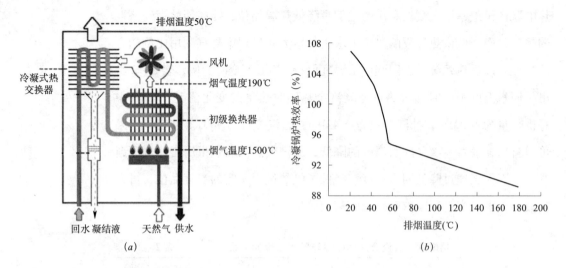

图2-25　冷凝式锅炉系统及效率

（a）工作原理；（b）某冷凝式锅炉热效率

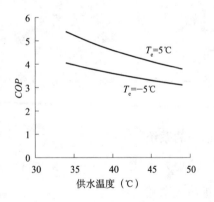

图2-26　供水温度对热泵 *COP* 的影响

对于空气源、水源、地源等多种形式的热泵供热系统。降低所需的供热温度，可以有效降低热泵系统冷凝温度，有利于提高热泵系统的 *COP*。对于热泵系统，当蒸发温度 T_e 分别为 -5℃ 和 5℃ 时，图2-26 给出了供水温度对热泵 *COP* 的影响，其中冷凝器的冷凝温度按照比供水温度高 2℃ 计算，热泵的热力完善度取为 0.55。从图中可以看出：系统所需的供水温度越低，越有利于降低热泵的工作温差 ΔT_{HP}，从而有效提高热泵的 *COP*。

2.5　建筑热湿环境营造过程构建原则

被动式围护结构与主动式供暖空调系统结合起来，可以营造出适宜的建筑热湿环境。对于建筑热湿环境营造系统的构建原则，可以归纳为：①扩大被动式围护结构的可调节范围，即扩展被动式系统的使用时间，从而降低对主动式供暖空调的需求；②减少主动式供暖空调系统各个环节的消耗温差，实现"高温供冷、低温供热"，有效提高冷热源能源利用效率。

2.5.1　扩大被动式围护结构的可调节范围

建筑热湿环境营造系统由围护结构被动式系统和供暖空调主动式系统共同构成，围护结构、通风等被动式方式的排热、排湿能力与室内外温差、湿差密切相关。我国各地气候存在着显著差异，图 2-3 给出了典型城市利用围护结构排热时的全年室内外驱动温差，从图中可以看出不同城市、不同时刻的室内外驱动温差变化显著。对于通过围护结构进行的排热过程，室内外驱动温差的变化对其可调节性能提出了较高要求：当室内外温差较大（例如冬季室外温度较低）时，通过围护结构传递热量的驱动力增大，这时就期望通过增加保温、四周密闭等措施来减小通过围护结构散失的热量；当室内外温差较小（例如过渡季）时，若仍期望通过围护结构被动式系统向室外排除一定的热量，就需要围护结构具有良好的散热能力。因而，从满足建筑室内环境需求的角度出发，被动式系统的可调节能力（即图 2-6 中 $\Delta T_{\min}$ 到 $\Delta T_{\max}$ 具有较大范围）对实现全年室内外温差变化时的适度排热、促使建筑"零能耗"等具有重要意义。

类似地，当室内外湿差（排湿驱动力）变化时，利用通风等措施来实现排除室内水分的过程也会受到影响。考虑利用渗风、自然通风等措施来排除室内余湿的被动式营造过程，图 2-4 给出了典型城市全年驱动湿差（$d_{\mathrm{r}} - d_0$）的变化规律。当夏季室外含湿量水平较高时，室内外湿差为负，排湿驱动力不足，就需要关闭通风而通过其他手段满足室内排湿需求。当室外含湿量水平较低（如过渡季）时，可借助室内外湿差作为排湿驱动力，采用适宜的通风风量来满足室内湿度调节需求，即通过通风量的调节（围护结构可调性）使得图 2-8 中 $\Delta d_{\min}$ 到 $\Delta d_{\max}$ 具有较大范围，从而在全年范围内减少对于主动式系统的需求。

2.5.2　减少主动式系统各环节的消耗温差

随着室内外驱动温差、湿差的变化，当被动式系统的调节能力不能满足建筑室内热湿调节的需求即室内外驱动温差、湿差超出被动式系统的调节范围时，就需要供暖空调主动式系统作为补充。主动式供暖空调系统主要用来承担排出室内多余热量（水分）或向室内补充热量（水分）的任务，实质上就是提供热量或水分搬运过程的驱动温差或湿差。以单纯满足热量需求的主动式系统为例，这一热量搬运过程中，驱动力为室温与选取的热源或热汇之间的温差，例如供暖系统中若采用锅炉作为热源，驱动力即为燃料燃烧温度与室温之间的温差；若采用空气源热泵满足供暖需求，由于此时室外温度通常低于室内（即室内外驱动温差为正），就需要热泵投入功来从室外环境（热源）中提取热量，热泵的作用即是提供从室外取热的驱动温差。

图 2-27 反映了不同驱动温差下应采用的系统形式。当驱动温差为负值时，需要利用主动式系统提供足够的温差 ΔT_{HP}。而当驱动温差太小，若采用被动式系统，需要的 $UA + GC_p$ 太大，带来过大的风机能耗，应采用主动式系统。当驱动温差处于被动式系统可排除室内余热的温差范围（处于 ΔT_{min} 和 ΔT_{max} 之间）时，可通过调节自然通风量 G 和调节围护结构改变 UA 来实现被动式系统调节室内环境。当驱动温差过大时，需要主动系统向建筑补充热量。

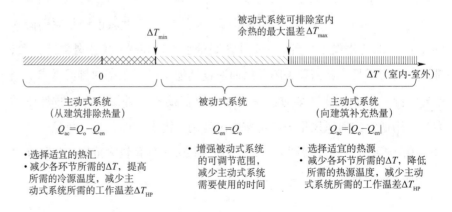

图 2-27 可采用的系统形式随驱动温差的变化

通过本章的分析可以得到，供暖空调主动式系统提供的温差主要消耗在中间各个环节，而且主动式系统的能耗与需求提供的温差密切相关。减少主动式系统各环节的消耗温差，提高所需冷源温度、降低所需热源温度，即实现"高温供冷、低温供热"，对于提高冷/热源能效有着重要作用。欲实现上述目标，则需要从系统内部各个组成环节入手：①减少系统内部不必要的环节，寻找合适的源或汇，实现热量或水分的就近排除，避免由于增加换热环节而带来不必要的温差、湿差消耗，降低整个主动式系统的温差、湿差需求，从而降低对源或汇品位的需求；②减少环节内的各种损失，从室内采集过程出发合理构建热湿环境营造系统的各个环节，对不同温度品位的热量尽可能地利用不同品位的冷源排除，避免不同温度流体间的掺混损失；③改善换热网络的匹配特性，减少由于不匹配造成的换热过程损失，充分发挥所投入换热面积的应有作用，降低中间传输环节的温差消耗，促进系统整体性能的提升。

图 2-28 给出了分析研究思路的变化情况。在通常的研究思路中，对于某个已确定的系统流程结构，通过改变各个输入参数进行"试算"得到系统的整体性能，然后基于"输出参数"（如系统能效最高等）作为目标得到系统运行的优化参数；如需要改变系统流程结构，一般凭经验给出几种可供比选的系统流程结构，再通过上述"试算"法得到每种流程结构下优化

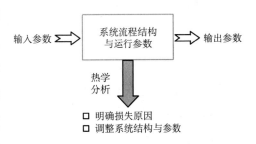

图 2-28　系统性能优化分析思路

的系统整体性能，然后在提供的流程中进行选择。而本书的研究思路，则从通常的"系统外部整体性能优化"转变为"减少系统内部环节损失"，即从温差消耗的成因出发研究减少温差消耗的方法、探寻降低总驱动力（温差）消耗的途径，为改善系统性能、降低能耗提供指导。

第3章 热学参数

热学参数是由热力学、传热学基本过程得出的理论分析工具，能够同时关注"量"和"品位"对热力过程性能的影响，对实际热力过程的构建具有重要指导作用。从建筑热湿环境营造过程的根本任务出发，采用热学参数分析能够明确系统及各环节的热学特性，为合理构建热湿环境营造系统提供理论指导。本章对常见的热学分析参数——㶲（或熵）和㷛分别进行介绍，简要给出了两者的基本含义及对建筑热湿环境营造领域中基本处理过程的刻画方法，并重点阐述了两种热学分析参数的联系和区别。从不同热学参数的关注点及分析侧重点来看，㶲（或熵）是根据热力学第二定律得出的、从热功转换视角出发的分析参数，而㷛则是从传热学分析得出的、针对热量传递过程的分析参数，在对建筑热湿环境营造过程进行分析时，应当根据不同的需求选取适宜的热学参数作为分析工具。

3.1 采用热学参数分析的原因

建筑热湿环境营造过程是将室内多余热量和水分排除到室外的过程。排除的过程可以通过被动式围护结构实现，即通过外墙、外窗等传热或通过渗风、自然通风等换气实现室内和室外间的热量传递。当围护结构无法在要求的范围内调节其传热能力，则需要使用主动式空调系统排除剩余的热量或补充不足的热量。无论被动式排热过程，还是主动式排热过程，其核心都是在一定的温差下进行热量传递。

热量传递过程有两个重要的参数，热量（或热流）Q 和温度 T，热量 Q 是在供暖空调系统中被普遍认识的参数：为了维持室内温度，需要在冬季向室内提供热量，夏季向室内提供冷量，这些冷量、热量由此时室内的冷热负荷决定。但对于热量传递过程，热量的品位和温差，即温度 T 和 ΔT，是与 Q 同样重要的参数，参见图 3-1。

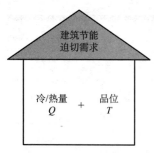

图 3-1   冷/热量及品位在空调系统节能的作用

在建筑热湿环境营造过程中，温度 T 和温差 ΔT 对其性能有着重要影响。例如，在被动式排热过程中，室内到室外的温差都被消耗在热量的传递过程中，减小传热过程中的温差损失，可增加利用室外冷源的潜力。T 和 ΔT 也是影响主动式热湿环境营造过程性能的重要参数。夏季供冷过程中，需求的冷源温度与供冷能效之间存在密切联系，若能提高需求的冷源温度，就能够为自然冷源的利用提供便利，使得温度水平适宜的自然冷源得到更直接的利用；即使采用机械压缩式制冷方式，提高需求的冷源温度也有助于减小制冷循环的工作温差，提高制冷能效。若能减小制冷循环传热过程中的温差损失，就有助于提高制冷循环的蒸发温度、降低冷凝温度，进而减少输入功。冬季供热时，若能降低需求的热源温度，即降低需求的热源品位，将有助于直接利用太阳能、工业余热等低品位热能来满足建筑供热需求；若采用热泵供热，需求热源温度的降低也将有助于降低热泵循环工作的温差，提高整个热泵供热系统的性能。

因此，对于建筑热湿环境营造过程来说，仅关注冷/热量 Q 是不充分的，还需要研究分析整个建筑热湿环境营造过程中冷/热量的品位（即温度 T）以及在传递过程中的温差损失 ΔT，这是提高能源利用效率，降低系统能耗的有效途径。

通过前面的分析可以看出：品位在建筑热湿环境营造过程的重要性。温度 T（或温差 ΔT）直观明了，是否仅用 T 或 ΔT 即可刻画整个建筑热湿环境营造过程的品位呢？很遗憾，答案是否定的，这是由于建筑热湿环境营造系统的特点所造成的。考察一个简单的单热源（T_1）、单热汇（T_2）传热过程，温度 T 和热量 Q 可以描述传递的过程，此外还可以定义传热过程的热阻 $R = (T_1 - T_2)/Q$。与单热源、单热汇的串联传热系统不同的是，建筑热湿环境营造过程是一个多热源、多热汇的复杂串、并联系统。图 3 -2 给出了典型大空间建筑室内环境营造过程，热量从围护结构内表面可以通过辐射的方式传递到周围壁面，与此同时，热量还通过对流换热的方式从围护结构内表面传递到室内空气，再通过空调系统的统一送风来带走室内热量、满足建筑内部热环境营造过程的需求。在此过程中，热量不再是以单一的路径、单一的方式在建筑及空调系统中传递，对于这样的问题，室内各个热源 Q_i 均有其对应的热源温度 T_i，而且高温热源 T_i 所对应的热量 Q_i 不一定大，因此仅温度 T 已无法完整地刻画物理图景，而传统意义上的热阻，也是难以定义的。

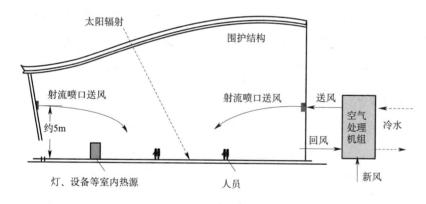

图 3-2　典型建筑热湿环境营造过程

建筑热湿环境营造过程，包含大量的能源转换和能量传递过程。不同的营造方式可以实现同样的热湿环境营造效果，即使采用同样的处理方式，处理过程中各个环节的换热面积、流量等参数也可以有多种组合。这样，如何在获得相同处理效果的情况下实现较优的系统性能，成为营造建筑热湿环境过程中亟需解决的问题。在实际工程中，系统性能的优化可以通过对不同方案实例的比较计算来实现，但计算结果往往只能反映出一个方案的整体效果较优，而该方案中的各个部分是否是优化的呢？是否存在某种系统的结构较优而由于内部换热环节换热面积分配不合理等造成其性能不够好呢？在热量传递体系中，温度或温差是衡量传递过程效果的有效参数，而在建筑热湿环境营造过程中，涉及很多热湿传递过程，湿度传递过程的驱动力为 Δp 或 Δd，因此单独分析温度 T 或温差 ΔT 一种参数很难全面反映整个过程的特征。此时，有必要引入新的分析参数，即利用热学参数来分析描述建筑热湿环境营造过程的特征，根据分析结果来指导优化过程与流程设计。

由于建筑热湿环境实际营造过程均是不可逆的，该过程与熵产或㶲分析的结果一致，即要遵循不可逆过程的熵增原理。现有针对建筑热湿环境营造过程的热学研究多是采用熵（或㶲）作为热学分析指标。熵（或㶲）参数综合考虑了系统中热量 Q 和品位 T 的影响，"熵"汉字（出自《英汉对照机械工程名词》，刘仙洲先生编著，1936[1]）的来源是基于其定义：热量 Q 除以温度 T，取其"商"和表征热量传递的"火"组合而成的"熵"字，参见图 3-3。营造系统中熵增为 0（或㶲损失为 0）是整个营造过程所追寻的极限，即内部各个环节均无不可逆损失，整个系统为"可逆过程"。除了热量㶲之外，可以根据空气的湿度变化与参考状态（零㶲点）之间差异构建出可逆的循环过程，得到湿空气的湿度㶲，从而得到由热量㶲和湿度㶲共同组成的描述湿空气㶲的计算方法及公式。由上述分析可以看出：熵（或㶲）参数是根据热功转换过程定义的参数，其目标是过程中的不可逆损失小或者做功能力大；而建筑热湿环境营造过程的核心在于热量（水分）从室内搬运到室外的过程，即重在分析搬运（或传递）过程，热功转换为目标的熵（或㶲）参数能否很好地分析此搬运过程？而且，上述热学分析非常依赖参考状态的选择，当涉及空气湿度时，选择不同的参考状态（不饱和的室外空气状态、室外空气温度对应的饱和状态），

---

❶ 一说为物理学家胡刚复先生在 1923 年物理学家普朗克来华讲学时将"entropy"翻译为"熵"。

对于各种处理过程（空气处理流程）有着迥然不同的结论，究竟以哪个为准，还是参考状态的选择不应该成为影响空气处理流程判断、分析的主导因素？

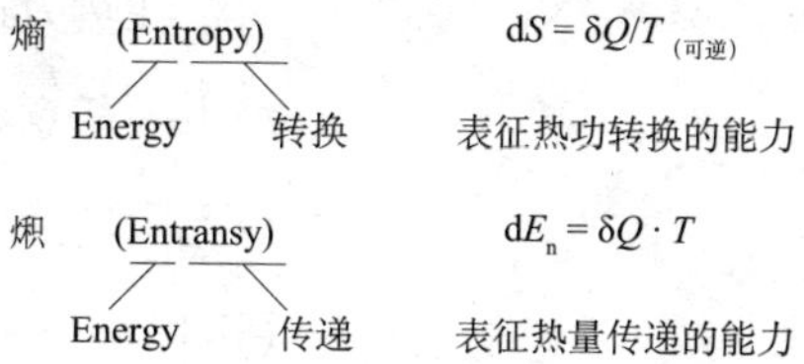

过增元院士提出的㶲作为一种新的热学分析参数已在传热学领域得到很好的应用[74-88]，该参数是从描述传热过程出发得到的。过增元院士提出的"㶲"参数，取定义中热量 Q 和温度 T 乘积之意，参见图 3-3，综合考虑了热量 Q 和其品位 T 的影响。在建筑热湿环境营造过程中，涉及大量的传热传质问题，如前两章所述，需要热泵主动式系统提供温差 ΔT_{HP} 的大部分甚至绝大部分被中间的热量/质量传输环节所消耗，"㶲"参数正是从描述热量传递过程定义的热学参数，本书将探讨㶲参数在建筑热湿环境营造过程的适用性。

由于建筑热湿环境营造过程是一个由多个热湿传递环节构成的复杂换热网络，涉及热泵系统的做功问题，涉及风机、水泵等输配系统能耗的问题等，是一个复杂的体系。本章将重点分析"熵（或㶲）"参数、"㶲"参数及其含义，以及上述两类热学参数在建筑热湿环境营造过程的应用情况，期望从一个新的角度（基于内部损失的角度，并且综合分析热量与品位的影响）来认识建筑热湿环境的营造过程，并为进一步优化热湿环境营造过程提供指导。

熵　（Entropy）　　　　$dS = \delta Q/T$ (可逆)

Energy　转换　　表征热功转换的能力

㶲　（Entransy）　　　$dE_n = \delta Q \cdot T$

Energy　传递　　表征热量传递的能力

图 3-3　热学分析参数"熵"与"㶲"[73]

3.2　熵与㶲分析

能量守恒与质量守恒是自然界中普适的基本规律，任何热力过程都遵循这两种最基本的守恒关系，而过程进行的方向则需要有相应的判据来指导。熵产正是热力过程进行方向的判据，也是实际热力过程不可逆性大小的度量。可逆过程中孤立系统的熵增为 0，而任何不可逆过程中孤立系统的熵都是增加的，即为孤立系统的熵增原理[46,49]。孤立系统的熵增原理是指导热力过程进行的重要准则，可以用来判断热力过程进行的方向。

在热力过程分析中，㶲（也称为可用能）也是常用的指标参数。当系统由一任意状态可逆地变化到与给定参考状态相平衡的状态时，理论上可以无限转换为任何其他能量形式的那部分能量，称之为㶲。其中参考状态（Reference state，或称 Dead state）是将周围环境抽象为一个具备不变压力、温度和化学组成的庞大而静止的系统，当它与任何系统发生能量和物质交换时，其压力、温度和化学组成仍保持不变，实际工程中的任何热力过程都不会影响它的状态参数。

图 3-4 给出了某一热力系统及其进出口参数，该体系中流体 $1 \sim n$ 的进出口参数包含质量流量 $\dot{m}$、温度 T、熵 S 和㶲 E_x 等，系统与参考状态接触，热力过程中发生的热量传递为 $\dot{Q}_1$、$\dot{Q}_2$、$\cdots\dot{Q}_m$。根据热力学第二定律，图 3-4 中整个热力系统的熵产 ΔS_{gen} 为：

$$\Delta S_{gen} = \frac{dS}{d\tau} - \sum_{i=1}^{m} \frac{\dot{Q}_i}{T_i} - \sum_{in} \dot{m}S + \sum_{out} \dot{m}S \geqslant 0 \qquad (3-1)$$

当热力体系为可逆系统（$\Delta S_{gen} = 0$）时，可逆系统的输出/输入功 W_{rev} 可表示为：

$$W_{rev} = -\frac{d}{d\tau}(E - T_0 S) + \sum_{i=1}^{m}\left(1 - \frac{T_0}{T_i}\right)\dot{Q}_i + \sum_{in} \dot{m}(H - T_0 S) - \sum_{out} \dot{m}(H - T_0 S)$$

$$(3-2)$$

式中　H——流体的焓；

　　　T_0——参考状态的温度。

实际热力体系的输出/输入功 W 与可逆系统的输出/输入功 W_{rev} 以及熵产 ΔS_{gen} 的关系如式（3-3）所示，即高乌—斯托多拉（Gouy-Stodola）公式[53]。

$$W_{rev} - W = T_0 \Delta S_{gen} \qquad (3-3)$$

对于孤立系统来说，系统㶲损失 $\Delta E_{x,loss}$ 等于参考状态温度 T_0 与熵产 ΔS_{gen} 的乘积，如式（3-4）所示，因而利用熵产或㶲损失分析热力过程可以得到相同的结论。

$$\Delta E_{\text{x,loss}} = W_{\text{rev}} - W = T_0 \Delta S_{\text{gen}} \qquad (3-4)$$

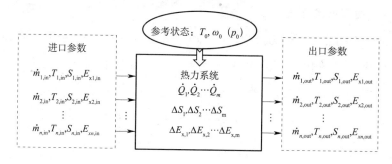

图 3 - 4　热力系统的进出口参数

以上给出了典型热力系统及热力学指标参数熵、㶲对热力过程的描述，从熵产的分析来看，上述热力过程进行的判据为过程的熵增 $\Delta S_{\text{gen}} \geqslant 0$，$\Delta S_{\text{gen}} = 0$ 时即为可逆过程。而利用㶲作为参数分析时，热力系统中投入的㶲 $\Delta E_{\text{x,投入}}$ 等于体系的㶲损失 $\Delta E_{\text{x,loss}}$ 与系统获得的㶲两部分之和：

$$\Delta E_{\text{x,投入}} = \Delta E_{\text{x,获得}} + \Delta E_{\text{x,loss}} \qquad (3-5)$$

同样，对于任意热力过程，其㶲损失 $\Delta E_{\text{x,loss}} \geqslant 0$；当过程中㶲损失为零时，该过程为可逆过程。

当系统得到㶲 $\Delta E_{\text{x,获得}}$ 一定时，通过减少处理过程的㶲损失 $\Delta E_{\text{x,loss}}$，就可以降低对系统提供㶲 $\Delta E_{\text{x,获得}}$ 的需求，系统㶲效率越高，如图 3 - 5 所示。以蒸发温度 $T_e = 279K$（6℃）、冷凝温度 $T_c = 309K$（36℃）的制冷循环为例，理想制冷循环（㶲损失 $\Delta E_{\text{x,loss}}$ 为 0）的 COP_{ideal} 为 9.3，即提供冷量 Q 时需投入的功为 $Q/COP_{\text{ideal}} = 0.108Q$。实际制冷循环由于存在㶲损失，需要投入的功为理想输入功和实际㶲损失之和。以热力完善度 $\eta = 0.65$ 为例，此时实际制冷循环 COP 为 6.0，提供冷量 Q 时需投入的功为 $0.165Q$，此时制冷循环的㶲损失 $\Delta E_{\text{x,loss}} = 0.165Q - 0.108Q = 0.057Q$。降低此部分㶲损失，就有助于降低系统对投入功的需求，从而提升整个热功转换过程的性能。

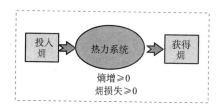

图 3 - 5　热力过程体系及热力学分析参数

3.2.1 物理概念与定义

针对不同体系或热力过程，㶲可以分为温度变化导致的热量㶲、物质浓度变化导致的化学㶲、体系压力变化导致的压力㶲等。在建筑热湿环境营造过程中，涉及的㶲主要包括热量㶲和湿度㶲（化学㶲），一般不涉及大气压力的变化，以下分别介绍这两种常见㶲的表达式及变化规律。

1. 热量㶲

图 3-6（a）给出了热量㶲的基本物理模型，根据㶲的定义，当温度为 T 的系统向参考状态 T_0 放出热量 Q 时能够同时对外界做出的最大有用功 W_{rev} 即称为热量㶲，热量㶲 $E_{x,Q}$ 可用式（3-6）计算[46,48]。

$$E_{x,Q} = W_{rev} = \int \left(1 - \frac{T_0}{T}\right) dQ \qquad (3-6)$$

式中 $E_{x,Q}$——热量㶲，J；

　　　　T_0——参考状态的温度，K；

　　　　T——系统温度，K；

$(1 - T_0/T)$——温度 T 与参考状态 T_0 之间可逆热机的效率。

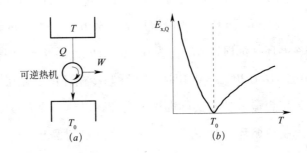

图 3-6   热量㶲的物理模型

（a）基本物理模型；（b）热量㶲与 T 的关系

当参考状态的温度 T_0 确定，热量㶲 $E_{x,Q}$ 随着系统温度 T 的变化而发生变化，图 3-6（b）给出了热量㶲随 T 的变化规律。当 $T = T_0$ 时，热量㶲

$E_{x,Q} = 0$；当 T 大于或小于 T_0 时，系统的热量㶲 $E_{x,Q}$ 总是大于 0；而且热量㶲随着 T 与 T_0 之间差异的增加而增大。

对于单位质量的流体（如水、空气等），当温度从 T_1 变化到 T_2 时，根据式（3-6）可以得到热量㶲的变化为：

$$\Delta E_{x,Q} = \int_{T_1}^{T_2} c_p \Big(1 - \frac{T_0}{T} \Big) \mathrm{d}T = c_p \Big[(T_2 - T_1) - T_0 \ln \Big(\frac{T_2}{T_1} \Big) \Big] \quad (3-7)$$

式中　c_p——流体的比热，$\mathrm{kJ/(kg \cdot K)}$。

在换热器两股流体的显热换热过程中，流体进口热量㶲与出口热量㶲之间的差值即为该换热过程的㶲损失。图 3-7（a）给出了逆流换热器中冷、热流体进行换热的示意图，冷、热流体温度的沿程变化如图 3-7（b）所示，该换热过程的热量㶲损失可以用式（3-8）计算，其中下标 h 和 c 分别表示高温流体与低温流体，in 和 out 分别表示换热器进口与出口状态。

$$\Delta E_{x,\text{loss}} = (E_{x,h,\text{in}} - E_{x,h,\text{out}}) + (E_{x,c,\text{in}} - E_{x,c,\text{out}}) \quad (3-8)$$

可以将该换热过程在图 3-7（c）所示的（$1 - T_0/T$）—换热量 Q 图上表示出来。从热量㶲的定义式［式（3-6）］和㶲损失的计算式［式（3-8）］可以看出，该换热过程的㶲损失 $\Delta E_{x,\text{loss}}$ 等于图 3-7（c）中阴影部分的面积，参与换热的两侧流体的温度变化在图中均为曲线。

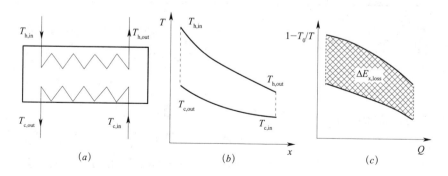

图 3-7　逆流换热器换热过程的㶲分析

（a）逆流换热器；（b）温度的沿程变化；（c）（$1 - T_0/T$）与 Q 的关系

2. 湿度㶲

对于建筑热湿环境营造过程的处理对象——湿空气，可看作是由干空气和水蒸气组成的理想混合气体，参见表3-1。在分析各种空气处理过程中，不可避免地需要应用到湿空气的㶲。根据㶲的定义，为相对于参考状态的做功能力，湿空气参考状态的温度和含湿量分别记为 (T_0、ω_0)。因此，对于任意状态的湿空气 (T、ω)，除了温度与参考状态不同导致的热量㶲外，还包括由于物质组分与参考状态不同导致的湿度㶲。

湿空气组分基本参数 表3-1

湿空气组分	气体常数 $R[\text{kJ}/(\text{kg} \cdot \text{K})]$	比热容 $c_p[\text{kJ}/(\text{kg} \cdot \text{K})]$	摩尔质量 M（g/mol）
干空气	0.287	1.003	28.97
水蒸气	0.461	1.872	18.02

湿空气的热量㶲通过式（3-6）计算即可，以下重点分析湿空气的湿度㶲。对于温度与参考状态温度相同的湿空气状态 (T_0、ω)，其中干空气和水蒸气的摩尔分数分别记为 x_1 和 x_2，摩尔分数与含湿量的对应关系见表3-2。表中同时给出了参考状态下干空气和水蒸气的摩尔分数 x_1^0 和 x_2^0。

湿空气中干空气和水蒸气的摩尔含量 表3-2

	干空气	水蒸气
任意状态湿空气	$x_1 = \dfrac{1}{1 + 1.608\omega}$	$x_2 = \dfrac{1.608\omega}{1 + 1.608\omega}$
参考状态湿空气	$x_1^0 = \dfrac{1}{1 + 1.608\omega_0}$	$x_2^0 = \dfrac{1.608\omega_0}{1 + 1.608\omega_0}$

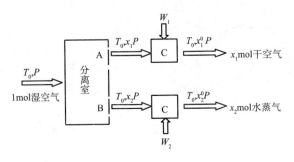

图3-8　湿空气的分离过程[66]
A——半透膜，只透过干空气；B——半透膜，只透过水蒸气；
C——压缩机（或膨胀机）

图3-8 给出了一种计算湿空气湿度㶲的物理模型[66]，1mol 湿空气进入分离室内，分离室的壁面有两种半透膜，半透膜 A 和 B 分别只允许干空气和水蒸气通过。为使该过程能够可逆的进行，透过半透膜 A 的干空气的压力等于湿空气混合物中干空气的分压力 x_1P，同样透过半透膜 B 的水蒸气的压力等于 x_2P。为使干空气和水蒸气的压力等于其分别在参考状态下的压力，分别在干空气和水蒸气的出口设置压缩机（或膨胀机）使二者的压力等于其参考状态下的压力。

干空气侧和水蒸气侧的压缩机（或膨胀机）的耗功（或输出功）分别为：

$$W_1 = x_1 R T_0 \ln \frac{x_1^0 P}{x_1 P} \tag{3-9}$$

$$W_2 = x_2 R T_0 \ln \frac{x_2^0 P}{x_2 P} \tag{3-10}$$

因而 1mol 湿空气在分离过程的耗功量为：

$$W = W_1 + W_2 = R T_0 \left(x_1 \ln \frac{x_1}{x_1^0} + x_2 \ln \frac{x_2}{x_2^0} \right) \tag{3-11}$$

将表 3 - 2 中用含湿量表示的干空气和水蒸气的摩尔组分表达式带入上式，得到：

$$W = \frac{R T_0}{1 + 1.608\omega} \left((1 + 1.608\omega) \cdot \ln \frac{1 + 1.608\omega_0}{1 + 1.608\omega} + 1.608\omega \ln \frac{\omega}{\omega_0} \right) \tag{3-12}$$

对于含有 1kg 干空气的湿空气而言，其分离过程的耗功量 W'（湿度㶲）为：

$$W' = R_a T_0 \left((1 + 1.608\omega) \cdot \ln \frac{1 + 1.608\omega_0}{1 + 1.608\omega} + 1.608\omega \ln \frac{\omega}{\omega_0} \right) \tag{3-13}$$

在得到上述湿空气的湿度㶲后，再加上湿空气的热量㶲，可以得到常压情况下，单位质量干空气的湿空气㶲 $E_{x,air}$ 的计算式[50]为：

$$E_{x,air}(T,\omega) = (c_{p,a} + \omega c_{p,v}) T_0 \left(\frac{T}{T_0} - 1 - \ln \frac{T}{T_0} \right) +$$

$$R_a T_0 \left((1 + 1.608\omega) \ln \frac{1 + 1.608\omega_0}{1 + 1.608\omega} + 1.608\omega \ln \frac{\omega}{\omega_0} \right) \tag{3-14}$$

式中　$c_{p,a}$，$c_{p,v}$——分别为干空气、水蒸气的比定压热容，$J/(kg \cdot K)$；

　　　　R_a——干空气气体常数，$J/(kg \cdot K)$。

式（3 - 14）中右侧第一项表示湿空气的热量㶲（可用能），是由于湿空气温度与参考状态（环境）间由于温度差异而具有的可用能；第二项表示化学㶲（或称为湿度㶲），是由于系统湿空气含湿量与参考状态下湿空气的含湿量存在差异时而具有的可用能。

从湿空气㶲的计算式可以看出，湿空气的㶲值与参考状态（T_0、ω_0）的选取密切相关。参考状态点的选取通常有两种方式：一是选取室外环境（通常为不饱和状态）为参考状态；另一种是选取室外温度对应的饱和状态为参考状态。选取不同参考状态时，湿空气的㶲值会存在显著差异。图3-9（a）给出了以室外空气状态（30℃、15.0g/kg）为参考点时湿空气㶲值的等值线图，图3-9（b）是以该室外温度对应的饱和状态（30℃、27.2g/kg）为参考点时对应的湿空气等㶲线图。以湿空气状态为26℃、12.6g/kg为例，当分别以室外状态（30℃、15.0g/kg）和以室外温度对应的饱和状态为参考点时，其㶲值分别为0.06kJ/kg和0.69kJ/kg，差异显著。本章第3.2.3节将详细分析湿空气不同参考状态的选取对于方案选择的影响情况。

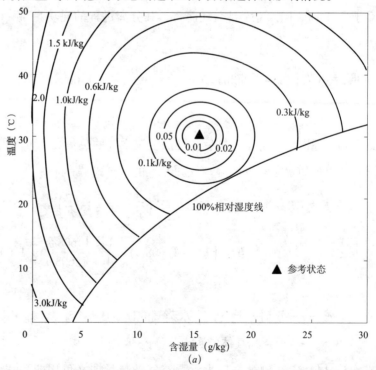

图3-9   湿空气的等㶲值线在焓湿图上的表示

（a）以室外环境（30℃、15.0g/kg）为参考状态

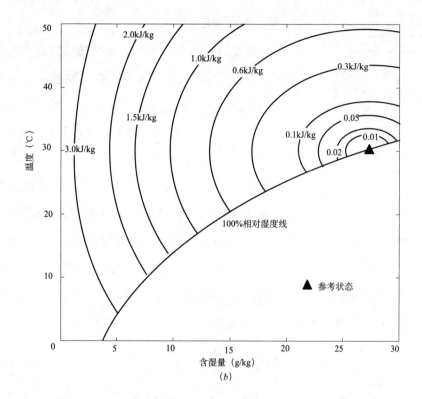

图 3 - 9 湿空气的等㶲值线在焓湿图上的表示（续）

（b）以室外饱和状态（30℃、27.2g/kg）为参考状态

3.2.2 在建筑环境领域的应用分析

上述热量㶲及湿空气㶲，均是根据可逆过程定义出来的，可用来表征研究对象相对于参考状态（环境状态）的最大做功能力。㶲分析方法在建筑热湿环境营造领域的分析中得到了广泛应用，为分析处理流程、空调系统等的性能提供了理论工具。这种从理想可逆过程出发的分析方法，为分析热力过程的最高效率提供了便利，可以据此计算得到热力过程的最小能耗（或最高效率）。下文以理想制冷循环、建筑理想排热过程为例，给出实际系统可及的最高效率情况。

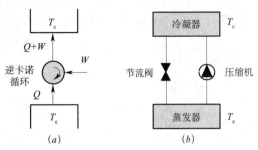

图 3 - 10   理想逆卡诺循环的物理模型

（a）基本物理模型；（b）制冷循环原理

1. 理想制冷循环

卡诺循环和逆卡诺循环分别对热机和制冷机的性能进行了界定，限定了热机和制冷机能够达到的最高效率，也为提高热机和制冷机的效率指明了方向。图 3 - 10（a）给出了逆卡诺循环的基本原理，从温度为 T_e 的低温环境吸热 Q 并将其排入高温环境 T_c（$T_c > T_e$），根据热力学第二定律，该循环需要投入功 W 来实现热量 Q 的搬运，蒸汽压缩制冷循环见如图 3 - 10（b）即是根据理想逆卡诺循环的原理进行设计与优化分析的。

理想制冷循环（逆卡诺循环）的效率 COP_{ideal} 可用式（3 - 15）表示，其中 T_e 和 T_c 分别为蒸发温度和冷凝温度，单位为 K。

$$COP_{ideal} = \frac{Q}{W_{min}} = \frac{T_e}{T_c - T_e} \qquad (3 - 15)$$

从上述理想逆卡诺循环的效率计算式中可以看出，COP_{ideal} 主要受循环中蒸发温度 T_e 和冷凝温度 T_c 的影响，逆卡诺循环的 COP_{ideal} 为提高实际制冷循环的性能指明了方向。对于实际制冷循环而言，冷凝温度 T_c 受到室外热汇（排热场所）的影响，热汇温度水平直接界定了制冷循环冷凝温度的下限值。以集中空调系统为例，常见的室外热汇温度包括室外空气干球温度（风冷冷却方式）、湿球温度（冷却塔冷却方式）和露点温度（间接蒸发冷却方式）；对于采用土壤源热泵的系统来说，其热汇温度可视为地下土壤温度。可利用的热汇温度越低，制冷循环的冷凝温度 T_c 就可能越低，也就能够降低制冷循环冷凝、蒸发温度间的工作温差 $\Delta T_{HP} = (T_c - T_e)$，相应的 COP_{ideal} 就可以越高。

同时，蒸发温度 T_e 越高，也有助于降低冷凝、蒸发温度之间的工作温差 ΔT_{HP}，则可能的制冷循环 COP 也越高。蒸发温度 T_e 主要受到热源温度水平的影响，以对室内空气降温为例，当 T_e 低于室内空气干球温度时，理论上即可对空气降温，因而此时室内干球温度限定了制冷循环蒸发温度的上限值；而若对室内空气除湿，则是室内空气的露点温度决定了蒸发温度的上限值，T_e 必须低于室内空气露点温度才能进行除湿。

因而，实际制冷循环的 COP 不可能超过理想制冷循环的效率 COP_{ideal}，上述逆卡诺循环的效率分析为提高实际制冷循环的效率指明了方向。在实际制冷循环中，可以通过选择合适的热源与热汇来改善其蒸发、冷凝温度，例如在集中空调系统中，供冷时可以通过措施来提高需求的冷源温度来提高蒸发温度、供热时来降低需求的热源温度来降低冷凝温度，从而减小制冷循环的工作温差，提高制冷循环 COP。

定义制冷循环的热力学完善度 η 为实际制冷循环效率（COP_{ch}）与工作在同样蒸发温度 T_e 与冷凝温度 T_c 下的逆卡诺制冷循环效率（COP_{ideal}）的比值，如式（2-13）和式（3-16）所示，以此作为指标来评价实际制冷循环趋近于理想逆卡诺制冷循环的程度。

$$\eta_{ch} = \frac{COP_{ch}}{COP_{ideal}} \times 100\% \qquad (3-16)$$

表 3-3 给出了典型离心式冷水机组（制冷量 >1000kW）设计工况下的制冷循环热力学完善度。可以得出：目前离心式冷水机组热力完善度 η_{ch} 已经接近或超过 70%，比较接近理想逆卡诺循环的性能，现有情况下进一步提升冷水机组性能的改善空间比较有限。

典型离心式冷水机组热力学完善度分析　　　　表 3-3

制冷量 （kW）	压缩机功率 （kW）	换热器 效率	蒸发温度 （℃）	冷凝温度 （℃）	COP_{ideal}	COP_{ac}	η_{ch}
1407	255	0.7	4.9	39.1	8.1	5.5	68%
1407	255	0.8	5.8	38.3	8.6	5.5	64%
2110	360	0.7	4.9	39.1	8.1	5.9	72%
2110	360	0.8	5.8	38.3	8.6	5.9	68%

注：上表工况为供/回水温度为 7℃/12℃，冷却塔进/出水温度为 37℃/32℃。

逆卡诺制冷循环为提高实际制冷循环的性能指明了方向，从上述实际制冷机组热力完善度的分析可以看出，热力学分析为改善制冷循环性能指明了方向，现有工艺、技术条件下制冷循环的热力完善度已达到较优水平。此处以用于温湿度独立控制空调系统的高温离心式冷水机组研发案例来阐述热力学分析（热力完善度）对改善制冷循环性能的指导作用，参见表3-4。在温湿度独立控制空调系统中，需求的冷水温度可达16~18℃左右，将用于低温出水（冷水出水温度为7℃）工况下的一台常规离心式制冷机组直接用于满足高温出水（冷水出水温度为16~18℃）需求时，尽管由于蒸发温度的提高会使得制冷循环 COP 得到提高（从5.78提高至6.80~7.05，COP 提高约18%~22%），但从热力学分析来看，此时离心式冷水机组的热力完善度从原有7℃出水工况的66%分别下降至54%和51%，表明高温出水的离心式冷水机组还有较大的性能提升空间。通过将常规制取7℃低温冷水的离心式制冷循环中的关键部件如压缩机叶片、节流阀、润滑油分离器等进行改进，适应高温出水时的制冷循环性能需求，可以研发出专门适用于高温出水需求下的离心式冷水机组，机组制冷循环的热力完善度可以达到与常规7℃低温出水离心式冷水机组相当的水平（65%~70%），新开发的高温冷水机组在16℃和18℃出水工况下的实测 COP 分别达到8.58和9.18，远高于7℃出水工况的常规冷水机组（COP 提高约48%~59%），制冷循环 COP 也与常规冷水机组直接运行在高温出水工况下提高26%~30%。因而，根据制冷循环热力学性能的分析，可以有效指导实际制冷机组的研发和性能提升。

某 4000kW 离心式冷水机组的性能分析　　　　　　表 3-4

	冷冻水出水温度（℃）	冷却水进水温度（℃）	性能系数 COP	η_{ch}	备注
普通冷水机组 1	7	30	5.78	66%	
普通冷水机组 1	16	30	6.80	54%	普通冷机运行在高温出水工况
普通冷水机组 1	18	30	7.05	51%	普通冷机运行在高温出水工况
高温冷水机组 2	16	30	8.58	69%	新开发的冷水机组
高温冷水机组 2	18	30	9.18	69%	新开发的冷水机组

2. 理想排热过程

所谓理想的排除余热过程（仅分析热量、不涉及除湿）是指将室内余热量搬运到室外的过程中所需能量投入最小的过程。建筑物内排除余热的过程可用图 3 – 11 描述，室内温度为 T_r，室外温度为 T_0。

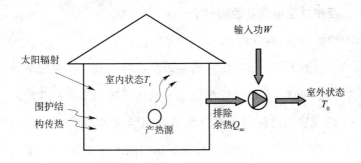

图 3 – 11　建筑物内余热排除模型

根据㶲分析可以得出，利用可逆过程将热量从室内排到室外时，所需投入的功等于室内与室外状态的㶲差。以室外温度 35℃、室内温度 25℃为例，选取室外温度为参考温度，根据式（3 – 6），此时室外空气的热量㶲值（此处仅分析热量、不涉及湿度）为 0，单位质量的室内空气的㶲值为 0.034kJ/kg，即将室内单位热量（kJ）排除到室外时所需投入功为 0.034 kJ。

再从理想逆卡诺循环的角度出发来分析此理想排热过程所需投入的功，此排热过程以制冷为目的，制冷机的任务是将室内状态 T_r 下的热量统一排出到室外状态 T_0 下，从理想逆卡诺循环的分析出发，该系统的理想排热效率为：

$$COP_{排热} = \frac{T_r}{T_0 - T_r} \qquad (3 - 17)$$

仍以室外温度 35℃、室内温度 25℃为例，依据上述计算公式，将室内热量排除到室外环境过程中的理想效率 $COP_{排热}$ 为 29.8，即排除单位热量（kJ）所需投入的功为 0.034kJ，与上述㶲分析得到的结果一致。这是由于所建立的逆卡诺制冷循环过程是可逆过程，因而直接采用室内与室外状态的㶲差计算，即可得到理想排热过程所需的最小投入功。因此，当分析空气处理理想过程所需的最小投入功（最高效率）时，可直接用处理过程前后的空气㶲差进行计算即可。

3.2.3 在应用过程中遇到的困惑

1. 显热换热过程的分析

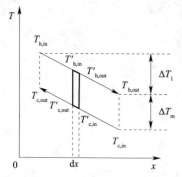

图 3 – 12 比热容量相等时换热过程温度沿程变化

以图 3 – 7（a）所示的逆流换热器为例，当两股流体的比热容量相同时，两股流体沿程温度变化情况如图 3 – 12 所示，图中 dx 微元换热过程中（对应换热量 δQ）高温流体进、出口温度分别为 $T'_{h,in}$、$T'_{h,out}$，低温流体进、出口温度分别为 $T'_{c,in}$、$T'_{c,out}$，Q 为换热器总换热量，$c\dot{m}$ 为两股流体的热容流量，U 为换热系数，A 为换热器总换热面积。

从图 3 – 12 可以看出，在两股流体比热容量相等的逆流换热过程中，两流体的温差处处相等。高温流体（或低温流体）的进出口温差 $\Delta T_1 = Q/c\dot{m}$，两侧流体的换热温差 $\Delta T_m = Q/UA$。对于 dx 微元换热过程的㶲损失 δ$\Delta E_{x,loss}$ 可以用式（3 – 18）计算。

$$\delta\Delta E_{x,loss} = T_0 c\dot{m}\left(\ln\frac{T'_{h,out}}{T'_{h,in}} + \ln\frac{T'_{c,out}}{T'_{c,in}}\right) \qquad (3-18)$$

将式（3 – 18）中所涉及的温度均用 $T'_{c,in}$ 来表示，则上式可改写为：

$$\delta\Delta E_{x,loss} = T_0 c\dot{m}\ln\left(1 + \frac{\dfrac{Q}{UA}\cdot\dfrac{\delta Q}{c\dot{m}}}{T'_{c,in}\left(T'_{c,in} + \dfrac{Q}{UA} + \dfrac{\delta Q}{c\dot{m}}\right)}\right) \qquad (3-19)$$

从式（3 – 19）可以看出，在该逆流换热过程中，随着低温流体沿程温度的不断降低（低温流体出口→进口的过程），㶲损失（或熵产）逐渐增大，如图 3 – 13 所示。那么，按照㶲损失的分析结果，换热面积应该多分配在低温流体进口处㶲损失比较大的地方，即换热面积的沿程布置是不均匀的。但对于该案例中两侧流体的比热容量相等的逆流换热器来说，在换热面积沿程均匀分布的情况下，换热器的沿程换热温差及换热量均处处相同。利用㶲分析结果得到的换热面积不均匀布置情况，与当前换热器的实际做法并不相符。

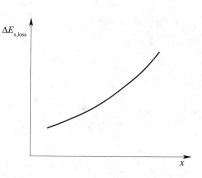

图 3-13 㶲损失的沿程变化情况

2. 参考状态的选取影响方案的选择

㶲（或可用能）是指系统相对于参考状态（环境状态）的做功能力。对于空气处理过程常见的湿空气的参考状态选取，目前主要存在两种观点：一种认为应选取室外环境（不饱和状态）作为参考状态；一种认为应选取室外环境温度对应的饱和状态为参考状态。图 3-9 即为以上两种不同参考状态选择情况下不同状态湿空气的等㶲线情况。以下通过分析典型热湿环境营造案例，给出选取不同的参考状态时对㶲分析结果的影响情况。

在空气处理过程中，是选择室外全新风处理过程还是尽可能利用室内回风、仅最小新风量（满足空气品质需求）运行是空调方案的前提条件，这需要对比室外新风状态与室内回风状态的"价值"来确定。例如在我国新疆等地夏季的空气处理过程中，室外空气非常干燥，室外状态 W 的温度高、含湿量低，虽然室外状态的焓可能高于室内状态 N，但由于室外空气的含湿量低、仍可能具有应用的价值。

室外新风与室内回风的相对"价值"大小，可由相应的㶲值大小来决定。㶲分析法是单纯从热力学角度进行分析从而得出结论的，不涉及具体的处理装置和设备。比较新风或回风状态与要求的送风状态的㶲值，若新风或回风㶲值高于送风状态的㶲值，则在理论上讲新风或回风经过一定的热力过程可以自发变化到送风状态，不需要额外投入功；若新风、回风㶲值均低于需求送风状态的㶲值，则在理论上讲与送风㶲差小的需要投入的有用功较少。从节省空气处理能耗的角度看，根据㶲分析的结果，当将新风处理到送风状态投入的有用功（㶲）小于将回风处理到送风状态投入的有用功时，空调系统应选取全新风运行方式；反之，则应尽量利用回风。

表 3-5 给出了在我国干燥地区室外新风 W、室内 N 与希望的送风状

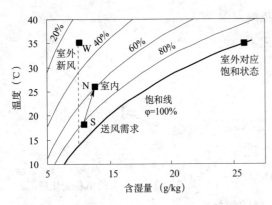

图 3-14 干燥地区新风、室内状态与送风状态在
焓湿图上的表示

态 S 的情况，室外新风状态为 35℃、10g/kg、61.0kJ/kg，室内状态为 26℃、12.6g/kg、58.4kJ/kg，需求的送风状态为 18℃、11g/kg，如图 3-14 所示。根据表中的分析结果可以看出：当选择室外空气状态作为参考状态时，室内回风的"价值"明显高于新风，应该尽可能地充分利用回风、系统选择最小的新风量；但当选择室外空气温度对应的饱和状态作为参考状态时，新风的"价值"明显高于回风，系统选择时应该尽可能的充分利用新风。选取不同的参考状态，出现了截然相反的结论，那么该方案究竟该作何选择呢？

表 3-5

参考状态	湿空气㶲（kJ/kg）			比较结果
	新风 W	室内 N	送风 S	
室外状态 （35℃，10g/kg）	0	0.181	0.505	$E_x(S-W) = 0.505$ kJ/kg $E_x(S-N) = 0.324$ kJ/kg 选择充分利用回风
室外空气温度对应的饱和状态 （35℃，36.5g/kg）	1.855	1.572	2.182	$E_x(S-W) = 0.327$ kJ/kg $E_x(S-N) = 0.510$ kJ/kg 选择充分利用新风

干燥地区新风与室内空气㶲值比较结果

附录 A 同时给出了冷凝除湿等常见空气处理过程中，由于不同的湿空气参考状态的选择对于系统性能的影响情况。从上述采用㶲分析对热湿环境营造过程的分析可以看出，参考状态的选取对于分析结果有很大影响。不同的参考状态会导致各个部件的投入、消耗等产生非常大的差异，系统的㶲效率也会有很大差别，对于某个参考状态下投入㶲的环节，当参考状态发生变化时就可能变为消耗㶲的环节，更为严重的是不同的参考状态选取严重影响了空调方案的比选结果，一种参考状态选取情况下的最优方案则在另一种参考状态选取情况下变为最差方案，而事实上空调方案的优劣比较结果不应该受有些"人为"性质规定的参考状态的影响。但是㶲分析的本质，就是所研究对象对参考状态的做功能力，参考状态是㶲分析必不可少的要素。参考状态选取对于系统优化方案有着显著影响，甚至直接导致方案的优劣发生变化，这样在分析建筑热湿环境营造过程时就难以获得清晰的认识，系统优化过程也就缺少了有效的指导原则。

3. 实际过程效率远低于理想效率

图 2-14 给出了目前集中空调系统中各个环节的典型温度水平情况。对于采用冷却塔冷却的水冷冷水机组，热汇为室外的湿球温度（图示为27℃），考虑室内除湿需要以室内露点温度（采用冷凝除湿方式，室内空气温度25℃、露点温度17℃）作为需求。由式（3-17）可以得到建筑理想排热排湿（以室内露点温度计算）效率 $COP_{\text{sys,ideal}} = (17+273)/(27-17) = 29.0$。工作在图 2-14 所示的我国最高能效（我国一级能效标准）制冷机的 COP_{ch} 为 6.1，可采用式（3-20）计算整个空调系统的热力学完善度：

$$\eta_{\text{sys}} = \frac{COP_{\text{ch}}}{COP_{\text{sys,ideal}}} = \frac{6.1}{29.0} = 21\% \qquad (3-20)$$

由此计算结果可以看出：即使制冷机性能按照目前我国能效级最高要求的性能计算，整个空调系统的热力学完善度也仅为20%左右。

对于图 2-14 所示的制冷机，其工作在蒸发温度5℃、冷凝温度37℃的工作温差 $\Delta T_{\text{HP}} = 32K$。在此工作温度下，理想逆卡诺制冷机的性能系数 $COP_{\text{ch,ideal}} = (5+273)/(37-5) = 8.7$。将实际制冷机性能系数与在此工作温度情况下的理想逆卡诺制冷机性能系数进行对比，可得到制冷机的热力学完善度：

$$\eta_{\text{ch}} = \frac{COP_{\text{ch}}}{COP_{\text{ch,ideal}}} = \frac{6.1}{8.7} = 70\% \qquad (3-21)$$

从上式的分析结果可以看出：目前制冷机性能系数相对于在同样蒸发温度与冷凝温度工作下的理想逆卡诺制冷机（理论上可以达到的最高能

效）而言，其热力学完善度已达到 70%，在同样工作温度情况下，进一步提升制冷机性能系数的空间非常有限。

仔细分析图 2-14 所示的空调系统中各个环节的温度水平可以得到：在制冷机 $\Delta T_{HP} = 32K$ 的工况下，制冷机提供的温差大部分被系统中各个中间环节所消耗。考虑除湿需求，以室内露点温度作为计算基准，则室外热汇与室内露点温度的温差为 10K，制冷机提供的 32K 温差有接近 70% 被系统中换热、传输等各个中间环节所消耗；若仅考虑降温需求，以室内干球温度作为计算基准，则室外热汇与室内干球温度的差值仅为 2K，制冷机提供的 ΔT_{HP} 有 94% 被系统各个中间环节所消耗。因此，如何减少系统中各个中间环节所需要消耗的温差，成为提升空调系统性能、实现空调系统节能的重要途径。

系统的各个中间环节（见图 2-14），是由一系列换热器、传输网络构成的，本小节第 1 部分分析了㶲用于分析显热换热过程时遇到的一些困惑。既然空调系统的焦点转变为减少系统各个中间环节的温差消耗，这些中间环节不是以"热功转换"作为目标，而是以"传热性能"作为目标，那么围绕这些中间环节"传热性能"，是否有综合考虑热量 Q 与相应品位 T 的热学分析指标呢？下一节介绍的"㶲"即是根据传热过程的特征提出的热学分析参数。

3.3 㶲分析

3.3.1 物理概念与定义

㶲是清华大学过增元院士等提出的一种用来描述物体热量传递能力的物理量[74]，其物理意义是指热能传递的势能（或势容）。对温度为 T、比热容为 c_p 的物体连续进行可逆加热（可逆加热是指物体与热源之间的温差无限小，加入的热量无穷小），如图 3-15 所示，此过程意味着需要无穷多个热源，这无穷多个热源的温度是以无穷小量逐渐增加的，且每个热源提供的热量也都是无穷小的。

由于在不同温度下提供的热量的品位是不同的，温度实质上是热量的势，因此在向物体加入热量的同时，物体的温度升高，也就同时向物体加入了热量的势能，或称为热势能。以绝对零度为基准时，一个物体的热势能[74]（即㶲）为：

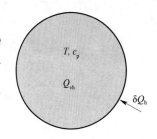

图 3 - 15　㶲表达式的物理推导[74,75]

$$E_n = \int_0^T dE_n = \int_0^T Q_{vh} dT \qquad (3-22)$$

式中　E_n——物体的热势能（即㶲），$J \cdot K$；

Q_{vh}——物体的比热容量，J/K。

当 c_p 为常数时，物体的㶲可用式（3-23）表示，其中 M 为物体的质量，kg。

$$E_n = \frac{1}{2} M c_p T^2 \qquad (3-23)$$

对于单位质量的定比热容物体，当温度从 T_1 变化到 T_2 时，其㶲 E_n 的变化可用式（3-24）计算。

$$\Delta E_n = \int_{T_1}^{T_2} dE_n = \frac{1}{2} M c_p (T_2^2 - T_1^2) \qquad (3-24)$$

微元体内的热传递势能损失只和导热系数以及温度梯度有关，而积分后宏观传热过程的㶲耗散只与传热量和传热温差有关，都与温度的绝对值无关。

热量传递过程是一个不可逆过程，在传递过程中会产生耗散，这种耗散称为"㶲耗散"，热量传递过程的㶲耗散等于参与热量传递过程的物体初始状态与结束状态所具有的㶲的差[74]。㶲耗散实质是对热量传递过程不可逆性的度量；㶲耗散描述的是热量传递过程中体系传热能力的损失。正如黏性流动因克服摩擦阻力而耗散机械能，电流通过电阻耗散电能，在热量传递过程中，由于各种不可逆因素，热量虽然在数量上是守恒的，但热量的"传递势能"却被不可逆过程耗散掉，那么这部分传热势能的耗散就需要用㶲耗散来描述[76,79]。

　　基于㶲分析可以得到㶲耗散极值原理等，并已成功应用到不同传热过程的优化分析中，其中导热过程中的最小㶲耗散原理表述为：在导热热流给定的条件下，物体中的㶲耗散最小时，导热温差值就最小；最大㶲耗散原理表述为：在导热温差给定的条件下，当物体中的㶲耗散最大时，导热热流值就最大。最小㶲耗散原理和最大㶲耗散原理统称为㶲耗散极值原理。熵（或㶲）是用于研究热功转化过程的热学参数，㶲是指相对于参考状态的做功能力，熵（或㶲）分析方法也是一种热力学层面的分析；而㶲则是分析热量传递过程的热学参数。采用㶲分析方法优化换热器的热量传递过程时，可以得到比熵产或㶲分析更优的结果，例如在体点导热问题中，当两个定温冷却点的温度存在差异时，利用㶲耗散极值原理优化得到的温度场结果要优于采用熵产分析得到的结果[77]。

　　图 3 - 16 给出了热量传递体系❶㶲的进出口关系，有质量流量（$\dot{m}_{1,\text{in}}$、$\dot{m}_{2,\text{in}}$、$\cdots \dot{m}_{n,\text{in}}$）的热源（$T_1$、$T_2$、$\cdots T_n$）进入系统，该传热系统中交换的热量为 $\dot{Q}_1$、$\dot{Q}_2$、$\cdots \dot{Q}_m$，质量流量为 $\dot{m}_{1,\text{out}}$、$\dot{m}_{2,\text{out}}$、$\cdots \dot{m}_{n,\text{out}}$ 的流体离开系统。当该传热系统为可逆传递过程时，该体系的㶲 $E_{n,\text{rev}}$ 可用式（3 - 25）表示：

$$\frac{\mathrm{d}E_{n,rev}}{\mathrm{d}\tau} = \sum_{i=1}^{n} (T_i - T_0)\dot{Q}_i + \sum_{\text{in}} \frac{1}{2}\dot{m}c_p (T - T_0)^2 - \sum_{\text{out}} \frac{1}{2}\dot{m}c_p (T - T_0)^2$$

$$(3 - 25)$$

　　对任意存在温差的不可逆传热过程，该系统的㶲耗散 $\Delta E_{n,\text{dis}}$ 为：

$$\Delta E_{n,\text{dis}} = \iiint_{\Omega} k \, |\nabla T|^2 \mathrm{d}V \qquad (3 - 26)$$

　　因此，对于实际过程中不可逆的传递体系，该体系的㶲 E_n 可用式（3 - 27）表示：

---

　　❶ 此处研究对象为"传热系统"，不涉及参考状态（环境状态）。图 3 - 4 的研究对象为"热力系统"，包括传热系统、热功转换系统等，对象范围大于图 3 - 16 的传热系统；图 3 - 4 受参考状态的影响。

$$\frac{\mathrm{d}E_\mathrm{n}}{\mathrm{d}\tau} = \frac{dE_\mathrm{n,rev}}{\mathrm{d}\tau} - \Delta E_\mathrm{n,dis}$$

$$= \sum_{i=1}^{n} (T_i - T_0)\dot{Q}_i + \sum_\mathrm{in} \frac{\dot{m}c_\mathrm{p}}{2}(T - T_0)^2 - \sum_\mathrm{out} \frac{\dot{m}c_\mathrm{p}}{2}(T - T_0)^2$$

$$- \iiint_\Omega k\,|\nabla T|^2\mathrm{d}V \qquad (3-27)$$

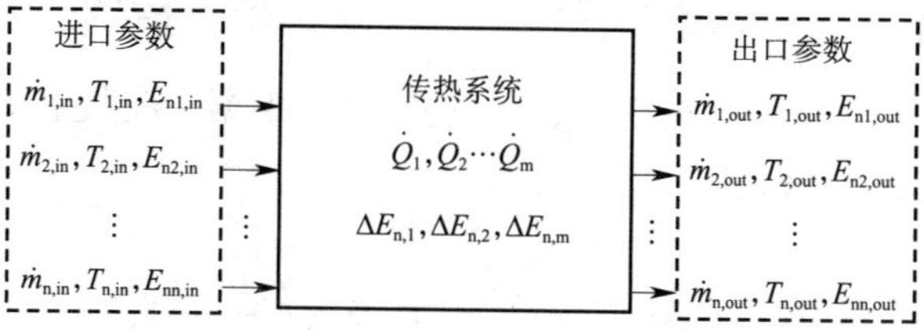

图 3 – 16　热量传递系统的㶲分析体系

对于不涉及热功转换的传热体系，处理过程满足㶲平衡关系，如图 3 – 17 所示，该体系中投入的㶲 $E_\mathrm{n,投入}$ 等于㶲耗散 $\Delta E_\mathrm{n,dis}$ 与系统获得的㶲 $E_\mathrm{n,获得}$ 两部分之和，如式（3 – 28）：

$$E_\mathrm{n,投入} = E_\mathrm{n,获得} + \Delta E_\mathrm{n,dis} \qquad (3-28)$$

同样，对于任意传热过程的㶲耗散 $\Delta E_\mathrm{n,dis} \geq 0$；当传热过程中 $\Delta E_\mathrm{n,dis} = 0$ 时，则为可逆过程（实现无温差的传热过程）。对于实际的传热过程，由于存在有限温差下的传热、冷热气流混合时的热量传递过程等，使得㶲耗散 $\Delta E_\mathrm{n,dis} > 0$，即进出体系的㶲并不相等。当系统得到㶲 $E_\mathrm{n,获得}$ 一定时，通过减少传热过程的㶲耗散 $\Delta E_\mathrm{n,dis}$，就可以降低对系统提供㶲 $E_\mathrm{n,投入}$ 的需求。

对于图 2 – 10 所示的传递热量 Q 一定的传热网络，传热网络的总㶲耗散 $\Delta E_\mathrm{n,dis}$ 可表示为式（3 – 29）中 Q 与等效温差 $\Delta\bar{T}$ 乘积的形式。减少传热过程中各个环节的㶲耗散 $\Delta E_\mathrm{n,dis}$，即可减少总的等效温差 $\Delta\bar{T}$，也就有助于降低整个处理过程的温差驱动力需求，从而提高系统的整体性能。

图 3 – 17　传热过程体系及热学分析参数

$$\Delta E_\mathrm{n,dis} = Q \cdot \Delta\bar{T} \qquad (3-29)$$

传热学中利用热阻来反映热量传递过程的阻力，热阻的含义为单位热流量传递引起的温升大小（单位：K/W），传统意义上的热阻只有在"单热源、单热汇"的一维传热时才有其明确的物理意义；而对于多热源、多热汇等多维热量传递问题难以定义明确的热阻。而在有㶲耗散概念后，可据此定义出具有明确物理意义的热阻。对于单一体系的传热过程或是存在多个热源、热汇的复杂热量传递过程，可以根据该过程的㶲耗散 $\Delta E_{n,dis}$ 来定义热阻，从而分析该过程的热量传递阻力。根据㶲耗散定义的热阻[79,87] R_h 如式（3-30）所示：

$$R_h = \frac{\Delta E_{n,dis}}{Q^2} = \frac{\Delta \overline{T}}{Q}, \text{ 其中 } \Delta \overline{T} = \frac{\Delta E_{n,dis}}{Q} \qquad (3-30)$$

上述利用㶲耗散定义的热阻，为优化传热过程提供了重要指标。对于热量传递过程（不涉及热功转换）而言，㶲耗散极值原理可统一表述为最小热阻原理，即在热量传递过程中最小热阻与最优的换热性能一致。采用上述㶲耗散定义的热阻，可以很好地分析图2-10、图2-11、图2-14、图2-19等所示供暖空调系统中各个环节的热阻情况；当建筑需要排热量（或补充热量）确定的情况下，减少系统中各个组成环节的热阻，可有效减少系统所需的消耗温差，有利于实现建筑的"高温供冷、低温供热"。

3.3.2 基本传热过程分析

1. 两股流体的换热过程

换热器是传热过程中最基本的组成部件，此处同样分析如图3-7（a）所示的两股流体的逆流换热器。式（3-31）和式（3-32）分别为换热器两侧热、冷流体的能量变化方程，其中 $c_{p,h}$ 和 $c_{p,c}$ 分别为热、冷流体的比热容，$\dot{m}_h$ 和 $\dot{m}_c$ 分别为热、冷流体的质量流量，δQ 为微元体的换热量。

$$-c_{p,h}\dot{m}_h dT_h = \delta Q \qquad (3-31)$$

$$c_{p,c}\dot{m}_c dT_c = \delta Q \qquad (3-32)$$

在式（3-31）左右两侧同乘以 T_h，在式（3-32）左右两侧同乘以

T_c，得到：

$$-\mathrm{d}\left(\frac{1}{2}c_{p,h}\dot{m}_h T_h^2\right) = T_h\delta Q \tag{3-33}$$

$$\mathrm{d}\left(\frac{1}{2}c_{p,c}\dot{m}_c T_c^2\right) = T_c\delta Q \tag{3-34}$$

式（3-33）和式（3-34）的左侧分别表示热、冷流体的㶲，上述两式左右两侧分别相减并对 δQ 积分，即可得到单个换热器的㶲耗散如式（3-35）所示，即换热器的㶲耗散等于冷、热流体进出口㶲之差。

$$\Delta E_{n,dis} = \int_{in}^{out}(T_h - T_c)\delta Q = (E_{n,h,in} + E_{n,c,in}) - (E_{n,h,out} + E_{n,c,out})$$

$$\tag{3-35}$$

图 3-18（b）给出了逆流换热器换热过程中冷、热流体温度随换热量 Q（热流）变化的关系，如果流体的比热恒定，那么在 $T-Q$（温度 - 热流）图上，两侧流体温度 T 随着传热量 Q 的变化斜率为定值。根据热量传递过程中㶲耗散的定义，换热器的㶲耗散可以通过换热过程中温差与换热量的沿程积分得到，如式（3-35）所示。对照换热过程在 $T-Q$ 图上的表示可以看出，该过程的㶲耗散恰等于其在 $T-Q$ 图上所围成的阴影面积。因而，$T-Q$（温度 - 热流）图为分析换热过程的㶲耗散提供了便利工具，图中换热过程所包围的区域面积即可表示换热过程的㶲耗散。

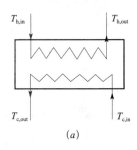

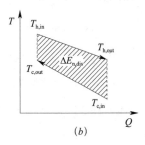

(a)　　　　　　　　　　(b)

图 3-18　两股流体的逆流换热过程

（a）换热过程示意图；（b）换热过程 $T-Q$ 图

根据式（3-30）热阻 R_h 的定义，可以得到该逆流换热器换热过程的热阻为：

$$R_h = \frac{\Delta E_{n,dis}}{Q^2} = R_h^{(flow)} + R_h^{(other)} \quad (3-36)$$

其中，$R_h^{(flow)}$ 是由于换热过程两侧流体不匹配造成的热阻，$R_h^{(other)}$ 是由于换热器有限换热能力等原因导致的热阻（将在第 5 章详细介绍）。

对于图 3-12 所示的换热两侧流体热容流量相等（$c_{p,h}\dot{m}_h = c_{p,c}\dot{m}_c$）的逆流换热过程，该换热过程两股流体温度随换热量变化如图 3-19 所示，换热过程的㶲耗散即为图 3-19 中两股流体所围成区域的面积。从㶲耗散的分析结果来看，该逆流换热过程中㶲耗散处处分布均匀，因而换热面积应该均匀分配。此结论与图 3-13 所示的采用㶲分析得到的换热面积应该多分配在低温流体进口处㶲损失比较大处的结论不同，换热面积宜均匀分布的结论与换热器的实际做法是相符的。

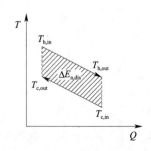

图 3-19　比热容量相等时换热过程在 T-Q 图上的表示

2. 两流体的混合过程

在建筑热湿环境营造过程以及热量传递过程中，除了上述两股流体不直接接触的换热过程外，还存在多种两股（或多股）温度不同的流体之间的混合过程，如供热系统中将高温热水供水与从末端用户流出的回水进行混合来满足一定的供水温度需求、风机盘管送风与室内空气间的混合等。这类冷热流体的混合过程，同样存在㶲耗散。混合过程的㶲耗散等于两股流体混合前后的㶲之差，如式（3-37）所示，下标 1、2 表示参与混合过程的两股流体。多股流体的混合过程也可据此进行分析。

$$\Delta E_{n,dis} = (E_{n,1,in} + E_{n,2,in}) - (E_{n,1,out} + E_{n,2,out}) \quad (3-37)$$

当流体 1 和 2 的质量流量分别为 $\dot{m}_1$ 和 $\dot{m}_2$，初始温度分别为 T_1 和 T_2 时（$T_1 > T_2$），如果两股流体的比热容 c 为常数，则混合后两股流体的温度 T_3 为：

$$T_3 = \frac{c_1\dot{m}_1}{c_1\dot{m}_1 + c_2\dot{m}_2}T_1 + \frac{c_2\dot{m}_2}{c_1\dot{m}_1 + c_2\dot{m}_2}T_2 \quad (3-38)$$

由式（3-37）和式（3-38）可以得到该混合过程的㶲耗散为：

$$\Delta E_{n, dis} = \frac{1}{2} \cdot \frac{c_1 \dot{m}_1 \cdot c_2 \dot{m}_2}{c_1 \dot{m}_1 + c_2 \dot{m}_2} (T_1 - T_2)^2 \qquad (3-39)$$

进一步地，冷热混合过程的㶲耗散可以简化为式（3-40），其中 Q 为冷/热流体的热量变化。

$$\Delta E_{n, dis} = \frac{1}{2}(T_1 - T_2)Q，其中 Q = c_1 \dot{m}_1(T_1 - T_3) = c_2 \dot{m}_2(T_3 - T_2)$$

$$(3-40)$$

与换热器的换热过程类似，冷热流体的混合过程也可以在 $T-Q$ 图上进行表示，如图 3-20（a）所示，不同温度的两股流体（T_1、T_2）掺混至同一温度 T_3，该混合过程在 $T-Q$ 图中所包围的阴影面积即为混合过程的㶲耗散。

根据式（3-30）热阻 R_h 的定义，可以得到该混合过程的热阻为：

$$R_h = \frac{\Delta E_{n, dis}}{Q^2} = \frac{1}{2} \cdot \frac{c_1 \dot{m}_1 + c_2 \dot{m}_2}{c_1 \dot{m}_1 \cdot c_2 \dot{m}_2} \qquad (3-41)$$

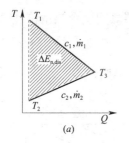 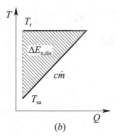

图 3-20　冷热流体的混合过程

（a）两股流体均为变温；（b）一股流体为恒温

空调系统中送风进入室内、与室内空气混合的过程也是一个典型的冷热流体混合过程。与送风相比，室内空气可认为是无限大的恒温热源，那么这个冷热流体的混合过程就可以由图 3-20（b）表示，温度为 T_{sa} 的送风最终与室内空气掺混为室内温度 T_r，图中送风与室内空气所围成的面积就是该混合过程的㶲耗散。该过程的㶲耗散和热阻分别为：

$$\Delta E_{n,dis} = \frac{1}{2c\dot{m}}(T_r - T_{sa})^2 \qquad (3-42)$$

$$R_h = \frac{\Delta E_{n,dis}}{Q^2} = \frac{1}{2c\dot{m}} \qquad (3-43)$$

3.3.3　从室内热源—传输—冷源全过程分析

　　㶲是用来分析热量传递过程的热学参数，换热过程中㶲耗散及根据㶲耗散定义的等效热阻 R_h 的分析对优化换热过程具有较好的指导作用。上述介绍了㶲耗散对于换热器的换热过程或冷热流体混合过程的分析，对于实际的建筑热湿环境营造过程来说，往往不仅仅存在单一换热过程，而是包含有多个换热环节、掺混（混合）环节等构成的复杂换热网络。

　　以图 3-21 (a) 所示从蒸发器到冷水再到室内风机盘管（FCU）的典型换热过程为例，该过程由两个换热过程（蒸发器中制冷剂与冷水的换热过程以及 FCU 中冷水与空气的换热过程）和一个室内掺混过程（FCU 送风与室内空气的掺混）组成。从单个换热过程及混合过程的㶲耗散分析出发，可以得到从室内—FCU—冷水—蒸发器之间整个热量传递过程的总㶲耗散，如式（3-44）所示：

$$\Delta E_n = \Delta E_{n,a} + \Delta E_{n,FCU} + \Delta E_{n,evap} \qquad (3-44)$$

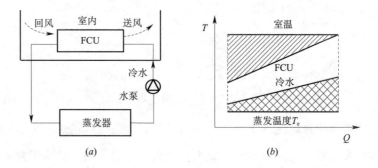

图 3-21　从室内到蒸发器的处理过程

(a) 处理过程原理；(b) 处理过程在 $T-Q$ 图上的表示

　　式中，$\Delta E_{n,a}$、$\Delta E_{n,FCU}$ 和 $\Delta E_{n,evap}$ 分别为 FCU 送风与室内混合过程、

FCU 中冷水与空气换热过程以及蒸发器内制冷剂与冷水换热过程的㶲耗散。该热量传递过程在 T-Q 图上的表示如图 3-21（b）所示，可以看出整个过程的㶲耗散等于 T-Q 图中室内温度与制冷机组蒸发温度 T_e 之间所围成的面积。

基于单个换热过程热阻的分析，可以得到由多个换热过程组成的热量传递体系的热阻，整个过程的热阻 R_h 即为掺混过程的热阻 $R_{h,a}$、FCU 换热过程热阻 $R_{h,FCU}$ 和蒸发器换热过程热阻 $R_{h,evap}$ 之和，如式（3-45）所示。

$$R_h = R_{h,a} + R_{h,FCU} + R_{h,evap} = \frac{\Delta E_n}{Q^2} = \frac{\Delta \overline{T}}{Q} \qquad (3-45)$$

根据换热器换热过程的热阻关系式（3-36）和流体混合过程的热阻关系式（3-43），整个过程的热阻 R_h 可以改写为如下形式（其中 $R_h^{(\text{flow})}$、$R_h^{(\text{other})}$ 的计算方法参见第 5.2.2 节）：

$$R_h = \frac{1}{2c\dot{m}_a} + (R_{h,FCU}^{(\text{flow})} + R_{h,FCU}^{(\text{other})}) + (R_{h,evap}^{(\text{flow})} + R_{h,evap}^{(\text{other})}) \qquad (3-46)$$

其中，$\dot{m}_a$ 为风机盘管的空气质量流量。从㶲耗散定义的热阻可以看出，等效热阻满足叠加原理，总热阻为各部分热阻之和。对于从室温到蒸发器间的热量传递过程，当传递一定的热量 Q 时，总热阻 R_h 最小与等效换热温差 $\Delta \overline{T}$ 最小一致；即在维持相同的室内环境温度需求情况下，整个串联换热过程的总热阻 R_h 越小，可以采用更高温度的冷源，更有助于提高冷源的效率。

进一步可以分析更为复杂的系统，例如图 2-11 所示既有换热器换热过程、流体混合过程，并且带有热泵（制冷）循环的复杂系统而言，热泵所需提供温差 ΔT_{HP} 表达式（2-12）中的热阻同样可通过㶲耗散的分析得到：

$$R_{\text{总,室内侧}} = \frac{1}{2c\dot{m}_{a,\text{室内侧}}} + R_{\text{蒸发器}} \ , \ \ R_{\text{总,室外侧}} = \frac{1}{2c\dot{m}_{a,\text{室外侧}}} + R_{\text{冷凝器}}$$

$$(3-47)$$

　　对于图 2 - 14 所示集中式空调系统，热泵所需提供温差 ΔT_{HP} 表达式 (2 - 15) 中的热阻可表示为：

$$R_{总,室内侧} = \frac{1}{2c\dot{m}_{a,室内侧}} + R_{风机盘管} + R_{蒸发器}$$

$$R_{总,室外侧} = \frac{1}{2c\dot{m}_{a,室外侧}} + R_{冷凝器} + R_{冷却塔}$$

$$(3-48)$$

　　在传递相同热量的情况下，减少热阻 $R_{总,室内侧}$ 可以有效减少从室内温度到热泵（制冷机）蒸发器之间换热过程所需消耗的温差，从而可以有效提高热泵的蒸发温度 T_e；减少热阻 $R_{总,室外侧}$ 可以有效减少从热泵冷凝器到室外热汇之间换热过程所需消耗的温差，从而有效降低热泵的冷凝温度 T_c，这样热泵所需的工作温差 ΔT_{HP} 就可大幅降低，非常有利于提升热泵的性能系数（其功耗几乎与 ΔT_{HP} 成正比关系）。

　　从上述利用㶲作为热学参数对典型建筑热湿环境营造过程的分析中可以看出，建筑热湿环境营造的换热传输环节可以在 $T - Q$ 图上清晰地表示，处理过程的㶲耗散也可以通过计算得到，并且营造过程的优化目标与㶲耗散的分析是一致的。这样，对于包含多种热量传递环节的建筑热湿环境营造过程，利用㶲作为热学参数可以从传递过程损失的角度来进行认识和刻画，实现对这一过程的优化分析。

3.4　㶲与㶲参数的联系与区别

3.4.1　热量与品位的综合考虑

　　热量 Q 和温度 T 是用来衡量热力系统的重要特征量，前者重在考虑数量，后者则着重于品位。因此，分析热力系统时就需要有相应的热学参数来作为指标，同时考虑热量 Q 和温度品位 T 的影响。从同时考虑热力过程中的量和品位影响的角度来看，㶲（或熵）和㶲都是用来分析热力过程的重要热学参数，两种指标或参数体系都能综合反映热量 Q 和温度 T 的作用，也是优化热力过程的重要工具。对于建筑热湿环境的营造过程，是一个涉及热量传递环节、热功转换等多个环节在内的复杂体系。

图 3 – 22 热功转换、传热过程等构成的热力系统

如图 3 – 22 所示的热力过程进行时，由于过程的不可逆性会产生损失，根据图 3 – 5 的分析，当热力过程为可逆过程时，整个过程的㶲损失为零。对于不可逆过程来说，利用㶲平衡可以对系统的投入与收益进行分析：利用㶲平衡进行分析时，系统中间环节的㶲损失 = 提供的㶲（投入）– 系统最终获得的㶲（收益），如式（3 – 5）所示。

㶲参数是根据传热过程推导得出的热学参数，其根本出发点是分析热量传递环节，并非热功转换环节。利用㶲分析可以明确热量传递过程中的耗散，提供优化热量传递过程的原则。对于传热过程以及不涉及热功转换的复杂传热网络，㶲分析得出的㶲耗散是定量刻画传热过程中不可逆程度的指标。当所研究的传热体系为可逆过程时，该过程的㶲耗散为零。对于任意传热过程或网络，利用㶲平衡进行分析时，系统中间环节的㶲耗散 = 提供的㶲（投入）– 系统最终获得的㶲（收益），如式（3 – 28）所示。

以两股流体参与的显热换热过程为例 [图 3 – 7（a）]，式（3 – 49）给出了换热过程中㶲损失 $\Delta E_{\mathrm{x,loss}}$ 和㶲耗散 $\Delta E_{\mathrm{n,dis}}$ 各自的表达式，可以看出㶲损失和㶲耗散分别等于两股流体进出口的㶲（或㶲）之差。

$$\Delta E_{\mathrm{x,loss}} = (E_{\mathrm{x,h,in}} + E_{\mathrm{x,c,in}}) - (E_{\mathrm{x,h,out}} + E_{\mathrm{x,c,out}})$$
$$\Delta E_{\mathrm{n,dis}} = (E_{\mathrm{n,h,in}} + E_{\mathrm{n,c,in}}) - (E_{\mathrm{n,h,out}} + E_{\mathrm{n,c,out}})$$

$$(3 - 49)$$

上述换热器的总㶲损失和㶲耗散也可以通过换热器沿程换热微元处的㶲损失和㶲耗散积分得到，分别如式（3 – 50）和式（3 – 51）所示，式中 T 均为绝对温度，单位 K。δQ 为沿程 $\mathrm{d}A$ 微元处的传热量，该换热微元的高、低温流体温度分别为 T_{h}、T_{c}，T_0 为㶲分析的参考温度。

$$\Delta E_{\mathrm{x,loss}} = \int \left[\left(1 - \frac{T_0}{T_{\mathrm{h}}} \right) - \left(1 - \frac{T_0}{T_{\mathrm{c}}} \right) \right] \delta Q = \int \frac{T_0}{T_{\mathrm{h}} T_{\mathrm{c}}} (T_{\mathrm{h}} - T_{\mathrm{c}}) \delta Q$$

$$(3 - 50)$$

$$\Delta E_{n,dis} = \int (T_h - T_c) \delta Q \tag{3-51}$$

将 dA 微元处传热量 $\delta Q = (T_h - T_c) U dA$ 的表达式分别带入以上两式，可以得到该换热器的总㶲损失和熵耗散可分别改写为：

$$\Delta E_{x,loss} = \int \frac{T_0}{T_h T_c} (T_h - T_c)^2 U dA \tag{3-52}$$

$$\Delta E_{n,dis} = \int (T_h - T_c)^2 U dA \tag{3-53}$$

从上述㶲损失和熵耗散的表达式中可以看出，只要传热过程存在温差（$T_h \neq T_c$），式（3-52）和式（3-53）中 $(T_h - T_c)^2 > 0$，传热过程就存在㶲损失（$\Delta E_{x,loss} > 0$）或熵耗散（$\Delta E_{n,dis} > 0$）。而且，㶲损失与熵耗散在积分式中仅有一项 $\frac{T_0}{T_h T_c}$ 的差别。由于上两式中 T 均为绝对温度，因而当温度处于环境温度附近相差不是很大时，两者分析结果差异不大。

从㶲和熵的定义式可以看出，两者均能反映热量 Q 和温度 T 的影响，前者是 Q 与 T 相除的关系，后者则是 Q 与 T 相乘的关系。以显热换热过程为例，传热过程的㶲损失和熵耗散可以在不同坐标系的图上得到表示，㶲损失可由 $(1 - T_0/T) - Q$ 图上的积分面积得到［参见图 3-7（c）］，熵耗散可由 $T - Q$ 图上的积分面积得到［参见图 3-18（b）］。如果换热过程中流体的比热容量为定值，则在 $T - Q$ 图中换热流体温度 T 随热流 Q 变化的斜率为定值。而换热器的㶲损失尽管也可以表示为 $(1 - T_0/T) - Q$ 图中所围成图形的面积，但在图中 $(1 - T_0/T)$ 随传热量变化的斜率并非定值，换热过程的㶲损失也难以像熵耗散一样通过简便的方式进行计算。

从上述㶲和熵作为热学指标分析刻画传热过程的应用可以看出，两者之间在不可逆程度的度量及分析结果的指向性等方面均具有一定的相似性；但从实质上来看，㶲和熵对应的物理规律则有显著差异，两者对应的物理模型存在根本不同。

从㶲的定义来看，其根本出发点是反映热力过程的做功能力。㶲分析是基于热力学第二定律建立的热学参数，从热功转换角度给出了热力过程发生的判据。㶲平衡既反映能量的数量守恒（热力学第一定律），也表示出能量的价值观（热力学第二定律）[46]。而㶲则是根据传热过程推导得出的热学参数，其根本出发点是分析热量传递环节。利用㶲分析可以明确热量传递过程中的耗散，提供优化热量传递过程的原则。因而，㶲和㶲从不同的视角认识热力过程（传热过程），两者是不同理论体系的热学分析指标。

因此，尽管㶲和㶲都可以反映热力过程中热量 Q（量）和温度 T（品位）的影响，但二者是从不同体系出发的热学分析参数，㶲损失（或熵产）分析是对热功转换过程不可逆程度的度量，强调的是做功能力；而㶲耗散则是针对传热过程不可逆程度的刻画，重点是热量传递能力。在分析实际的热力过程时，可以根据需求选取不同的热学参数来作为指标：注重热功转换过程、强调做功能力时，选取㶲（或熵）并进行㶲损失（或熵产）分析；强调的是热量传递过程和传热能力时，选取㶲并用㶲耗散来作为指标进行刻画。

3.4.2 㶲参数和㶲参数的区别

㶲参数的定义和推导过程是基于热量传递过程，㶲参数的定义和推导过程是基于热力学第二定律，两个参数从原理上有本质的区别，下面说明两个参数的特征，此节内容的分析详见张伦博士的论文[89]。

一股流体或一股热流，具有一定的温度（T）、内能（E）、热量（Q）等。流体或热流具有的能力是由其物理参数决定的，是客观存在的物理量。流体或热流所具有的能力可以用来做功，也可以用来传热，这是与实际过程相关的。任何实际过程都存在不可逆性，称之为损失，损失也是客观存在的。以一个换热器为例，热源温度为 50℃→40℃，被加热流体的温度为 20℃→30℃。在这个过程中，热量（Q）没有损失，热源提供的热量和被加热流体得到的热量相等，但在传热的过程中，温度品位降低了。热量（Q）的温度品位从50℃→40℃降低为20℃→30℃，热量品位降低是客观存在的损失，是绝对的。

　　烟参数和㶲参数从不同的角度描述能力和损失，如图3-23所示。烟参数描述的是做功能力和做功能力的损失；㶲参数描述的是传递能力和传递能力的损失。如图3-24所示，可以把烟参数和㶲参数看做不同的"标尺"，它们的刻度是不同的。烟参数定量刻画了相对于参考温度T_0的做功能力，烟参数的刻度是$1/T$，显热烟以绝对温度$1/T$为刻度，湿度烟以露点温度$1/T_d$为刻度（推导过程详见附录A）；㶲参数定量刻画了传递能力，㶲参数的刻度是T和ω（含湿量），如图3-24和表3-6所示。以$1/T$为刻度，做功能力以及做功能力的损失是均匀的；以T为刻度，传热能力以及传热能力的损失是均匀的。若采用烟参数，那么做功能力是均匀的，而传热、传质能力则是不均匀的；若采用显热㶲参数，那么传热能力是均匀的，而做功能力、传质能力则是不均匀的。

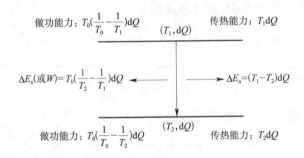

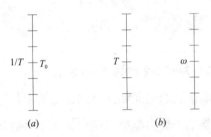

图3-23　传热能力和做功能力比较（$T_1 > T_2$）[89]　　图3-24　烟参数和㶲参数比较 (a) 烟参数：做功的角度；(b) 㶲参数：传递的角度

烟参数和㶲参数比较　　　　　　表3-6

	烟参数：做功的角度	㶲参数：传热的角度	㶲参数：传质的角度
能力	$T_0\left(\dfrac{1}{T}-\dfrac{1}{T_0}\right)Q$	QT	$M_w\omega$
损失	$T_0\left(\dfrac{1}{T_1}-\dfrac{1}{T_2}\right)Q$	$Q(T_1-T_2)$	$M_w(\omega_1-\omega_2)$

注：M_w为传质量。

采用㶲参数或者㶲参数分析过程、装置、流程，实质上是用不同参数定量刻画损失的过程，形象地说，是用不同刻度的标尺度量损失的过程。在分析的过程中，若使用的标尺是均匀的，往往能够得到比较简洁的结果，特别是可以得到分布式参数的准则。当以做功为目标时，采用㶲参数能够得到均匀的标尺；当以传递为目标时，采用㶲参数能够得到均匀的标尺。

下面说明均匀性和分布式参数对于㶲参数和㶲参数的区别。图 3-25 (a)给出了一个传热问题，热量 Q 通过两个换热器（UA_1 和 UA_2）从温度 T_1 传到温度 T_2 再传到 T_3，分配换热面积 UA_1 和 UA_2 使得总换热面积最小。㶲耗散极值原理可以证明当换热面积均匀分配时，总换热面积最小，此时，低温换热器和高温换热器的温差 ΔT 均匀，㶲耗散也均匀。更重要的是，对于传热问题，㶲参数的均匀性原则上在不同工况下均适用，如表 3-7 所示，改变换热器工作的温度范围，温差和㶲耗散仍然保持均匀。㶲参数在传热问题上的特性表明，㶲参数是传热问题的分布式参数，㶲耗散能够定量刻画传递过程的损失，并指导传热问题的分析与优化。

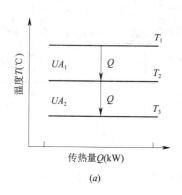

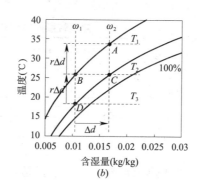

图 3-25　㶲参数和㶲参数比较[89]

(a) 传热问题；(b) 热湿转换问题

图 3-25 (b)给出了一个热湿转换问题，输入功 W，从湿源 ω_1 排湿 Δd 到湿汇 ω_2。图中各点的状态分别为 A：38.3℃、16.9g/kg、40% 相对湿度，B：26.0℃、8.3g/kg、40% 相对湿度，C：26.0℃、16.9g/kg、

80% 相对湿度，D：14.8℃、8.3g/kg、80% 相对湿度。传质量 $\Delta d = 10g$，对应潜热量 25kJ。排湿过程可以在 40% 等相对湿度线上，也可以在 80% 等相对湿度线上，表 3 - 8 给出了烟参数和㶲参数比较结果。由附录 A 可知，不同等相对湿度线，湿差（$\omega_1 - \omega_2$）相同，则对应的 Δ（$1/T$）相同，而温差 ΔT 不相同。表 3 - 8 指出当 Δ（$1/T$）均匀，则输入功 W 均匀，表明 Δ（$1/T$）是衡量做功能力均匀的标尺。对于涉及热湿转换和热功转换的问题，温差 ΔT 或者㶲参数 $Q \cdot \Delta T$ 是不均匀的标尺，难以定量刻画做功能力和做功能力的损失。

传热问题烟参数和㶲参数比较[89]   表 3 - 7

工况参数	工况 I：$T_1 = 30℃$，$T_3 = 10℃$，$Q = 1kW$，目标 min（$UA_1 + UA_2$）			工况 II：$T_1 = 50℃$，$T_3 = 30℃$，$Q = 1kW$，目标 min（$UA_1 + UA_2$）		
比较	UA （kW/K）	烟耗散 （kW · K）	㶲损失 （kW）	UA （kW/K）	烟耗散 （kW · K）	㶲损失 （kW）
高温换热器	0.1	10	0.034	0.1	10	0.030
低温换热器	0.1	10	0.037	0.1	10	0.032
特性	均匀分配	均匀	不均匀	均匀分配	均匀	不均匀

热湿转换问题烟参数和㶲参数比较[89]   表 3 - 8

比较	Δ（$1/T$） （1/K）	输入功 W （kJ）	温差 ΔT （K）	$Q \cdot \Delta T$ （kJ · K）
40% 相对湿度线	1.32×10^{-4}	0.093	12.3	308
80% 相对湿度线	1.30×10^{-4}	0.092	11.2	280
特性	均匀①	均匀①	不均匀	不均匀

①Δ（$1/T$）和输入功 W 不严格相等是由于实际湿空气和理想气体略有差别。

建筑热湿环境的营造过程是热量与湿量在室内和室外之间的搬运过程，在大部分情况下都是以传递为目标。当涉及传热和传质问题时，㶲参数能够定量刻画传递能力和传递能力的损失，是均匀的标尺，采用分布式参数得到很多简洁和清晰的结论，这是总参数（如效率、COP、总㶲损失等）无法得到的。建筑热湿环境的营造过程还会涉及热湿转换和热功转换，对于转换问题，㶲参数是不适用的，烟参数能够定量刻画做功能力和做功能力的损失，是均匀的标尺。因此，在建筑热湿环境的营造过程中，对于不同的问题，应采用不同的参数进行分析，才能够得到正确的结论。

3.5　热学分析在建筑热湿环境营造过程中的应用

3.5.1　减少损失与建筑热湿环境营造过程性能的关系

营造适宜的建筑室内热湿环境的核心任务是将室内多余的热量和水分搬运到室外环境，这一过程可以看作是由围护结构和供暖空调系统等共同构成的复杂体系。在此过程中，室内产热量可以通过围护结构（包括传热和渗风）被动地向室外排除，此时系统中只涉及热量的传递过程，而不涉及热功转换过程。㶲是分析热量传递过程的热学参数，根据㶲耗散和等效热阻的分析可以有效刻画其传热过程的特性。从式（3-28）的㶲平衡关系式及式（3-29）的㶲耗散表达式可知，对于排除一定热量 Q 的围护结构被动式系统，减少其㶲耗散有助于减少被动式排热过程需求的驱动温差，从而在较小的室内外温差（$T_r - T_0$）下即可满足排热需求，增大了围护结构的可调节范围，有助于延长围护结构排热的可应用时间、减少主动式系统的投入。

当被动式系统不能排除全部热量时，需要采用由空调系统构成的主动系统排除多余的热量，此时，系统中不仅仅有传热过程，还可能需要投入热泵（或制冷系统），即热功转换的过程，也就需要相应的热学参数或指标来分别描述该系统中的传热过程和热功转换过程。以夏季主动式空调系统为例，该系统由多个环节构成，包含从室内将热量、水分收集，经过一定的传输方式输送到室外热汇的整个过程。室内热源、湿源产生的多余热量、水分通过空调系统各主要环节的处理后被排除到适宜的热汇，实现在室内源与室外适宜汇之间的热量、水分"搬运"（传递）。图 3-26 给出了典型空调系统从室内热源、湿源到室外汇之间所包含的主要环节，其中空调末端负责将室内多余的热量、水分收集；能量传输环节负责将末端设备收集的热量、水分等传递到系统的冷源设备；冷源设备负责将热量、水分等排除到室外适宜的热汇，实现热量、水分的最终排除。为了满足室内人员的健康需求等，空调系统还需向室内送入一定量的新风，新风处理过程通常伴随着湿空气的热湿传递过程。

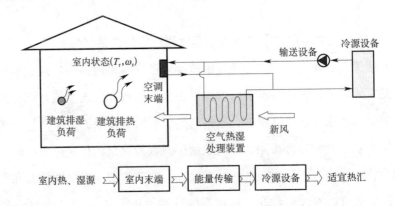

图 3-26   主动式空调系统包含的主要环节

主动式空调系统是包含多个环节、从采集到传输再到冷源设备的复杂处理过程，温差 ΔT、含湿量差 $\Delta \omega$（或水蒸气分压力差 Δp）分别为热量传递和水分传递过程的驱动力，系统中各环节均需要投入或消耗一定的驱动力来实现热量、水分的转移。当室外热汇的温度水平适宜、室内热源与室外热汇之间的温差 ΔT 能够满足各环节消耗的驱动温差总需求 ΔT_{total} 时，主动式空调系统可以直接利用自然冷源满足排热需求，此时系统中不需要投入机械制冷循环，即不包含热功转换过程，㶲耗散分析可以为改善其性能提供有效指导。主动式系统各环节的损失构成了系统的整体损失（㶲耗散），如式（3-54）所示，减少各传递环节的驱动力（温差）消耗和㶲耗散（或等效热阻），有助于减小系统的总㶲耗散。

$$\Delta E_{\text{n,dis}} = \Delta E_{\text{n},1} + \Delta E_{\text{n},2} + \cdots \Delta E_{\text{n},n}$$

$$= Q_{\text{ac}} \cdot \Delta \overline{T}_{\text{total}} = Q_{\text{ac}} \cdot (\Delta \overline{T}_1 + \Delta \overline{T}_2 + \cdots \Delta \overline{T}_n) \quad (3-54)$$

图 3-27 给出了利用自然冷源直接排热时从室内热源到室外热汇之间热量排除过程的 $T-Q$ 图，当排热量 Q_{ac} 一定时，若能减小各环节的㶲耗散

或等效热阻，就有助于减小整个排热过程热阻、减少从室内热源到室外热汇之间的总㶲耗散 $\Delta E_{n,dis}$ 和整个排热过程需求的驱动温差 $\Delta \overline{T}_{total}$。因此，对于采用自然冷源直接排热的主动式空调系统，通过减少各环节的㶲耗散，可降低对室外热汇（自然冷源）温度品位的需求，也就可以使得建筑在全年使用时间内可利用的自然冷源范围扩大或延长应用自然冷源进行排热的时间。

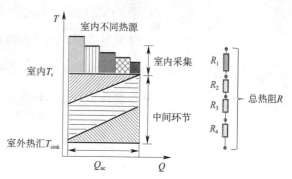

图 3 - 27　主动式空调系统的各环节损失（自然冷源）

当无法直接利用室外适宜的热汇进行排热时，主动式空调系统需要设置机械制冷循环提供热量传递过程的驱动力，此时系统同时存在热功转换过程和热量传递过程。从图 3 - 26 中主动式空调系统的组成环节来看，仅在冷源设备环节可能存在热泵（制冷）循环，其他则主要为传递环节，并不涉及热功转换。热功转换过程应当利用㶲作为热学参数进行分析，而除了热功转换过程之外的传递过程则应采用㶲参数作为热学分析工具。

制冷循环的工作温差 ΔT_{HP} 为系统各环节提供了热量传递的驱动力，由于各环节的存在使得蒸发侧、冷凝侧在热量传递过程中产生了㶲耗散，减少驱动力消耗或减少㶲耗散对提高制冷循环的能效有重要作用。第 2.3.2 节给出了减小驱动温差对提高制冷循环性能的作用，制冷循环的性能受到蒸发温度 T_e 和冷凝温度 T_c 的显著影响：蒸发温度 T_e 越高，冷凝温度 T_c 越低，COP 越高；降低热泵的工作温差 ΔT_{HP} 有助于减少其耗功。

对于采用机械制冷循环的主动式空调系统，从室内热源温度 T_{source} 到制冷循环蒸发温度 T_e 间的㶲耗散 $\Delta E_{n,dis,室内侧}$、从冷凝温度 T_c 到室外热汇温度 T_{sink} 间的㶲耗散 $\Delta E_{n,dis,室外侧}$ 可分别用式（3 - 55）、式（3 - 56）表示。从主动式空调系统的整体传递特性来看，当需求的排热量一定时，减少蒸发侧的㶲耗散 $\Delta E_{n,dis,室内侧}$ 或减少冷凝侧的㶲耗散 $\Delta E_{n,dis,室外侧}$，可使得热泵

（制冷）循环的蒸发温度提高或冷凝温度降低，而降低 T_c 或提高 T_e 均有助于降低制冷循环的工作温差 ΔT_{HP}、提高其能效水平。例如，对于图 2-14 (a) 中从室内温度到制冷循环蒸发温度 T_e 的过程，包含多个传递过程，减少各环节的传递㶲耗散，有助于减小室内侧的总热阻、提高 T_e。

$$\Delta E_{n,dis,室内侧} = Q_e \cdot \Delta \overline{T}_e = Q_e \cdot (T_{source} - T_e) = R_{总,室内侧} \cdot Q_e^2$$

$$(3-55)$$

$$\Delta E_{n,dis,室外侧} = Q_c \cdot \Delta \overline{T}_c = Q_c \cdot (T_c - T_{sink}) = R_{总,室外侧} \cdot Q_c^2$$

$$(3-56)$$

因此，主动式空调系统中除了热泵（制冷）循环涉及热功转换环节外，其余环节主要为传递环节，利用热学参数㶲可对其传递特性进行分析。从上述主动式空调系统性能与传递过程㶲耗散的关系可知，减少各环节的㶲耗散有助于降低系统总的驱动温差需求，降低对冷源的温度品位需求，从而有助于改善冷源环节的性能。类似地，对于主动式供暖系统，除了采用热泵作为热源设备时涉及热功转换过程外，采用其他热源方式时系统中的主要环节均为热量传递环节，㶲分析能够为减少系统的耗散及温差消耗提供有效指导。降低各中间环节的㶲耗散，也有助于降低系统对热源的温度品位需求，扩大工业余热等低品位热源的可利用范围、改善热源性能。

3.5.2　建筑热湿环境营造过程遵循的基本热学原则

被动式系统与主动式系统共同参与建筑热湿环境的营造过程，共同满足建筑室内适宜环境的调节需求。在热湿环境营造过程中，主动式系统中的热泵循环，实质是为热湿环境营造过程提供驱动温差、提供传递能力。从热泵的工作原理即热功转换过程来看，热学参数㶲是分析其工作过程的适宜工具。对于围护结构等被动式系统、主动式系统中室内末端的热湿采集过程及多个环节的热量传输过程，其实质是传递过程，适宜利用㶲作为热学参数来分析。因此，两类热学参数——㶲（或熵）和㶲在建筑热湿环境营造过程中的应用范围是不同的，㶲参数与㶲参数在建筑热湿环境营造过程中的适用范围分别是由其物理意义限定的，㶲参数是基于热力学第二定律的参数，㶲参数是基于传热方程的参数。

（1）㶲（或熵）是研究热功转换过程的热学参数，利用㶲对热湿环境营造过程的案例进行分析，结果表明参考状态的选取对于㶲分析得到的结论有很大影响，㶲分析更多是从热功转换的视角来认识建筑热湿环境营造过程。

（2）从建筑热湿环境营造过程的特点来看，热湿环境的营造过程包含多个热量传递单元、热湿交换单元，实质上是一个热量、水分的搬运过程而非热功转换过程，只有当传递过程的驱动力不足时才需要投入热泵作为补充。

（3）从㶲的物理概念及在传热学领域的应用情况来看，㶲耗散是分析优化热量传递过程的热学指标，对于以热量、质量传递过程为主的建筑热湿环境营造过程，可以利用㶲作为热学参数对其进行研究，结合 $T-Q$ 图等分析工具来对热湿环境营造过程的相关环节进行分析，可以明确传递过程的耗散（即㶲耗散），㶲耗散的分析与营造过程的优化目标是一致的，利用㶲耗散分析可以为优化热湿环境营造过程提供指导。

综上，对于建筑热湿环境营造过程来说，一个系统能够存在、得以运行，必须符合各方面的自然规律。建筑热湿环境营造系统属于热力学系统的范畴，满足热力学系统的一般规律，即能量守恒（质量守恒）原理和不可逆过程的熵增原理。此外，热量传递系统，即系统中不包含热泵等热功转换过程，仅包含传热过程，满足以㶲为参数的相应规律。概括而言，建筑热湿环境营造系统遵循三个基本方程：能量守恒（质量守恒）方程、㶲平衡方程和㶲平衡方程。因此，在对建筑热湿环境营造过程进行热学分析时，需要遵循的基本原则包括能量和质量守恒、㶲平衡和㶲平衡等。

（1）满足热量平衡要求，这是从热力学第一定律出发，使系统的热源提供足够的热量满足系统的需求，通过改善对各部件的保温以减少各环节的热损失，从而减少需求的热量。这时标志性的热学参数是焓。考查系统焓的变化就可以找到热量损失的环节，提高系统热效率。

（2）满足熵增原理。这是从热力学第二定律出发，为了满足不同类型的能源转换过程中得到最大的转换效率，就要在各个环节尽可能减少能源品位的降低。这里的能源转换包括热—功转换、热—湿转换等。这时标志性的热学参数是熵（或㶲），在各个环节中减少熵产（或㶲损失），有益于提高系统的能源利用效率。

（3）减少热量和湿度传递过程中的耗散损失，以维持其热量、水蒸气传输能力。因为建筑热湿环境营造过程的主要任务是热量输送，因此尽可能维持较高的热量传输能力，减少耗散损失，对提高建筑热湿环境营造系统的效率，降低最终的能源消耗，就有很大作用。这时，标志性的热学参数是㶲。㶲清晰地给出整个过程热量输送能力的变化和各个环节由于耗散造成输送能力的降低。

不同形式的系统、不同的问题，主要矛盾不同，面对的问题也不同，这时需要着重关注的物理过程也不一样，所考虑的热学参数也就不一样。例如以化石燃料通过锅炉燃烧放出热量作为热源，这时主要的问题是节省热量从而节省化石燃料，因此主要关注于减少各环节的热量散失，焓就成为主要关注的热学参数；而通过热泵进行热功转换时，㶲分析表明温度越高，功到热的转换效率就越高，此时，就要使用熵或㶲分析。而建筑热湿环境营造的大部分环节涉及热量输送、湿度输送，此时的主要驱动力是温差、湿差，不同温度下同样的温差所起的作用相同，因此此时㶲分析就可以恰如其分地解决问题。建筑热湿环境营造过程的基本任务是通过一定的热量、水分搬运过程来满足室内适宜的温湿度参数需求，利用热学参数对该营造过程性能的刻画是从热学分析层面出发的理论研究，有助于从根本上选取合理的系统形式、流程架构等。因此，焓、熵、㶲三个参数缺一不可，各为审视一个现象或过程的不同角度。在建筑热湿环境营造过程中，上述几个视角应当相互配合，共同应用于解决实际问题。

本书第 2 章、第 3 章勾画了建筑热湿环境营造过程热学分析理论的框架。为什么要重新勾画建筑热湿环境营造系统，采用一些"㶲"、"驱动温差"等新参数、新名词，这到底有什么意义？是否有哗众取宠之嫌？平心而论，这样做的目的，真不是为了标新立异，更不是说目前的理论有什么错误和不妥，只是从一个新的视角去观察和分析建筑热湿环境营造系统，试图从中得到新的认识，使一些比较含混的概念得到更清晰的阐述，从而更清楚建筑和系统的各个环节与能源消耗的关系，找到降低建筑热湿环境营造过程能耗的关键，探索新的节能途径。

建筑热湿环境营造过程包含室内采集、热量传递以及热湿处理等多个环节，各个环节之间相对独立又相互影响。通过降低各环节传递过程消耗的驱动温差和传递㶲耗散，可以改善各个环节的性能，从而降低总的驱动温差或㶲耗散需求，实现系统性能的提高。本书后续将分别针对建筑热湿环境营造过程中的室内采集、热量传递及热湿处理等环节进行分析，以期从各个环节的热学特性入手来寻求减少损失的方法。

第4章　室内空间的热湿采集过程

如前面章节所述，对于绝大多数建筑而言，只要有人员、设备等，室内就一定产生热量（来自人员、设备散热、灯光等）和水分（主要来自人员），即室内的产热、产湿是绝对的。室内空间的热湿采集过程，即通过空调末端带走室内产热、产湿的过程，室内热湿采集过程是建筑热湿环境营造系统的最基本环节，由此出发方可构建整个热湿环境营造系统，因而合理的室内热湿采集过程对降低建筑热湿环境营造过程的冷热量消耗和冷热源品位需求、改善系统性能起着重要作用。以下详细分析室内空间的热湿采集过程，并基于热学分析方法，采用㶲耗散与热阻来定量描述室内末端采集过程的损失，并从室内热湿采集过程出发得到建筑热湿环境营造过程的基本原则，为构建合理的热湿环境营造系统、选取适宜的末端方式奠定基础。

4.1　室内产热源、产湿源的特点

在建筑热湿环境营造过程中，只要室内存在人员、设备等产热、产湿源，室内就会产生热量和水分，即室内的产热、产湿是绝对的，空调系统的任务即是将室内多余的热量、水分等排除到室外。从室内向室外的排热排湿首先需要将室内各个热源和湿源所产生的热量和水分收集起来，实现

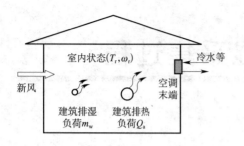

图 4 - 1　空调系统的室内末端热湿采集过程

在室内空间中的热湿采集过程。图 4 - 1 给出了空调系统利用末端设备收集室内热量、水分来满足室内排热、排湿需求的原理，其中 Q_a、m_w 分别为建筑排热负荷和建筑排湿负荷；空调系统通常送入一定量的新风来满足室内空气品质需求。

4.1.1　热源的分类与温度水平

建筑室内包含多种形式的热源、湿源，主要包括围护结构、人员、设备、太阳辐射等。影响室内热环境的各种热源在空间分布和热量传递途径方面各有不同：太阳辐射、围护结构传热、渗风显热和室内照明、设备、人员产热等显热热量通过围护结构以及室内各个表面上的热传导、对流和辐射过程进行热量传递；人员产湿和渗入带入室内的湿则主要通过水分扩散进行传递。按热源传热量 Q 是否显著受环境影响，可将室内热源分为近似定热流量 Q 类和近似定温度 T 类两类热源（以下简称定 Q 类热源和定 T 类热源），如表 4 - 1 所示：

（1）定 Q 类热源：如太阳辐射和室内照明/设备/人员产热等，这类热源的热流量通常取决于热源自身产热，基本不受热量在室内传递过程的影响。在一定的室内温湿度环境下，这些室内热源、湿源通常可视为具有定发热量（定热流 Q）的源，例如在室内参数为温度 26℃、相对湿度为 60% 时，办公室建筑中成年男子静坐时的散热量为 86W（散湿量为 109g/h）；电脑等设备的发热量在 200W 左右；进入室内的太阳直射热流可超过 100W/m² ，具有照射区域分散、随时间移动特性显著等特点。这类热源的表面温度与室内环境密切相关，如太阳辐射热量被地板表面吸收时，其温度为地板表面温度；照明设备的温度为发热部件与周围空气换热后的平衡温度。

（2）定 T 类热源：如围护结构传热（轻型围护结构）和渗风热量等，可视为给定壁面温度（如围护结构内表面温度）或者空气温度（如渗风温度）的热源，其传热量与传热温差、传热过程能力相关。例如室内辐射、对流换热过程会影响围护结构传热量；渗风的传热量与室内气流组织密切相关，渗风量一定时，渗风的排风温度越高，其作为热源带给室内的热量越少。

建筑室内主要热源分类　　　　　　　　　　　表 4-1

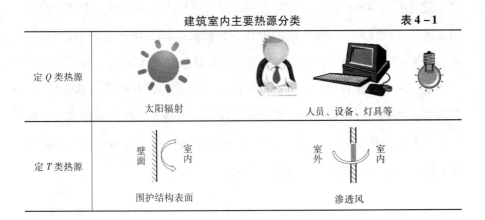

| 定 Q 类热源 | 太阳辐射 | 人员、设备、灯具等 |
| 定 T 类热源 | 围护结构表面 | 渗透风 |

不同热源的空间分布不同，温度水平也存在显著差异，室内热源环境具有显著的不均匀特性。图 4-2 给出了典型建筑中室内不同热源温度水平分布情况的实测结果，可以看出不同围护结构内壁面、室内不同发热设备等具有不同的温度水平，表明室内热源产生的热量具有不同的温度品位。

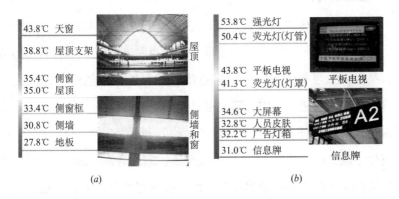

图 4-2　典型建筑室内热源的温度分布实测结果

（a）围护结构等内壁面温度；（b）室内不同热源表面温度

对于室内的热量而言，表 4-2 列出了室内一些典型热源的温度水平，热量是从高于室内空气温度的表面直接或间接传递给室内空气。可以看出：室内的热源温度通常处于较高水平，其中一些温度甚至高于作为热汇的室外温度。热源的温度品位不同，表明可用来排除热量的冷源品位也可以相应不同。我国绝大部分城市的夏季室外设计温度一般不超过35℃，理论上讲可采用室外自然冷源排除这些高温的热量，而且在理论上可以用不同温度品位的冷源、采用不同的方式分别排除不同品位热源产生的热量。例如图4-2（b）中灯具等设备热源的温度品位在40℃以上，高于室外空气的温度水平，此时理论上可利用室外空气直接将灯具产生的热量排走，不需要空调系统提供单独的冷源来排除这部分热量。但在实际建筑中，受到末端采集装置复杂性等因素的限制，空调系统末端设备通常仅能通过非常有限的途径与装置实现室内热湿的采集过程。

室内热源温度水平　　　　　　　　　　　　　　　　　　　表 4 - 2

热源温度水平	短波辐射（温度很高）	约50℃	约40℃	30～35℃
典型热源种类	透过窗的太阳直射辐射；透过窗的太阳散射辐射；室内照明灯具短波辐射	灯具的对流和长波辐射、设备核心的对流	设备表面的对流和长波辐射	人体表面

4.1.2　湿源的特点

对于一般的民用建筑而言，室内产湿源主要来自人体散湿，表4-3给出了在极轻劳动强度下人员散湿量水平。当要求的室内温度确定的情况下，人员散湿量可视为与上述"定热流"热源性质类似的"定湿流"湿源。人员散湿量会进入室内，需要通过干燥空气的置换（通风方式）才能实现对建筑的排湿任务。产湿源的"品位"可用室内空气的含湿量来描述，例如室温25℃、相对湿度50%情况下，室内含湿量为9.9g/kg。当采用冷凝除湿时，需求的冷源温度需要低于被处理空气的露点温度，因而也可采用室内空气露点温度来衡量。根据表4-3的分析结果可以看出，采用冷凝除湿方式处理空气湿度，当要求的室温在24～27℃、相对湿度在50%～60%时，室内空气的露点温度在13～18℃范围内变化，空气露点温度要比室内空气温度低8～11℃。

不同室温情况下的人员散湿量				表 4－3
室内温度（℃）	24.0	25.0	26.0	27.0
人员散湿量（g/h）	96	102	109	115
室内露点温度① （℃）	12.9～15.8	13.9～16.7	14.8～17.6	15.7～18.6
室内含湿量① （g/kg）	9.3～11.2	9.9～11.9	10.5～12.6	11.1～13.4
室温－露点温度① （℃）	8.2～11.1	8.3～11.1	8.4～11.2	8.4～11.3

①为相对湿度 50%～60% 的分析结果。

4.2　室内热湿采集过程的目标与特点

4.2.1　热湿采集过程的目标

室内热湿采集过程是建筑热湿环境营造过程的最基本环节，与输送环节、冷热源设备等共同构成整个热湿环境营造系统。以夏季主动式空调系统为例，其室内热湿采集过程的基本任务就是利用末端设备将建筑室内多余的热量、水分等收集，并将其传递给空调系统的冷水等媒介，从而满足室内排热、排湿需求。

对于室内热量采集过程，其任务是排除不同热源产生的多余热量，可采取的热量采集末端形式包括送风末端、辐射末端（如辐射吊顶）等，不同热源的热量通过对流换热、辐射换热等方式传递至空调系统的末端设备，并最终由系统的冷水等冷媒带走。热源特性的不同对采集过程的性能有着重要影响，图 4－3 给出了定 Q 类热源和定 T 类热源的热量采集过程在 $T-Q$ 图中的表示。热量从热源向冷媒的主要传递环节包括从热源传递至热量采集末端、从热量采集末端传递至冷水等冷媒两部分，温度水平分别从热源温度 T_h 降至室内热量采集末端 T_m、再降至冷源温度 T_c，各热量传递环节在 $T-Q$ 图中围合区域的面积即为整个热量采集过程的㶲耗散。

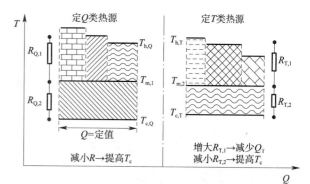

图 4－3　不同热源热量采集过程的 $T-Q$ 图表示

对于热量传递过程，根据第 3 章热阻 R 的表达式（3－30），等效温差 $\Delta \overline{T}$ 与热阻 R、㶲耗散 $\Delta E_{\mathrm{n,dis}}$ 及传递热量 Q 之间的关系可表示为式（4－1）。

$$\Delta \overline{T} = \frac{\Delta E_{\mathrm{n,dis}}}{Q} = R \cdot Q \qquad (4-1)$$

对于建筑热湿环境营造过程中存在的不同类型室内热源，可根据其特性分别分析其热量采集过程的目标：

（1）对于通过围护结构内壁面的传热和渗风等定 T 类热源，应当注意减少其传热量。当热源温度不变、热量采集末端温度不变（即传热温差一定）时，根据式（4－1），增大从热源到末端设备的热阻 $R_{\mathrm{T,1}}$，有助于减少该过程的㶲耗散、减少通过此类热源传递到室内的热量 Q_{T}。对于从末端设备到冷水等冷媒之间的热量传递过程，可视为排除一定热量的传递过程，根据式（4－1）可知，减小冷源侧热阻 $R_{\mathrm{T,2}}$，有利于减少该过程的㶲耗散、提高排除一定热量时所需的冷源温度 $T_{\mathrm{c,T}}$。

（2）对于太阳辐射和室内人员、设备产热等定 Q 类热源，其热量采集过程中需求排除的热流量一定，根据式（4－1）可知，减小从热源到末端设备的热阻 $R_{\mathrm{Q,1}}$ 和从末端设备到冷水等冷媒的热阻 $R_{\mathrm{Q,2}}$ 均有助于减小该部分热量采集过程的总热阻 R_{Q}，也就有助于减少其采集过程的㶲耗散，从而可以降低热源与空调末端中冷水等冷媒之间的等效温差 $\Delta \overline{T}$，提高需求的冷源温度 $T_{\mathrm{c,Q}}$。

表 4－4 汇总了不同类型室内热源热量采集过程对应的优化目标：对于太阳辐射、室内产热等热流量 Q 给定的热源，应减小热量从热源传递至热量采集末端的热阻 $R_{\mathrm{Q,1}}$ 和热量从末端设备传递至冷媒的热阻 $R_{\mathrm{Q,2}}$，以提高冷源温度 $T_{\mathrm{c,Q}}$；对于围护结构传热和渗风等温度 T_{h} 给定的热源，应增大热量从热源传递至热量采集末端过程中的热阻 $R_{\mathrm{T,1}}$，以减小传热量 Q_{T}，并减小从热量采集末端到冷媒的热阻 $R_{\mathrm{T,2}}$，以提高冷源温度 $T_{\mathrm{c,T}}$。

不同类型热源热量采集过程的目标　　　　　　　　表 4 – 4

热源特征	热流 Q 一定 （太阳辐射、室内产热等）		热源 T 一定 （围护结构传热、渗风等）
采集目标	提高冷源温度 T_c		减小传热量 Q_T；提高冷源温度 T_c
优化方法	热源侧热阻 冷媒侧热阻	减小 $R_{Q,1}$ 减小 $R_{Q,2}$ $\Big\}$ 提高 T_c	增大 $R_{T,1}$ → 减少 Q_T 减小 $R_{T,2}$ → 提高 T_c

　　因此，从改善系统整体性能出发，热量采集过程的优化目标主要包括两个方面：①减少热源向室内的传热量 Q（主要为定 T 类热源的传热量 Q_T）；②提高所需冷源温度 T_c。

　　减少热量采集过程的㶲耗散，有助于实现上述采集目标。在室内热量采集过程中，对于定 Q 类热源传热过程以及定 T 类热源从热量采集末端至冷源的传递过程，可以视为给定热流量的传热过程。当需求排除的热量一定时，采集过程的㶲耗散越小，此时需求的冷媒温度越高，也就降低了热量采集过程中的冷源温度品位需求，从而有助于实现高温供冷、提高冷源设备性能。

　　除了排除围护结构传热、室内人员设备产热等显热热量外，建筑空调系统还需排除人员等产湿源产生的水分。与热量采集过程（排热过程）相比，对室内多余水分的采集过程（即排湿过程）具有不同的特点，两种过程的区别主要体现在：

　　（1）产热、产湿源的特性不同：室内的产湿源一般比较单一，一般为人体散湿，还可能包括植物散湿、开敞水面散湿等，并以水蒸气的形式出现在室内空气中，成为湿负荷；与热量存在多种来源、不同热量的温度品位存在较大差异相比，产湿源及湿负荷的特性更为简单。

　　（2）可选取的排除方式不同：排除室内热量，既可以通过低温的送风，也可以通过低温的冷表面换热来实现，即可通过对流换热、辐射换热等方式实现热量的排除。而排除室内水分，需要采用空气置换的方式，即送入室内低含湿量的空气来排除室内产生的多余水分、实现对室内湿度的调节效果。

（3）对冷源品位的要求不同：室内热量排除过程中需求的冷源温度理论上只要低于所排除热源的温度即可，若不同品位热源的热量掺混到室内，其理论上需求的冷源温度即为低于室内温度；而排除室内水分，当无可直接利用的干燥空气来源时，对于普遍采用的冷凝除湿方式，则要求冷源的温度必须低于室内空气的露点温度（一般比室内温度低 8 ~ 11℃）。

4.2.2　热湿采集过程掺混损失带来的影响

实际系统的末端装置与室内环境的热湿采集过程中，存在着不同程度的冷热流体混合损失、热量与湿度同时采集带来的损失等。这些损失均可视为采集过程的掺混损失，不必要的掺混损失导致室内采集过程的总㶲耗散增加，也会对热湿环境营造过程的性能产生不利影响。本节以几个典型案例，分析室内掺混对于系统所需供冷量/供热量（Q）以及对于系统所需冷/热源温度品位（T）的影响情况。

1. 冷热掺混对系统所需冷/热量的影响

以建筑内外区存在同时供冷、供热不同需求时通过内外区界面空气流动带来的掺混问题为典型案例，分析此掺混过程对于系统所需供冷量/供热量的影响情况。案例来源为日本中原信生先生的研究论文[91-93]。假设外区的散热量为 H_p，内区的产热量为 H_i，当外区和内区之间无冷热掺混时，外区所需的供热量 $Q_p = H_p$，内区所需的供冷量 $Q_i = H_i$，如图 4 - 4（a）所示。当外区和内区温度不同时，在内外区的界面上，会产生压力差，如图 4 - 5 所示，冷空气会从下部区域从内区流入外区，热空气由外区流入内区。此时，外区所需的供热量 Q_p 为外区的散热量 H_p 和来自内区冷空气带来的冷量之和，$Q_p > H_p$；内区所需的供冷量 Q_i 为内区的产热量 H_i 和来自外区热空气带来的热量之和，$Q_i > H_i$，如图 4 - 4（b）所示。由此可见，由于存在室内冷热掺混，使得所需空调系统提供的冷/热量 Q 大于建筑的实际需求，造成了冷/热量的浪费。

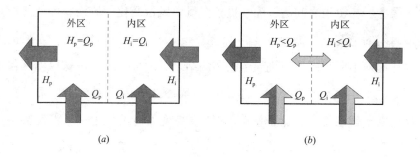

图 4 - 4　室内冷热掺混损失案例[91-93]

（a）无冷热掺混时；（b）存在冷热掺混时

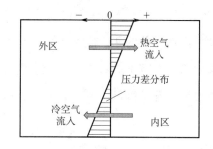

图 4 - 5　设定温度对内外区间冷热空气掺混的影响（外区高于内区温度）[91-93]

2. 冷热掺混对系统所需冷源品位的影响

本节以高发热密度的数据机房（散热密度 $500 \sim 2000 \text{W/m}^2$，室内几乎无产湿源，全年需要从室内机房向室外排热）为例来分析冷热掺混对建筑热湿环境营造过程中所需冷源温度品位的影响。由于设备发热密度太高，使得通过围护结构的排热量占整体所需排热量的份额非常有限。因而对于空调系统而言，要求排出的热量 Q 可视为是确定的（约等于 IT 设备的发热量），如果能够提高需求冷源温度 T，则可以一方面在全年时间范围内有效延长利用自然冷源冷却时间，另一方面可提高制冷机的蒸发温度，从而实现较好的节能效果。

图 4 - 6 给出了目前常用的地板静压箱送风方式中机房室内热量采集过程的工作原理。室内热源（机柜内服务器）散发的热量被冷通道送出的冷空气带走，高温排风在热通道内汇集后送回机房空调。在这个过程中，

由于服务器与机柜之间的缝隙、机柜内风扇风量变化等原因，即使在冷热通道封闭的情况下，仍会发生冷热空气的混合。图 4 – 6（b）为某机房冷、热通道不同高度处空气温度的实测结果。地板静压箱内送风温度仅为 16.3℃（采用供水温度为 9℃ 的冷水），而冷通道内（对应机柜进风）不同高度处空气温度存在显著差别，在 2m 高度处有的机柜进风温度甚至达到 25.4℃，比地板静压箱内送风温度高出 9.1℃。机房排热系统的任务就是保证机柜内每个服务器的芯片均处于正常的工作温度范围（温度不能过高），如果能够很好地避免机房内冷热气流的掺混，使得进入机柜每个服务器的空气具有相同的温度，那么图 4 – 6（b）中送风可以提高到 25℃ 左右，相应的冷水温度可以从目前的 9℃ 提高至 15 ~ 18℃，大大扩展自然冷源的使用时间。从这一简单案例不难看出，由于室内冷热气流的掺混，使得空调系统需求冷源温度 T 显著降低，利用自然冷源冷却的时间也会受到影响。

3. 热湿掺混对系统所需冷源品位的影响

对于通常的民用建筑（办公楼、商场、宾馆等），除了室内产热源之外，室内有人员等产湿源，需要同时满足室内温度、湿度的需求。目前较为普遍采用的冷凝除湿方法：降温、除湿是同时进行的。降温和除湿对于需求冷源温度 T 有着不同的要求，降温要求冷源 T 低于室内空气干球温度即可，而除湿则要求冷源温度 T 低于室内空气露点温度。

表 4 – 3 给出了不同室温和相对湿度情况下，露点温度与室温的差别，室内空气露点温度要比室温低 8 ~ 11℃。选取表中两个典型的室内环境参数：

（1）室内环境 26℃、60% 相对湿度（相应露点温度 17.6℃）：降温所需冷源 $T < 26℃$，除湿所需冷源 $T < 17.6℃$，除湿要求的冷源温度比降温要求的冷源温度低 8.4℃；

（2）室内环境 26℃、50% 相对湿度（相应露点温度 14.8℃）：降温所需冷源 $T < 26℃$，除湿所需冷源 $T < 14.8℃$，除湿要求的冷源温度比降温

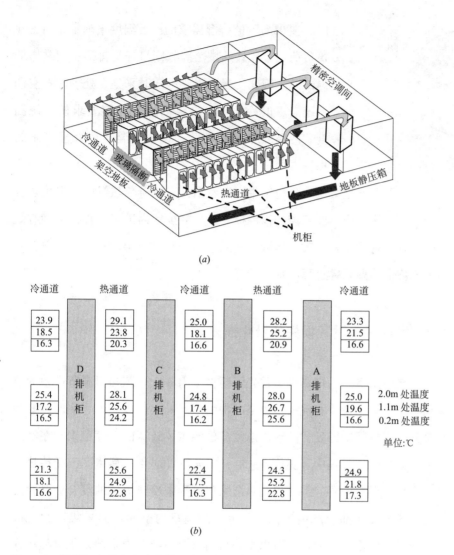

(a)

(b)

图 4-6 数据机房的室内冷热掺混案例

(a) 机柜及冷热通道布置方式；(b) 冷热通道封闭时的室内温度实测结果

要求的冷源温度低 11.2℃。

在通常的民用建筑中，建筑排湿需求的负荷占总负荷的比例一般在 20%~40%，而建筑排热需求的负荷占总负荷的比例一般在 60%~ 80%[103]，如图 4-7 所示。目前空调系统多采用同一冷源（一般为 7℃冷水）同时完成对建筑排热、排湿的任务需求，因而所采用的冷源温度只能

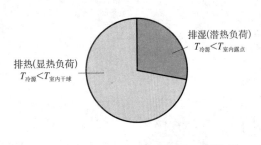

排湿(潜热负荷)
$T_{冷源} < T_{室内露点}$

排热(显热负荷)
$T_{冷源} < T_{室内干球}$

图4-7　建筑排热、排湿占总负荷比例情况

以"要求高"的排湿需求的冷源温度来确定，而占建筑负荷比重较大的排热部分则只好与排湿一起共用低温冷源。因此，当室内热湿同时采集、处理时，空调系统需求的冷源温度就需要满足排湿要求的冷源温度，冷源温度显著降低，导致热湿混合处理带来的损失。

通过以上典型案例的分析结果可以看出：有效避免热湿联合采集过程的损失、冷热不同温度气流的掺混损失，是减少室内采集过程损失的有效途径。以下将采用㶲耗散，定量刻画从室内产热、产湿源—室内—空调末端装置整个热湿采集过程的损失情况。

4.3　室内采集过程损失的量化描述

从室内向室外的排热排湿首先需要将室内各个热源和湿源所产生的热量和湿量收集起来，实现在室内空间中的热湿采集过程。由于室内热源和湿源分散在空间中各处，且热源温度品位涵盖了较宽的温度范围，在实际热湿采集与处理过程中（见图4-3），损失不可避免，具体又包括传热损失、冷热掺混损失等，例如末端热湿采集过程中冷热流体的混合、两股流体的换热过程等都会产生㶲耗散。定量刻画室内空间热湿采集过程的损失，分析产生损失的原因，可以得到目前空调系统室内末端采集过程所存在的局限，并可由此出发启发构建新的末端采集过程、探索新的采集末端形式，有助于为室内末端热湿采集过程的优化提供指导。

4.3.1　典型过程的㶲耗散

室内空间显热采集过程的本质是一个多热源多热汇的传热问题，㶲参数是分析传递过程的适宜热学参数。任何存在温度梯度的传热过程均会导致传热能力的损失，即㶲耗散。根据本书第3章的分析，对于发生在室内空间的热量采集过程，其㶲耗散是对空间内热量传递过程中温度梯度平方的积分，如式（4-2）所示。对于常见的热量传递过程，其㶲耗散还可以通过流体进出口状态之间的㶲差来计算得到。

$$\Delta E_{\mathrm{n,dis}} = \int_{\Omega} k \mid \nabla T \mid^2 \mathrm{d}V \qquad (4-2)$$

根据室内空间热量采集过程的特点，其采集过程的㶲耗散类型可分为冷热流体掺混损失、对流换热损失和辐射换热损失，以下分别介绍三种类型㶲耗散的定量描述方法。

1. 冷热流体掺混损失

室内空间中普遍存在冷热流体的掺混过程。图 3-20 给出了冷热流体掺混过程在 $T-Q$ 图上的表示，式（3-37）~式（3-43）给出了两股流体掺混过程中㶲耗散的计算式。根据㶲耗散的计算即可得到此类混合过程的热阻 R_{h} 的计算式，如式（4-3），其中 Q 为冷热掺混过程的传热量。

$$R_{\mathrm{h}} = \frac{\Delta E_{\mathrm{n,dis}}}{Q^2} = \frac{1}{2} \cdot \frac{c_1 \dot{m}_1 + c_2 \dot{m}_2}{c_1 \dot{m}_1 \cdot c_2 \dot{m}_2} \qquad (4-3)$$

空调送风进入室内空间，与室内空气混合的过程可视为有限热容流体与无限大热容流体间的掺混过程，其在 $T-Q$ 图上的表示如图 3-20（b）所示。若送风热容 c 为常数，则冷热掺混过程的热阻可用式（4-4）表示，其中 $\dot{m}$ 为空调送风的质量流量。

$$R_{\mathrm{h}} = \frac{\Delta E_{\mathrm{n,dis}}}{Q^2} = \frac{1}{2c\dot{m}} \qquad (4-4)$$

2. 热源与室内空气对流换热损失

围护结构内表面、室内热源的散热量通过对流换热进入室内空气中，这个过程可认为是一股空气流经热源表面被加热，然后又混入室内的过程，包括了两部分的换热损失，空气与热源表面的对流换热损失和被加热空气的掺混损失，两部分的㶲耗散之和为热源与室内空气对流换热的㶲耗散。对于壁面温度为 $T_{\mathrm{h},i}$ 的热源，通过对流换热进入室内的热量为 $q_{\mathrm{h},i}$，如图 4-8 所示，上述两部分㶲耗散分别对应图中编号为①和②围合的面积，整个过程的总㶲耗散 $\Delta E_{\mathrm{n,dis}}^{(i)}$ 和热阻 $R_{\mathrm{h},i}$ 可分别用式（4-5）和式（4-6）计算：

$$\Delta E_{\mathrm{n,dis}}^{(i)} = \Delta E_{n,\text{对流换热}}^{(i)} + \Delta E_{n,\text{混合}}^{(i)} = q_{\mathrm{h},i}(T_{\mathrm{h},i} - T_{\mathrm{r}}) \tag{4-5}$$

$$R_{\mathrm{h},i} = \frac{\Delta E_{\mathrm{n.dis}}^{(i)}}{q_{\mathrm{h},i}^2} = \frac{T_{\mathrm{h},i} - T_{\mathrm{r}}}{q_{\mathrm{h},i}} = R_{\mathrm{h},i,\text{对流换热}} + \frac{1}{2c_{\mathrm{p}}\dot{m}_i} \tag{4-6}$$

式（4-6）中右侧第一项表示空气与热源表面的对流换热热阻，第二项表示被加热空气与室内空气的掺混热阻。$R_{\text{对流换热}}$ 的分析详见 5.2.2 节。

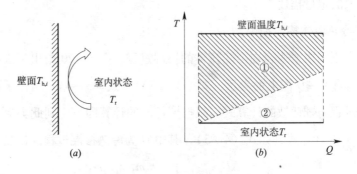

图 4-8　室内空气与壁面 i 之间的对流换热过程

（a）换热示意图；（b）T-Q 图

建筑中室内热源的温度品位不同，从理论上来讲，表 4-2 中温度水平高于室外空气的热源，即可采用室外空气直接带走。但是当通过一些直接或间接的过程把热量传递到室内空气时，这些热量所处的温度水平就大大降低了。对于利用送风方式排除室内产热的空调系统，室内不同品位热源的热量通常需要首先掺混到室内状态，之后再利用统一的送风将热量排除。图 4-9 给出了建筑中不同品位热源的热量掺混到室内的过程在 T-Q 图上的表示，其中 $q_{\mathrm{h},1} \sim q_{\mathrm{h},n}$ 分别为热源的热量（热流），$T_{\mathrm{h},1} \sim T_{\mathrm{h},n}$ 为各热源的温度，相应的总㶲耗散及该过程的总热阻可分别用式（4-7）、式（4-8）表示：

$$\Delta E_{\mathrm{n,dis}} = \sum_{i=1}^{n} q_{\mathrm{h},i}(T_{\mathrm{h},i} - T_{\mathrm{r}}) \tag{4-7}$$

$$R_{\mathrm{h}} = \frac{\Delta E_{n,\mathrm{dis}}}{Q^2} = \frac{\sum_{i=1}^{n} q_{\mathrm{h},i}(T_{\mathrm{h},i} - T_{\mathrm{r}})}{\left(\sum_{i=1}^{n} q_{\mathrm{h},i}\right)^2} \qquad (4-8)$$

图 4-9 中阴影区域面积等于各个热源热量掺混到室内状态的㶲耗散 $\Delta E_{n,\mathrm{dis}}$，也可用式（4-9）计算。其中 T_{equ} 为不同品位热源的等效温度，用式（4-10）表示。

$$\Delta E_{n,\mathrm{dis}} = Q \cdot \Delta T_{\mathrm{equ}} = Q \cdot (T_{\mathrm{equ}} - T_{\mathrm{r}}) \qquad (4-9)$$

$$T_{\mathrm{equ}} = \frac{\sum_{i=1}^{n} q_{\mathrm{h},i} T_{\mathrm{h},i}}{\sum_{i=1}^{n} q_{\mathrm{h},i}} = \frac{q_{\mathrm{h},1} T_{\mathrm{h},1} + q_{\mathrm{h},2} T_{\mathrm{h},2} + \cdots + q_{\mathrm{h},n} T_{\mathrm{h},n}}{q_{\mathrm{h},1} + q_{\mathrm{h},2} + \cdots + q_{\mathrm{h},n}}$$

$$(4-10)$$

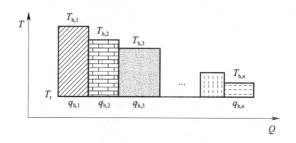

图 4-9　不同品位热源的热量掺混到室内的过程

3. 热源与辐射末端换热损失

若室内空间的热量采集使用了辐射末端装置（如辐射地板、辐射吊顶等），热源与辐射末端的换热损失也可以通过㶲耗散定量描述。辐射板表面传热包括辐射传热和对流传热，其中辐射传热包括短波辐射（例如太阳光透过透明围护结构照射到辐射板表面）和长波辐射（室内围护结构、设备、人员等表面与辐射板表面之间的长波辐射），如图 4-10 所示。从热阻角度可以清晰地分析从冷媒到辐射板表面、从辐射板表面到室内环境的换热过程，如图 4-11 所示。

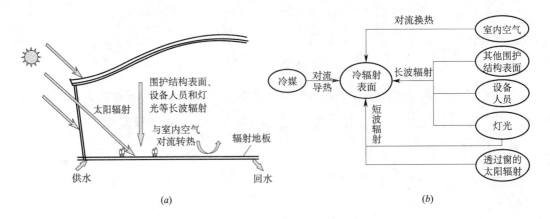

图 4-10　辐射末端与周围的能量交换[103]

(a) 示意图；(b) 简化图

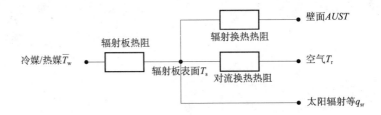

图 4-11　从冷/热媒经过辐射板到室内的换热过程

辐射板的总换热量 q_{tot}（W/m^2）等于辐射板与室内环境的对流换热 q_c、长波辐射换热 q_{lr} 和到辐射板表面的短波辐射换热量 q_{sr} 之和：

$$q_{tot} = q_c + q_{lr} + q_{sr} = h_c(T_r - T_s) + h_{lr}(AUST - T_s) + q_{sr}$$

$$(4-11)$$

式中，h_c 和 h_{lr} 分别为对流换热系数和长波辐射换热系数，单位 $W/(m^2 \cdot K)$。在辐射板常用的供冷（辐射板表面温度一般在 $16 \sim 22℃$）和供暖（辐射板表面温度一般在 $25 \sim 35℃$）工作温度范围内，长波辐射换热系数 h_{lr} 基本上为常数，约为 $5.2 \sim 5.5\ W/(m^2 \cdot K)$。$T_r$ 和 T_s 分别为辐射板周围空气的温度和辐射板表面的平均温度；$AUST$ 为室内非加热/冷却表面的加权平均温度，是图 4-12 中除去辐射板表面外其余各个室内表面温度 $T_{b,j}$ 的加权平均值。

辐射板表面与室内空气对流换热的㶲耗散 $\Delta E_{\mathrm{n,dis}}^{(c)}$、与室内各表面的长波辐射换热的㶲耗散 $\Delta E_{\mathrm{n,dis}}^{(\mathrm{lr})}$ 可分别用式（4 – 12）和式（4 – 13）表示。图 4 – 12 给出了辐射板与室内各表面的长波辐射换热过程以及在 $T - Q$ 上的表示，$\Delta E_{\mathrm{n,dis}}^{(\mathrm{lr})}$ 等于图 4 – 12（b）中阴影部分的面积。

$$\Delta E_{\mathrm{n,dis}}^{(c)} = q_{\mathrm{c}}(T_{\mathrm{r}} - T_{\mathrm{s}}) \tag{4 – 12}$$

$$\Delta E_{\mathrm{n,dis}}^{(\mathrm{lr})} = \sum_{j=1}^{n} q_{\mathrm{lr},j}(T_{\mathrm{b},j} - T_{\mathrm{s}}) = q_{\mathrm{lr}}(AUST - T_{\mathrm{s}}) \tag{4 – 13}$$

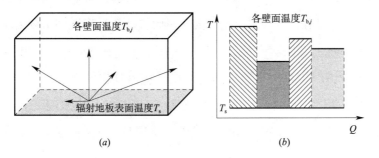

图 4 – 12　辐射板与周围壁面的长波辐射换热过程

（a）换热示意图；（b）长波辐射换热过程在 $T - Q$ 图上的表示

式（4 – 11）给出的三部分热量中，短波辐射换热量 q_{sr} 的性质与对流换热 q_{c}、长波辐射换热 q_{lr} 有很大不同。q_{c} 和 q_{lr} 直接受辐射板表面温度以及参与换热的空气或者壁面温度影响；而 q_{sr} 可视为"给定热流"的条件，几乎与辐射板换热温度无关。因此，室内热源与辐射末端换热过程总的㶲耗散等于对流换热和长波辐射换热两部分㶲耗散之和：

$$\Delta E_{\mathrm{n,dis}} = \Delta E_{\mathrm{n,dis}}^{(c)} + \Delta E_{\mathrm{n,dis}}^{(\mathrm{lr})} = q_{\mathrm{c}}(T_{\mathrm{r}} - T_{\mathrm{s}}) + q_{\mathrm{lr}}(AUST - T_{\mathrm{s}})$$

$$\tag{4 – 14}$$

从室内热源到辐射板表面换热过程的总热阻为：

$$R_{\mathrm{h}} = \frac{\Delta E_{\mathrm{n,dis}}}{q_{\mathrm{tot}}^2} = \frac{q_{\mathrm{c}}(T_{\mathrm{r}} - T_{\mathrm{s}}) + q_{\mathrm{lr}}(AUST - T_{\mathrm{s}})}{(q_{\mathrm{c}} + q_{\mathrm{lr}} + q_{\mathrm{sr}})^2} \tag{4 – 15}$$

当 $q_{\mathrm{sr}} = 0$、$AUST = T_{\mathrm{r}}$ 时，式（4 – 15）可以简化为：

$$R_{\mathrm{h}} = \frac{1}{h_{\mathrm{c}} + h_{\mathrm{lr}}} \tag{4 – 16}$$

4.3.2　整个采集过程的㶲耗散

根据上述室内热量采集过程中典型环节㶲耗散的刻画方法，即可对从室内热源到冷水等冷媒之间的整个热量采集过程进行分析。以统一送风的末端热量采集方式为例，图4-13给出了室内热量采集过程在 $T-Q$ 图上的表示，包含热量从室内热源掺混到室内状态（T_r）并被送风带走、热量从送风再传递给冷水的整个采集和热量传递过程。热源热量、温度品位不同均会对掺混过程的㶲耗散产生影响，不同热源热量掺混到室内的损失大小由热源特性及室内状态决定。图4-13（a）中热量均来自单一热源（$T_1=40℃$，$Q_1=Q_0$），热量从热源掺混到室内过程的掺混损失 $\Delta E_{n,dis}$ 为 $14Q_0$，大于送风与室内的掺混损失（$5Q_0$）及空气与冷水间的换热损失（$11.5Q_0$）。图4-13（b）给出了包含多个不同品位热源热量的室内采集过程，各部分热量首先掺混到室内状态，其中 $Q_0=Q_1+Q_2+Q_3+Q_4$，$Q_1\sim Q_4$ 占总热量 Q_0 的比例分别为10%、30%、40%和20%。依据式（4-10），此时不同品位热源的等效温度 T_{equ} 为33.2℃，热量掺混到室内过程中的损失 $\Delta E_{n,dis}$ 为 $7.2Q_0$。

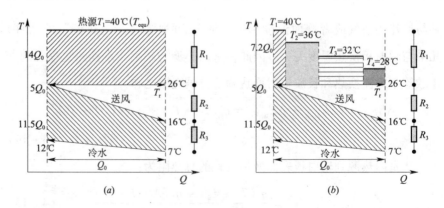

图4-13　室内不同品位热源热量的采集过程

（a）单一温度热源；（b）多个温度热源

从室内热源将热量排除到室外热汇的过程中，其驱动力为室内热源温

度 T_{equ} 与室外热汇温度 T_0 之差（$T_{equ} - T_0$）。从整个热量采集过程的㶲耗散分析来看，对于这种通过送风方式统一排除热量的采集过程，不同品位热源热量混合到室内的过程会导致显著的掺混㶲耗散，也就降低了热量的温度品位。室内不同温度品位热量全部进入室内空气（空气温度为 T_r），然后再由送风、冷水等排走，则从室内空气到室外热汇的驱动温差减少为（$T_r - T_0$）。室内热源温度 T_{equ} 与室温 T_r 之间的差别越大，则室内热量采集过程的㶲耗散越大。

在将室内热量排除到室外的过程中，如果驱动温差（$T_{equ} - T_0$）足够大，足以克服热量传输过程消耗的温差 ΔT，则无需采用主动式系统即可实现热量的传输过程。如果驱动温差不足以克服传输过程所需消耗的温差，即（$T_{equ} - T_0$）$< \Delta T$ 时，则需要主动式系统（热泵）弥补不足的驱动温差。对于图 4 – 13 所示的将室内不同温度品位热量全部进入室内空气，然后再由营造系统承担的方式，减少了驱动温差（$T_{equ} - T_r$），从而就需要热泵来提供更大的驱动温差，以实现通过主动式空调系统排热的任务。因此热量从各个热源表面传递到温度较低的室内空气的过程降低了这些热量的温度水平，从而降低了输送这些热量的驱动温差。

4.4 室内非均匀热环境与热量采集过程分析

由本章 4.1 节的分析可以得出：室内热源和湿源分散在空间各处，与热量存在多种来源、不同热量的温度品位存在较大差异相比，产湿源及湿负荷的特性更为简单。本节重点分析室内非均匀热环境与热量采集过程（不考虑湿度），第 4.5 节将分析综合考虑热量、湿度在内的室内热湿采集过程。建筑热湿环境营造过程中，室内热量采集过程的任务是通过一定的手段来将不同热源产生的热量收集、排除。在满足室内人员等对适宜温度需求的前提下，热量采集过程应尽量减少热源向冷媒的传热量、同时提高排热所需的冷源温度（利于提高冷源环节效率），从而提高室内热环境营造系统的性能。通过第 4.1 节对室内不同热源的分布及特点的分析，可以看出不同热源在室内空间的分布特征、热源的温度水平等存在显著差异。利用这种室内热源分布和温度的非均匀特性，在热量采集过程中可以采用不同的末端方式、不同温度品位的冷源等。

4.4.1　室内非均匀热环境的热量采集

减少该采集过程的㶲耗散有助于实现热量采集过程的目标（减少热量及提高冷源温度）。从第 4.3 节对室内热量采集过程㶲耗散的刻画方法可以看出，不同品位热源掺混到室内状态时，会导致显著的掺混㶲耗散，也就降低了热源的温度品位。在热量排除过程中需求的冷源温度水平与热源的温度品位密切相关：热源的温度水平越高，理论上可利用排除该热源热量的冷源温度水平也就越高、对冷源温度品位的需求越低，可供利用的自然冷源范围越广泛。因此，直接从高温热源处取热、通过就近排热的方式来实现热量排除，避免将不同温度品位的高温热源热量统一掺混到室内状态后再进行排除，是提高热量采集过程所需冷源温度的一种有效途径。

以室内照明、设备等高温热源为例，该部分热源可视为定热流的热源类型，且温度水平通常显著高于室内需求的温度水平。对于夏季主动式空调系统，排除照明、设备等的热量是其室内热量采集过程的重要组成。这部分热量的采集过程中，传统的思路是将其统一掺混到室内状态，再经由统一的送风将这部分热量从室内状态带走，并最终由空调系统的冷媒排除。从热源到空调系统冷媒之间的采集过程如图 4 - 14（b）中左侧所示，包含从热源与室内的掺混（环节①）、送风与室内的掺混（环节②）以及送风与冷水的换热（环节③）三个环节，其中典型的热源参数为温度 $T_h = 33℃$，需求排除的热量 Q_0 一定；室内温度 $T_r = 26℃$，送风温度为 18℃；仅考虑热量的排除需求，冷水供/回水温度为 16℃/21℃。将这部分热量 Q_0 统一掺混到室内状态再进行排除时，上述典型参数下的①～③各环节㶲耗散分别为 $7Q_0$、$4Q_0$ 和 $3.5Q_0$，相应的各环节热阻 $R_1 \sim R_3$ 分别为 $7/Q_0$、

$4/Q_0$ 和 $3.5/Q_0$；采集过程的总㶲耗散和总热阻分别为 $14.5Q_0$ 和 $14.5/Q_0$。

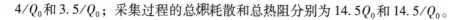

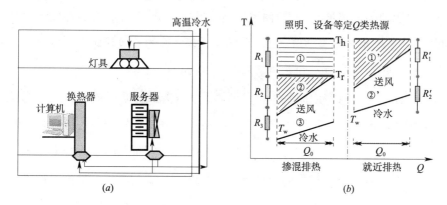

图 4-14　利用高温冷源直接排除照明等设备产热

（a）系统工作原理[98]；（b）处理过程 $T-Q$ 图

在这种将热量掺混到室内状态后再利用送风统一排除的方式中，存在显著的热源热量与室内状态间的掺混过程，这一掺混过程导致的热阻占整个采集过程总热阻的 48%；尽管热量采集过程需求排除的热量仍为 Q_0，但该过程降低了热源的温度品位（由 33℃降至 26℃）。从减少室内不同热源热量采集过程的掺混损失出发，图 4-14（a）给出了利用高温冷源排除室内照明、设备散热的系统工作原理。对于灯具和计算机、服务器等设备，热源的温度水平显著高于室内需求的温度，可以将冷水等冷媒直接输送至热源处，再利用风—水换热器等就近与热源换热来实现对热量的采集。这样，通过对照明、设备等热源热量的分别采集、处理，有效利用了热源较高的温度品位，利用较高温度的冷源即可满足热量排除需求。

从图 4-14（b）中不同处理过程的 $T-Q$ 图对比可以看出，与将照明、设备等热量掺混到室内状态再统一进行排除的方式相比，这种利用高温冷源局部排热的方式减少了热量由热源统一掺混到室内状态的环节，热量采集过程包含热源与送风换热的环节①′和送风与冷水换热的环节②′，避免了热量掺混到室内状态时引起的温度品位的降低和掺混㶲耗散。以相同的热源条件为例，当热源温度仍为 33℃、热量仍为 Q_0 时，送风、冷水的流量、换热面积均相同时，避免热源掺混到室内状态后，考虑一定的空气与热源间的换热温差，送/回风的温度可提高至22℃/30℃，相应的冷水供/回水温度可提高至20℃/25℃。环节①′和②′的等效热阻分别为$7/Q_0$、$3.5/Q_0$，热量采集过程的总热阻降低至$10.5/Q_0$。

因此，通过对室内照明和设备等热源采取分散排热的处理方式，能够充分利用热源温度品位高于室内状态的特点，可以有效避免这部分热量统一掺混到室内状态后再进行排除的掺混㶲耗散，从而有助于改善整个热量采集过程、减少采集过程的㶲耗散和等效热阻，显著提高热量排除过程中的冷源温度水平。通过提高冷源的温度水平，即可为自然冷源的更广泛利用及机械冷源效率的提高创造有利条件。本书第8.3.1节将以数据机房的热量采集过程为例，给出对机房中服务器等电子设备进行分散排热、改善整个排热系统性能的实际应用。

4.4.2　高大空间中围护结构热量的排除

在机场航站楼、客站候车厅等高大空间建筑中，垂直方向高度可达$10 \sim 20m$，而人员通常仅在地面2m以内的高度范围内活动。该类建筑较多采用了透光围护结构，受室外太阳辐射等因素的影响，其夏季围护结构内表面温度通常较高（可达$30 \sim 40℃$），并通过对流换热、辐射换热等方式影响室内热环境。在上述高大空间建筑中，如何有效地排除围护结构这类热源带来的传递热量对于室内热环境营造过程的高效运行具有重要作用。

针对围护结构这类影响室内环境的典型热源，传统的热量采集思路是将其热量掺混到室内状态后再进行排除，这种高温热量与室内空气间的掺混过程也会带来掺混损失，从而降低其温度品位和热量排除过程可利用的驱动温差。图4-15（b）左侧给出了将围护结构热量Q_{en}统一掺混到室内状态时的热量采集过程$T-Q$图，该过程中热量通过高温围护结构内表面与周围空气换热后直接掺混到室内，再利用送风与室内换热、空气—冷水换热等环节最终将热量排除，可以看出高温围护结构→室内空气间的热量掺混过程存在显著的掺混㶲耗散。

与上一节对照明、设备等定热流 Q 类热源利用高温冷源进行局部排热、减少热量掺混㶲耗散的方式相似，对于由于高温围护结构带来的热量，也可以采用分散处理的方式降低其对室内热量采集过程的影响。图 4 - 15（a）给出了利用室外空气来排除部分围护结构热量、减少采集过程㶲耗散的工作原理，在这种处理过程中，由入口进入大空间的室外空气（密度小于室内空气）可被引导至空间上部，与高温围护结构内表面进行换热，换热后的空气经由顶部排风口排出。

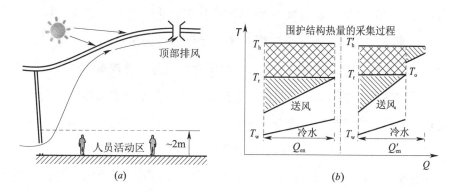

图 4 - 15　利用室外空气直接排除围护结构内表面热量

（a）工作原理；（b）处理过程 $T - Q$ 图

对于这种采用顶部排风的方式，其围护结构热量的排除过程如图 4 - 15（b）右侧所示。从图中可以看出，与将热量掺混到室内统一进行排除的方式相比，通过引导利用室外空气排出部分围护结构热量，减少了通过围护结构掺混到室内的热量，也就减少了最终需要由主动式空调系统排除的热量。另一方面，通过利用室外空气与围护结构内表面换热，一定程度上还降低了围护结构的内表面温度。此时尽管部分热量仍需掺混到室内状态、需利用送风循环和冷水循环等环节排除，但最终掺混到室内状态并由冷媒排除的热量要低于直接将围护结构热量掺混到室内的热量采集过程。

除了上述利用引导室外空气来排除部分围护结构热量的方式外，一部分建筑中采用冷却塔的冷却水来降低围护结构内表面温度（例如某航站楼夏季在顶棚、侧面透光围护结构等处喷淋冷却水），利用自然冷源来承担部分热量，减少最终由主动式空调系统的冷源设备（冷水机组等）排除的热量，也是一种改善对围护结构热源进行热量采集的有效途径。

综上所述，从本节对室内不同特点热源的采集过程分析中可以看出，利用建筑室内热源的非均匀特性，可以通过就近排热的热量采集方式来减少其排除过程的掺混㶲耗散。根据热源所处位置、温度水平，通过局部、就近的热量采集方式，能够有效利用热源的较高温度品位，利用较高温度的冷源来满足排热需求或减少由冷媒排除的热量。这种利用室内热源非均匀特性构建的热量采集方式与第 4.2 节中给出的热量采集过程目标相一致，也为减少热量采集过程的㶲耗散、优化热量采集过程提供了有效指导。在实际建筑中，受设备复杂程度等因素的限制，尚较难实现在空间各点对不同热源、不同品位热量的分别排热，需综合考虑末端装置复杂性和运行效果的影响进行权衡选择。本书第 8.3.2 节将以机场航站楼高大空间的热量采集过程为例，给出改善整个排热系统性能的实际应用。

在建筑热湿环境营造过程中，通过一定的措施或途径来减少处理过程的㶲耗散有助于降低对冷热源温度品位的需求。需要指出的是，对于常用的冷/热量输送媒介——水或空气，当采取措施减少采集过程的㶲耗散一定时，改变供水温度（或送风温度）与改变回水温度（或回风温度）带来的影响并不相同。以采用冷水机组的主动式空调系统为例，供水温度提高 1℃ 与回水温度提高 1℃ 带来的采集过程㶲耗散减少量相同，但对冷源蒸发温度的影响不同：提高供水温度可以实现更高的蒸发温度，详见第 5.4.2 节。因此，与提高回水侧（或回风侧）的温度水平相比，通过一定的技术措施来减少采集过程的㶲耗散、设法提高供水侧（或送风侧）的温度，可实现更优的冷热源设备性能。

4.5　典型热湿采集过程（空调方式）特性

室内热湿采集过程包含从室内热源、湿源到空调系统末端装置中的冷媒（通常为冷水）之间的多个环节，在室内产热、产湿状况一定的情况下，减少室内热湿采集过程的㶲耗散，有助于降低对空调系统中冷源品位的需求，从而有助于提高空调系统的冷源能效，这也是应用㶲耗散分析方法来优化室内热湿采集过程的根本出发点。上一节分析了室内非均匀热源环境对热量采集过程（未考虑湿度）性能的影响，本节重点分析考虑湿度采集过程在内的室内热湿采集过程的性能，为简化起见，认为将室内不同品位的热源、湿源先混合到室内空气，然后再由空调系统带走。

对于排热过程，只要冷源温度低于室内热源温度，即可实现排热；而对于排湿过程，若采用冷凝除湿的方式，那么冷源的温度需要低于湿空气的露点温度。因此，在空调系统中，除湿所需的冷源温度远低于排热所需的冷源温度。以同一冷源同时实现除湿和排热，那么必然造成排热过程中对低温冷源温度品位的浪费。而温湿度独立控制的空调系统理念则有助于避免空调系统中由于热湿混合处理导致的损失。针对典型的集中空调系统室内末端方式，以下给出其室内热湿采集过程的特性。

4.5.1　全空气空调方式

常规空调系统中多采用冷凝除湿方式统一对空气进行除湿与降温来满足室内温湿度调节需求，因而冷源温度由对品位需求较高的除湿过程来确定，降温、除湿共用低温冷源，这是现有集中空调系统多采用约 7℃ 冷冻水的重要原因。典型全空气系统中空气处理过程在焓湿图上的表示如图 4-16 所示：以一次回风全空气系统为例，室外新风 W 和室内回风 N 混合至状态 C，经过冷凝除湿后到达 L 点，处理后的空气送入室内统一满足排热、排湿需求。

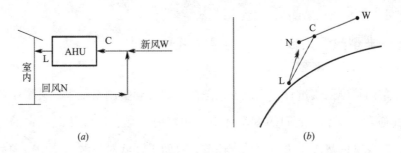

图 4 - 16　典型全空气方式的空气处理过程

（a）处理过程原理；（b）空气处理过程

对于典型室内状态（26℃、12.6g/kg，相对湿度 60%，露点温度为 17.6℃），图 4 - 17（a）和（b）分别给出了典型室外参数下全空气方式中室内排热过程和排湿过程在 $T - Q$ 图和 $\omega - m_w$（ω 为含湿量；m_w 为除湿量，详见本书第 7 章）图上的表示，其中冷水用来将混合后的新风与回风处理到需求的送风状态，Q_1、Q_2 分别为建筑室内排热负荷和新风热负荷；m_{w1}、m_{w2} 分别为建筑室内排湿负荷和新风湿负荷；图中未给出新风与室内回风的混合过程。

从全空气方式室内采集过程来看，送风与室内掺混过程的显热㶲耗散 $\Delta E_{n,dis}^{(h)}$、湿度㶲耗散 $\Delta E_{n,dis}^{(m)}$ 可分别用式（4 - 17）、式（4 - 18）计算，式中 T_r、ω_r 分别为室内温度、含湿量；T_{sa}、ω_{sa} 分别为送风的温度、含湿量。

$$\Delta E_{n,dis}^{(h)} = Q_1 \cdot (T_r - T_{sa}) \tag{4-17}$$

$$\Delta E_{n,dis}^{(m)} = m_{w1} \cdot (\omega_r - \omega_{sa}) \tag{4-18}$$

受冷凝除湿方式的制约，全空气方式的送风状态接近饱和（不考虑再热），从冷水 - 空气处理过程来看，排热过程与排湿过程共用低温冷水，尽管可以使得排热过程投入的换热能力减小，但这种方式提高了对排热过程冷源品位的需求，限制了高温冷源的应用，也使得整个排热过程的㶲耗散（$T - Q$ 图中冷水与室内状态之间包围的面积）较大。

对于图 4 - 17（b）给出的室内排湿过程，冷凝除湿方式利用 7℃/12℃的冷水（对应的等效含湿量为 6.2/8.7g/kg）对空气进行处理，送风

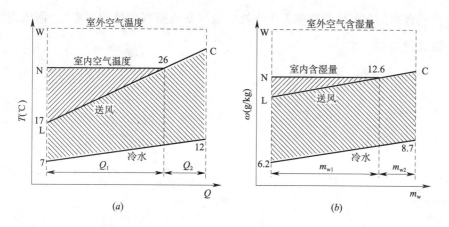

图 4－17　全空气方式中室内排热、排湿过程㶲耗散的表示

（a）排热过程；（b）排湿过程

含湿量需要低于室内含湿量（12.6g/kg），图中从室内状态到冷水围合的
面积表示出排湿过程的㶲耗散情况。以上述全空气方式的室内热湿采集过
程为例，为满足室内排湿需求，送风含湿量 ω_{sa} 需低于室内含湿量 ω_r，但
全空气系统中送风量相对较大，使得送风含湿量 ω_{sa} 与室内含湿量 ω_r 之间
的差异不大，也就使得图 4－17（b）中送风与室内掺混的㶲耗散较小。
以室内设计状态 26℃、12.6g/kg 为例，仅考虑人员湿负荷为 109g/h，室
内人员密度为 0.125 人/m²，建筑层高为 3m，当全空气方式的送风换气次
数为 4h⁻¹ 时，室内含湿量与送风含湿量之间的差异仅为 0.9g/kg，即需求
的送风含湿量为 11.7g/kg。这就表明通过较大风量满足排湿需求时可以降
低对送风含湿量的需求，但循环风量较大会导致投入的风机输送能耗
增加。

4.5.2　风机盘管加新风方式

与全空气方式相比，风机盘管加新风（FCU＋OA）方式中新风通常
处理到与室内等焓或等含湿量的状态，利用 FCU 处理室内回风来满足室
内降温除湿需求。图 4－18 给出了 FCU＋OA 方式的空气处理过程，采用
低温冷源（如 7℃冷水）来处理新风和室内回风，新风 W 被处理到与室

内具有相同含湿量的状态 L（或处理至与室内空气等焓的状态），回风则
被处理到 L' 点。

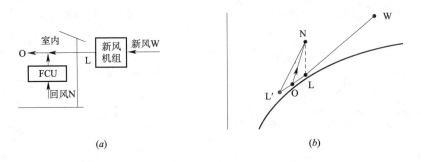

(a)　　　　　　　　　　　　　(b)

图 4 – 18　典型 FCU + OA 方式的空气处理过程

(a) 处理过程原理；(b) 空气处理过程

典型工况下室内排热过程和排湿过程在 $T – Q$ 图和 $\omega – m_w$ 图上的表示
分别如图 4 – 19（a）和（b）所示，由于新风量通常较小，此处忽略新风
处理后的状态对室内状态的影响，即 FCU 中冷水对室内回风处理过程的
排热、排湿量分别为室内排热、排湿负荷。FCU 方式中冷水处理后的送风
状态与全空气方式相近，因而送风与室内空气之间的掺混过程烟耗散也与
全空气方式相当。类似地，FCU + OA 方式中利用低温冷水来同时对新风
和室内回风进行处理，使得室内排热过程、排湿过程的整体烟耗散（从冷
水到室内状态间的过程）也与全空气方式相近。

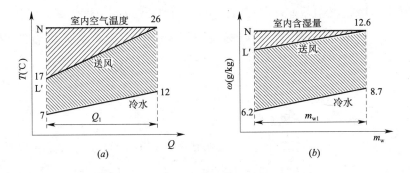

(a)　　　　　　　　　　　　　(b)

图 4 – 19　FCU + OA 方式中室内排热、排湿过程烟耗散的表示

(a) 排热过程；(b) 排湿过程

从上述两种典型常规空调系统室内排热、排湿过程的㶲分析可以看出，常规空调系统中为了满足除湿需求，排热、排湿过程共用低温冷水，冷水温度受到室内露点温度限制；排热过程、排湿过程的㶲耗散在 $T-Q$ 图、$\omega - m_w$ 图上分别为从低温冷水到室内状态之间所围成的面积；排热过程利用低温冷水处理显热，限制了冷水温度的升高，大幅增加了排热过程的㶲耗散；排湿过程由于循环风量较大，送风含湿量与室内含湿量之间的差异较小，送风与室内掺混过程的㶲耗散也较小。

4.5.3　温湿度独立控制方式

空调系统中显热负荷通常可占总负荷的 $60\% \sim 80\%$，常规系统中除湿、降温过程共用低温冷源，这就造成能量利用品位上的浪费。与常规系统不同，温湿度独立控制（Temperature and Humidity Independent Control，简称 THIC）空调系统[103]采用不同手段分别调节室内温度、湿度，降温过程可以采用高温冷源，除湿过程采用低温冷源（或其他除湿方式）单独处理，如图 4-20 所示，能够有效避免常规系统中热湿联合处理所带来的损失。以利用干式风机盘管 FCU 送风来调节室内温度的方式为例，图 4-21 给出了该 THIC 系统空气处理过程的原理及其在焓湿图上的表示：新风被处理到能够承担室内湿负荷的状态，满足室内湿度调节需求；干式 FCU 利用高温冷水处理室内空气，满足温度调节需求。

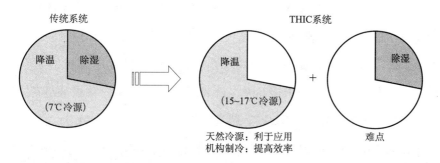

图 4-20　THIC 系统工作原理及常规系统的对比

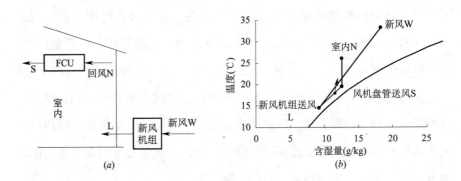

图 4-21 THIC 系统原理及空气处理过程

(a) 系统工作原理；(b) 空气处理过程

图 4-22 (a) 给出了采用干式风机盘管的 THIC 系统中从高温冷水到室内状态间的排热过程在 $T-Q$ 图上的表示；以利用冷水对新风除湿后再将新风送入室内来调节湿度的方式为例，图 4-22 (b) 给出了 THIC 系统中从低温冷水到室内状态之间的排湿过程在 $\omega - m_w$ 图上的表示。与图 4-17 和图 4-19 中利用低温冷源的常规系统排热过程相比，从图 4-22 (a) 中可以看出，THIC 方式中室内排热过程的㶲耗散显著减小：以 FCU + OA 方式为例，常规系统和 THIC 系统室内排热过程的㶲耗散分别为 $16.5Q_1$、$7.5Q_1$（仅为常规系统的 45%）。再来分析室内排湿过程，与常规系统中通过处理回风来排除室内产湿相比，THIC 系统通常选取新风来承担室内排湿任务。由于新风量通常较小（与全空气系统相比承担排湿任务的风量显著减小），需求的新风送风含湿量也相应较低，这就使得室内排湿过程中送风与室内空气掺混的㶲耗散增大，也就提高了对新风处理过程的性能要求。仍以室内设计状态 26℃、12.6g/kg 为例，仅考虑人员湿负荷为 109g/h、人均新风量为 30m³/h 时，THIC 方式中要求室内含湿量与新风送风含湿量之间的差异为 3.0g/kg，即需求的送风含湿量为 9.6g/kg，因而与常规方式相比，新风需要被处理到更低的含湿量水平。因此，采用较小风量来排湿时，对处理后的空气送风含湿量提出了较高要求，但与采用较大风量进行排湿的过程相比，有助于降低风机输送能耗。

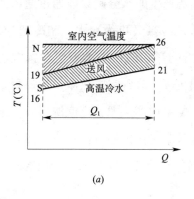
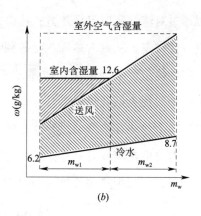

图 4-22　THIC 方式室内排热、排湿过程㶲耗散的表示

（*a*）排热过程；（*b*）排湿过程（以冷凝除湿为例）

　　在 THIC 空调方式中，排热过程与排湿过程分开进行，排热过程利用高温冷源实现，热量采集过程的总㶲耗散大幅减小。利用高温冷源进行的排热过程可以大幅减小㶲耗散，降低对冷源品位的需求，进而有助于大幅提高冷源效率。当排除热量一定时，空气与高温冷源间的换热过程需要适当增加投入的换热能力 UA；需要注意的是，尽管常规空调系统的排热过程也可以通过增加投入的换热能力来降低排热过程的㶲耗散、降低对冷源品位的需求，但由于降温、除湿过程共同进行，两者共用低温冷源，冷源温度受冷凝除湿方式的限制，无法实现 THIC 方式中利用高温冷源排热的处理过程。温度、湿度的共同调节与分开调节，也是常规空调系统与THIC系统的本质区别。

4.6　从室内热湿采集过程出发的系统构建原则

　　室内热湿采集过程是营造适宜建筑室内热湿环境的最根本环节，其任务是利用末端设备来收集室内多余的热量、水分，该过程受到室内热源温度、湿源不均匀特性的显著影响。室内热湿采集过程即通过空调系统末端设备的排热、排湿过程可以借助不同的方法完成，其中室内热源的热量可以通过对流、辐射等换热方式排除，而湿源产生的水分则只能通过通风换气方式带走。从室内热源、湿源到空调系统冷媒（可为冷水、制冷剂等）之间的热量、水分采集和传递过程中，可能存在的损失类型包含掺混损失、换热损失以及热湿耦合处理导致的损失等，改善室内热湿采集过程是提高整个热湿环境营造过程性能的基础。从室内产热源、产湿源出发，本章针对典型热湿环境营造系统的室内热湿采集过程传递特性进行了热学分析，得到了减少热湿采集过程驱动力（温差）消耗、减少采集㶲耗散的有效途径。

从室内热湿采集过程的损失特性分析出发，可以得到建筑热湿环境营造过程中室内热量、水分排除过程的末端构建原则以及减少室内采集过程㶲耗散的途径，主要包括以下几点：

1. 分别调节室内温度、湿度

从室内排热和从室内排湿过程对冷源的温度品位需求是不同的：对于排热过程，理论上只要冷源温度低于室内热源温度，即可实现排热；对于排湿过程，若采用冷凝除湿的方式，冷源的温度必须低于室内空气的露点温度。除湿需求的冷源温度显著低于排热需求的冷源温度，常规空调系统中通常以同一冷源同时实现除湿和排热，造成排热过程中对低温冷源温度品位的浪费，增加了排热过程的㶲耗散。

温湿度独立控制空调系统的理念就是避免空调系统中热湿联合处理带来的损失，通过将室内温度、湿度调节过程分别进行，可以大幅提高热量排除过程的冷源温度，显著减少热量排除过程的㶲耗散。温度调节过程可实现高温供冷，热量采集过程的㶲耗散大幅减少，降低了排热过程的冷源温度品位需求，有助于改善冷源的能效水平。同时，分别调节室内温度、湿度的方式能够避免常规空调系统中室内热湿耦合调节方式的局限性，更好地满足室内温湿度调节需求。

2. 减少室内采集过程中的掺混损失

室内热源分布具有不均匀特性，品位差异明显，不同品位热源的热量混合到室内的过程会带来显著的掺混㶲耗散。理论上可利用不同温度的冷源排除不同品位的热量，实际空调系统中通常利用一种冷源（单一送风或单一末端设备）来排除热量。热量排出过程可通过对流、辐射等方式实现，基于室内热源的不均匀特性，可利用不同的末端处理设备来满足排热需求。与风机盘管等对流末端方式及统一送风的末端方式相比，辐射末端能够减少换热环节、减少热量排除过程的掺混㶲耗散，改善热量采集过程的性能。

掺混过程尽管不会导致冷热量的损失，但会导致室内采集过程㶲耗散的增加。从室内采集过程损失特性的分析可以看出，在室内热源、湿源条件（量、品位）一定的情况下，减少热湿掺混、热量从热源处到室内空气间的掺混等可以降低整个热湿采集过程的㶲耗散，有助于降低空调系统对冷源温度品位的需求、提高热湿采集过程（空调系统末端）中的冷源温度水平。从改善室内热湿采集过程的传递特性出发，可以构建出适宜的建筑热湿环境营造系统形式。

第5章 稳态传热过程：换热器与换热网络

建筑热湿环境营造过程中存在多个显热传热环节，例如水－氟利昂换热器、空气－水换热器、水－水换热器等均是由两股流体参与的换热过程。从单个换热过程出发，可以构建复杂的显热换热过程，建筑热湿环境营造过程中包含多种串联、并联的换热环节，例如主动式空调系统中从冷水机组蒸发器到板式换热器的换热过程、集中供热网中从热力站到末端用户散热器间的换热过程等。本章主要针对建筑热湿环境营造过程中涉及的显热换热过程的热学特性展开分析，主要内容如图5－1所示，刻画单个显热传递过程的热学特性，利用㶲耗散分析给出相应的热学分析指标；从

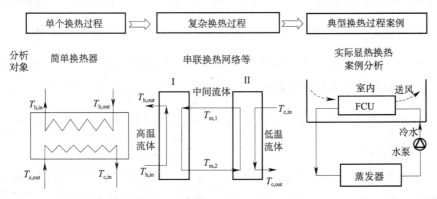

图5－1 显热传热过程的分析对象

单个过程的分析出发，对串联换热网络等复杂换热过程的传递特性进行分析，明确显热换热过程的损失原因；在此基础上，分析建筑热湿环境营造过程中的典型案例。

5.1　供暖空调系统中的热量传递网络

在主动式供暖空调系统中，通常包含多个末端、多个处理环节，为完成多个末端的冷热量处理需求，需要构建复杂的传递网络。对于这种由多个末端组成、包含不同末端之间串联并联换热过程的复杂换热网络，可采用㶲耗散及等效热阻来对其进行分析。以主动式空调系统为例，图 5 – 2 (a) 给出了包含多个风机盘管 FCU、从冷水机组到不同楼层的 FCU 末端设备之间处理过程的示意图，为简化分析，此处仅考虑显热换热过程。该过程中包含 FCU 送风与室内空气的掺混过程、FCU 中空气与水的换热过程、不同冷水出水的掺混过程、冷机侧旁通管中冷水回水与供水的掺混过程等环节，受到掺混、换热能力有限等因素的影响，这些环节均存在㶲耗散或热阻。图 5 – 2 (b) 给出了该处理过程中从室内温度 (T_{in}) 到冷冻水平均温度 ($\overline{T}_m$) 传热过程的串并联热阻网络。图中 $T_{in,1}$、$T_{in,2}\cdots T_{in,n}$ 为末端各房间内的空气温度，$\overline{T}_{a,1}$、$\overline{T}_{a,2}\cdots\overline{T}_{a,n}$ 为各房间内 FCU 送风与室内回风的平均温度，$\overline{T}_{m,1}$、$\overline{T}_{m,2}\cdots\overline{T}_{m,n}$ 为各 FCU 中冷水供水与回水的平均温度。该热阻网络中包含：FCU 送风与室内空气的掺混热阻 $R_{mix,a}$，风机盘管内空气与冷水换热过程的热阻 R_{FCU}，各支路风机盘管回水混合至总回水管过程（由各支路冷水平均温度 $\overline{T}_{m,1}$、$\overline{T}_{m,2}\cdots\overline{T}_{m,n}$ 掺混至统一的 $\overline{T}_m$）的掺混热阻 $R_{mix,w}$。

图 5 – 3 以包含三个 FCU 末端的处理过程为例，进一步给出了从室内温度 (T_{in}) 到冷冻水平均温度 ($\overline{T}_m$) 再到冷水机组蒸发温度 (T_{evap}) 热量传递过程在 T – Q 图上的表示。三个 FCU 末端对应的室内温度分别为

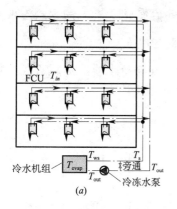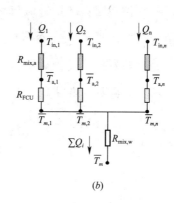

图 5-2　主动式空调系统的复杂热量传递网络

（a）系统工作原理；（b）热阻传递网络（$T_{in} \rightarrow \overline{T}_m$）

$T_{in,1}$、$T_{in,2}$ 和 $T_{in,3}$。冷水供水（T_s）分别进入各 FCU，与空气换热后的冷水出水温度分别变为 $T_{out,1}$、$T_{out,2}$ 和 $T_{out,3}$，由 FCU 流出的冷水再混合至统一的回水温度 T_{out}。考虑图 5-2（a）冷水机组侧旁通管内的冷水回水 T_{out} 与冷机出水 T_{ws} 掺混至 T_s 时，冷水与制冷剂在蒸发器中换热，温度由 T_{out} 变为 T_{ws}。从 $T-Q$ 图的分析可以看出，该复杂换热过程主要存在：由于掺混过程导致的㶲耗散和由于换热器换热过程导致的㶲耗散。

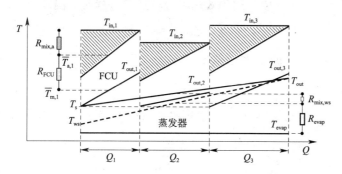

图 5-3　包含多个末端的热量传递过程 $T-Q$ 图

进一步地，图 5-4（a）给出了图 5-2（a）所述从室内温度（T_{in}）到冷冻水平均温度（$\overline{T}_m$）再到冷水机组蒸发温度（T_{evap}）热量传递过程的热阻网络图，包含：

（1）掺混热阻：FCU 送风与室内空气掺混 $R_{\text{mix,a}}$、不同支路冷水回水掺混至总回水温度 $R_{\text{mix,w}}$、冷冻水旁通支路掺混 $R_{\text{mix,ws}}$；

（2）换热器换热过程热阻：FCU 内空气与冷水换热热阻 R_{FCU}、蒸发器内冷水与冷媒换热热阻 R_{evap}。

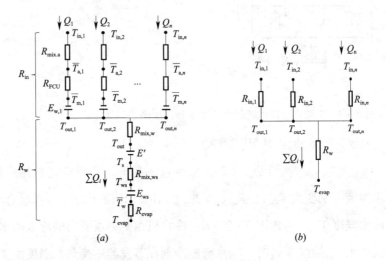

图 5-4　复杂热量传递过程的传递热阻网络

（a）热阻传递网络（$T_{\text{in}} \rightarrow T_{\text{evap}}$）；（$b$）简化后的热阻传递网络（$T_{\text{in}} \rightarrow T_{\text{evap}}$）

在图 5-2（b）中利用等效热阻分析换热过程时，温度节点均为换热过程中流体的平均温度；而在图 5-4（a）所示热阻传递网络中，为了表征从各支路冷水供回水平均温度（$\overline{T}_{\text{m,1}}$、$\overline{T}_{\text{m,2}} \cdots \overline{T}_{\text{m,n}}$）到冷水回水温度（$T_{\text{out,1}}$、$T_{\text{out,2}} \cdots T_{\text{out,n}}$）之间的过程，引入调节热阻 E，如式（5-1）所示。调节热阻 E 不是由换热过程㶲耗散所致，仅为了反映从流体平均温度到具有较高温度一端的过程，作为计算使用。

$$E = -\frac{1}{2c\dot{m}} \tag{5-1}$$

对于图示各个支路，从冷水供回水平均温度到冷水回水温度之间的调节热阻 E 分别为：

$$E_{\text{w,1}} = -\frac{1}{2c\dot{m}_{\text{w,1}}} \ , \ E_{\text{w,2}} = -\frac{1}{2c\dot{m}_{\text{w,2}}} \ , \ \cdots\cdots \ , \ E_{\text{w,n}} = -\frac{1}{2c\dot{m}_{\text{w,n}}} \tag{5-2}$$

因此，对于图 5-4（a）中编号为 i 的支路（$i = 1，2，……，n$），从室内温度 $T_{in,i}$ 到 FCU 中冷水出水温度 $T_{out,i}$ 之间的过程，各支路传递热量分别为 Q_i，各支路总热阻可用式（5-3）来表示：

$$\text{编号 1 支路：} R_{in,1} = R_{mix,a,1} + R_{FCU,1} + E_{w,1}$$

$$\text{编号 } i \text{ 支路：} R_{in,i} = R_{mix,a,i} + R_{FCU,i} + E_{w,i} \qquad (5-3)$$

$$\text{编号 } n \text{ 支路：} R_{in,n} = R_{mix,a,n} + R_{FCU,n} + E_{w,n}$$

其中，编号为 i 支路的 FCU 送风与室内空气的掺混热阻 $R_{mix,a,i}$，以及 FCU 内空气-水换热过程的热阻 $R_{FCU,i}$（换热器的热阻详见第 5.2 节）分别为：

$$R_{mix,a,i} = \frac{1}{2c\dot{m}_{a,i}} \qquad (5-4)$$

$$R_{FCU,i} = \frac{1}{2}\left(\frac{1}{c\dot{m}_{a,i}} - \frac{1}{c\dot{m}_{w,i}}\right) \cdot \frac{\exp\left[UA\left(\frac{1}{c\dot{m}_{a,i}} - \frac{1}{c\dot{m}_{w,i}}\right)\right] + 1}{\exp\left[UA\left(\frac{1}{c\dot{m}_{a,i}} - \frac{1}{c\dot{m}_{w,i}}\right)\right] - 1} \qquad (5-5)$$

对于从不同 FCU 支路的冷水出水到冷水机组蒸发温度 T_{evap} 之间的过程，如图 5-4（a）所示，包含不同出水 $T_{out,i}$ 掺混至统一冷水回水 T_{out} 的过程，存在掺混热阻 $R_{mix,w}$；冷水回水与供水之间旁通过程带来的掺混热阻 $R_{mix,ws}$；冷水机组蒸发器侧冷水与制冷剂间换热过程的热阻 R_{evap}；以及从冷水回水温度 T_{out} 到冷水供水 T_s 之间的调节热阻 E'，从冷水温度 T_{ws} 到制冷机蒸发器冷水平均温度 $\bar{T}_w$ 之间调节热阻 E_{ws}。因此，该过程的总热阻 R_w 可用式（5-6）表示：

$$R_w = R_{mix,w} + E' + R_{mix,ws} + E_{ws} + R_{evap} \qquad (5-6)$$

其中，调节热阻分别为：

$$E' = \frac{1}{c\dot{m}_w}，E_{ws} = -\frac{1}{2c\sum \dot{m}_{w,i}} \qquad (5-7)$$

式（5-6）中，对于不同 FCU 支路的冷水出水掺混至统一冷水出水时的掺混热阻 $R_{mix,w}$，可用式（5-8）计算，其中 $R'_{mix,w}$ 可利用第 3.3.2 节中掺混热阻的计算方法进行计算，即该掺混热阻 $R_{\mathrm{mix,w}}$ 为按照掺混过程传递热量 $\sum Q_{\mathrm{mix},i}$ 与各末端 FCU 处理的总热量 $\sum Q_i$ 之间平方比值换算得到的热阻值。冷水回水与供水之间旁通过程的掺混热阻 $R_{\mathrm{mix,ws}}$，可利用与式（5-8）相同的方法计算。

$$R_{\mathrm{mix,w}} = \frac{\Delta E_{\mathrm{n,mix,w}}}{(\sum Q_i)^2} = \frac{(\sum Q_{\mathrm{mix,w},i})^2}{(\sum Q_i)^2} \cdot R'_{\mathrm{mix,w}} \tag{5-8}$$

式（5-6）中，冷水机组蒸发器换热过程的热阻 R_{evap}（换热器的热阻详见 5.2 节）可用式（5-9）计算。

$$R_{\mathrm{evap}} = \frac{1}{2} \frac{1}{c\dot{m}_{\mathrm{w}}} \cdot \frac{e^{UA/(c\dot{m}_{\mathrm{w}})} + 1}{e^{UA/(c\dot{m}_{\mathrm{w}})} - 1} \tag{5-9}$$

因此，对于上述包含多个末端的复杂热量传递过程，热阻传递网络可用图 5-4（b）表示，表征了从室内各末端温度 $T_{\mathrm{in},i}$ 到冷水机组蒸发温度 T_{evap} 之间整个热量传递过程，系统总热阻 $R_{\text{总}}$ 为：

$$R_{\text{总}} = \sum \frac{Q_i^2}{(\sum Q_i)^2} \cdot R_{\mathrm{in},i} + R_{\mathrm{w}} \tag{5-10}$$

将式（5-3）和式（5-6）带入上式，得到整个热量传递过程的总热阻为：

$$R_{\text{总}} = \sum \frac{Q_i^2}{(\sum Q_i)^2} \cdot (R_{\mathrm{mix,a},i} + R_{\mathrm{FCU},i} + E_{\mathrm{w},i})$$
$$+ (R_{\mathrm{mix,w}} + E' + R_{\mathrm{mix,ws}} + E_{\mathrm{ws}} + R_{\mathrm{evap}}) \tag{5-11}$$

对于从各个房间的室内温度 T_{in} 到冷水机组蒸发温度 T_{evap} 之间的热量传递过程，以上给出了传递热阻网络总热阻及各环节热阻的表达式，可以看出热阻主要包括掺混热阻和换热热阻两种类型：掺混热阻来自于不同温度的空气（或冷水）之间的混合过程，如上述 $R_{\mathrm{mix,a}}$、$R_{\mathrm{mix,w}}$、$R_{\mathrm{mix,ws}}$；换热器换热热阻则存在于两股流体间的换热过程，如上述 R_{FCU}、R_{evap}。通过对各环节热阻的分析，可以为降低系统总热阻指明方向：

（1）在流程层面，减少热量传递中的不必要环节，从而减少热阻；

（2）在流程层面，减少掺混过程，可以减少相应的掺混热阻，例如减少不同温度冷水出水之间的掺混过程有助于降低掺混热阻 $R_{\mathrm{mix,w}}$，减少旁通管内冷水供水与回水间的掺混有助于降低旁通导致的掺混热阻 $R_{\mathrm{mix,ws}}$；

（3）在换热器层面，提高各支路及系统总回路中的换热性能，通过改善 FCU 中空气 - 水换热过程、蒸发器侧冷水 - 制冷剂换热过程的换热性能等措施来降低相应的换热热阻。

5.2　单个换热器传热特性分析

从上一节复杂热量传递网络的分析可以看出，供暖空调系统中热量传递过程的㶲耗散或热阻来源主要包括掺混过程和换热器换热过程。本书第 4 章详细分析了由于掺混导致的㶲耗散与热阻，本节将重点分析由于换热器换热过程导致的损失。

5.2.1　换热过程的㶲耗散与热阻

按换热过程中流体的温度变化特性，建筑热湿环境营造过程中的换热器可归纳为两大类：一类是换热过程中两侧流体的温度均发生变化，如空气 - 水换热器、空气 - 空气换热器、水 - 水换热器等；另一类是在换热过程中仅一侧流体的温度变化，另一侧流体可视为恒定温度，如制冷（热泵）循环蒸发器、冷凝器中的制冷剂等。以下分别分析这两类换热器的传热过程特性。

图 5 - 5 以逆流换热器为例，给出了该换热过程的示意图以及两股流体温度变化在 $T - Q$ 图上的表示，图中下标 h、c 分别表示高温流体、低温流体；in、out 分别表示流体进口、出口。若换热过程中两股流体的比热容为常数，则其在 $T - Q$ 图上的变化斜率均为定值。图 5 - 5（b）所示换热过程中两股流体的温度均发生变化，而图 5 - 5（c）所示换热过程中仅有一股流体的温度发生改变，另一股流体可视为恒温特性。

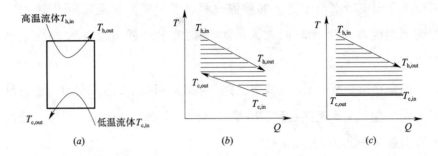

图 5-5   显热换热过程及其在 $T-Q$ 图上的表示

（a）两侧换热流体；（b）两侧均为变温流体；（c）一侧为恒温流体

图 5-5（b）和（c）所示 $T-Q$ 图中阴影部分面积即为传热过程的㶲耗散 $\Delta E_{n,dis}$，可利用式（5-12）计算，式中 Q 为传递过程的总热流量，W；T 为热力学温度，K。

$$\Delta E_{n,dis} = \int (T_h - T_c)_x \mathrm{d}q = \frac{1}{2}(T_{h,in} + T_{h,out} - T_{c,in} - T_{c,out})Q$$

（5-12）

根据传递过程的㶲耗散分析，可以得到该换热过程的热阻 R_h 为：

$$R_h = \frac{\Delta E_{n,dis}}{Q^2} = \frac{(T_{h,in} + T_{h,out} - T_{c,in} - T_{c,out})}{2Q}$$

（5-13）

因此，图 5-5（b）和（c）所示逆流换热器的热阻分别为：

$$R_h\big|_{\text{两股均为变温流体}} = \frac{1}{2} \cdot \frac{P}{UA} \cdot \frac{e^P + 1}{e^P - 1}, \quad \text{其中 } P = UA \cdot \left(\frac{1}{c_{p,h}\dot{m}_h} - \frac{1}{c_{p,c}\dot{m}_c}\right)$$

（5-14）

$$R_h\big|_{\text{一股为恒温流体}} = \frac{1}{2} \cdot \frac{P'}{UA} \cdot \frac{e^{P'} + 1}{e^{P'} - 1}, \quad \text{其中 } P' = \frac{UA}{c_p\dot{m}}$$ （5-15）

式中 U——换热器的换热系数；

A——换热器的换热面积。

对于顺流或其他流型的换热器，也可根据计算得到的两股流体出口温度，通过式（5-13）得到换热器的热阻。换热器的热阻受到流型（顺流、逆流、叉流）、换热能力 UA、换热流体的比热容量影响，即：

$$R_{\mathrm{h}} = f(\text{流型}, \text{换热能力 } UA, \text{流体热容流量}) \qquad (5-16)$$

图 5-6 给出了典型逆流换热过程中两股流体沿程温度的分布情况，可以看出当两股流体比热容量相同（$c_{\mathrm{p,h}}\dot{m}_{\mathrm{h}} = c_{\mathrm{p,c}}\dot{m}_{\mathrm{c}}$）时，沿程驱动力（温差 $\Delta T_x = T_{\mathrm{h}} - T_{\mathrm{c}}$）处处相等，表明此时驱动力在整个换热过程中分布均匀；当两股流体比热容量不同时，沿程各处驱动力并不相同，表明此时驱动力在整个换热过程中分布并不均匀。

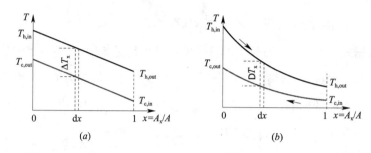

图 5-6　典型逆流换热过程的沿程温度分布

（a）两股流体比热容量相同；（b）两股流体比热容量不同（$c_{\mathrm{p,h}}\dot{m}_{\mathrm{h}} < c_{\mathrm{p,c}}\dot{m}_{\mathrm{c}}$）

热阻表达式（5-13）可以进一步改写为换热过程中流体沿程温度的关系式，如式（5-17）所示，其中 ΔT_{m} 为对数平均温差。

$$R_{\mathrm{h}} = \frac{\Delta E_{\mathrm{n,dis}}}{Q^2} = \frac{\int (T_{\mathrm{h}} - T_{\mathrm{c}})_x \mathrm{d}q}{\left[\int \mathrm{d}q\right]^2} = \frac{UA \cdot \int (T_{\mathrm{h}} - T_{\mathrm{c}})_x^2 \mathrm{d}x}{(UA)^2 \cdot \Delta T_{\mathrm{m}}^2}$$

$$= \frac{1}{UA} \cdot \frac{1}{\Delta T_{\mathrm{m}}} \cdot \frac{\int (T_{\mathrm{h}} - T_{\mathrm{c}})_x^2 \mathrm{d}x}{\int (T_{\mathrm{h}} - T_{\mathrm{c}})_x \mathrm{d}x} \qquad (5-17)$$

记 $\Delta \overline{T}$ 为根据㶲耗散定义的等效温差：

$$\Delta \overline{T} = \frac{\Delta E_{\mathrm{n,dis}}}{Q} = \frac{\int (T_{\mathrm{h}} - T_{\mathrm{c}})_x^2 \mathrm{d}x}{\int (T_{\mathrm{h}} - T_{\mathrm{c}})_x \mathrm{d}x} \qquad (5-18)$$

则式（5-17）可以表示为：

$$R_{\mathrm{h}} = \frac{1}{UA} \cdot \frac{\Delta \overline{T}}{\Delta T_{\mathrm{m}}} \qquad (5-19)$$

对于图 5 - 6（a）给出的换热两侧流体比热容量相等（$c_{p,h}\dot{m}_h = c_{p,c}\dot{m}_c$）的情况，沿程温差 ΔT_x 处处相同，因而对数平均温差与根据㶲耗散定义的等效温差相等，$\Delta\overline{T} = \Delta T_m$，该逆流换热器的热阻 $R_h = 1/(UA)$。而当换热两侧流体比热容量不相等（$c_{p,h}\dot{m}_h \neq c_{p,c}\dot{m}_c$）时，$\Delta\overline{T} > \Delta T_m$，换热器的热阻 $R_h > 1/(UA)$。

5.2.2　换热过程性能影响因素与不匹配热阻

根据式（5 - 16）的分析可以得到：对于目标传热量 Q 一定的逆流换热器，其换热过程的㶲耗散（或热阻）主要受到传热能力 UA 和两股流体比热容量 $c_p\dot{m}$ 的影响。对于任一逆流换热过程的㶲耗散（图 5 - 5 中阴影面积）或热阻均可以进行如下拆分，如图 5 - 7 所示。

$$\Delta E_{n,dis} = \Delta E_{n,dis}^{(flow)} + \Delta E_{n,dis}^{(other)}，\text{ 或 } R_h = R_h^{(flow)} + R_h^{(other)} \quad (5-20)$$

$\Delta E_{n,dis}^{(flow)}$ 为换热流体比热容量的函数关系，与换热能力 UA 无关；代表由于换热两侧流体流量不匹配导致的㶲耗散。对于流量确定的两股换热流体、实现同样的目标传热量时，当两股流体的比热容量相同时，$\Delta E_{n,dis}^{(flow)} = 0$、$R_h^{(flow)} = 0$；若两股流体比热容量不相同，则即使换热能力 UA 无穷大，$\Delta E_{n,dis}^{(flow)} > 0$、$R_h^{(flow)} > 0$。$\Delta E_{n,dis}^{(other)}$ 为除去流量不匹配导致 $\Delta E_{n,dis}^{(flow)}$ 外剩余的㶲耗散，$\Delta E_{n,dis}^{(other)}$ 为换热流体比热容量、换热能力的函数关系。当换热能力 UA 无穷大时，$\Delta E_{n,dis}^{(other)} = 0$、$R_h^{(other)} = 0$；在有限换热能力的情况下，$\Delta E_{n,dis}^{(other)} > 0$、$R_h^{(other)} > 0$。这种拆分方式可以将换热流体流量不匹配的矛盾突出出来，具体反映在 $\Delta E_{n,dis}^{(flow)}$ 的数值上；而剩余部分㶲耗散可通过改变换热能力来调整其大小。

1. 换热器两侧均为变温流体

如图 5 - 7 所示，$\Delta E_{n,dis}^{(flow)}$ 和 $\Delta E_{n,dis}^{(other)}$ 分别为图中三角形区域的面积和平行四边形的面积。图中 ΔT_1、ΔT_2 分别为逆流换热过程中两侧流体的端差：

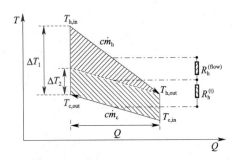

图 5 - 7　换热器㶲耗散的拆分

$$\Delta T_1 = T_{h,in} - T_{c,out}, \quad \Delta T_2 = T_{h,out} - T_{c,in} \qquad (5-21)$$

该逆流换热器的总㶲耗散 $\Delta E_{n,dis}$ 等于换热量 Q 与算术平均温差之间的乘积，如式（5-22）所示：

$$\Delta E_{n,dis} = \frac{1}{2}Q \cdot (\Delta T_1 + \Delta T_2) \qquad (5-22)$$

由于流量不匹配导致的㶲耗散 $\Delta E_{n,dis}^{(flow)}$ 和由于其他因素导致的㶲耗散 $\Delta E_{n,dis}^{(other)}$ 可分别用式（5-23）和式（5-24）来计算。

$$\Delta E_{n,dis}^{(flow)} = \frac{1}{2}Q \cdot (\Delta T_1 - \Delta T_2) \qquad (5-23)$$

$$\Delta E_{n,dis}^{(other)} = Q \cdot \Delta T_2 \qquad (5-24)$$

对于该逆流换热过程的热阻（式（5-14））可拆分为由于流量不匹配导致的热阻 $R_h^{(flow)}$ 和其他因素导致的热阻 $R_h^{(other)}$，分别用式（5-25）和式（5-26）计算。当换热过程中两股流体的比热容量相等时，$R_h^{(flow)} = 0$。热阻 $R_h^{(other)}$ 则与换热过程两股流体的最小端差 ΔT_2 密切相关。

$$R_h^{(flow)}\Big|_{\text{两股均为变温流体}} = \frac{\Delta E_{n,dis}^{(flow)}}{Q^2} = \frac{|\Delta T_1 - \Delta T_2|}{2Q} = \frac{1}{2}\Big[\frac{1}{(c_p\dot{m})_{min}} - \frac{1}{(c_p\dot{m})_{max}}\Big]$$
$$(5-25)$$

$$R_h^{(other)}\Big|_{\text{两股均为变温流体}} = \frac{\Delta E_{n,dis}^{(other)}}{Q^2} = \frac{\Delta T_2}{Q} = \frac{\beta}{UA}, \quad \text{其中} \beta = \frac{|P|}{e^{|P|} - 1}$$
$$(5-26)$$

根据式（5-14），式（5-26）中的 $|P|$ 也可改写为：

$$|P| = UA\Big[\frac{1}{(c_p\dot{m})_{min}} - \frac{1}{(c_p\dot{m})_{max}}\Big] = NTU(1 - C_r) \qquad (5-27)$$

其中，$NTU = UA/(c_p\dot{m})_{min}$，$C_r = (c_p\dot{m})_{min}/(c_p\dot{m})_{max}$。因此，式（5-26）中 β（无量纲参数）为：

$$\beta = \frac{|P|}{e^{|P|} - 1} = \frac{NTU(1 - C_r)}{e^{NTU(1-C_r)} - 1} \qquad (5-28)$$

由式（5-25）和式（5-26）可以得到，换热器的端差为：

$$\left| \Delta T_1 - \Delta T_2 \right| = Q \left[\frac{1}{(c_p \dot{m})_{\min}} - \frac{1}{(c_p \dot{m})_{\max}} \right] \tag{5-29}$$

$$\Delta T_2 = \frac{Q}{UA} \cdot \beta \tag{5-30}$$

可以看出：当要求换热器的换热量 Q 一定时，$\left| \Delta T_1 - \Delta T_2 \right|$ 仅由换热器两侧流体的比热容量差决定、与换热能力 UA 无关，当 $(c_p \dot{m})_{\min} = (c_p \dot{m})_{\max}$ 时，$\left| \Delta T_1 - \Delta T_2 \right| = 0$，反之 $\left| \Delta T_1 - \Delta T_2 \right| > 0$；最小端差 ΔT_2 则同时受到换热能力 UA 和比热容量的影响，等于 Q/UA 与无量纲参数 β 的乘积。图 5-8 给出了无量纲参数 β 的变化规律，β 的数值在 $0 \sim 1$ 范围内。当 $\beta \rightarrow 1$ 时，$\Delta T_2 \rightarrow \frac{Q}{UA}$；而当 $\beta \rightarrow 0$ 时，端差 $\Delta T_2 \rightarrow 0$。无量纲参数 β 可理解为由于比热容量等因素对换热能力造成温差 Q/UA 的修正系数；此修正系数 β 越小，越有利于减少端差 ΔT_2。

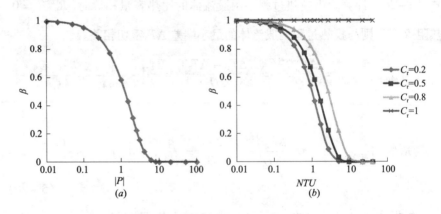

图 5-8   无量纲参数 β 的变化规律（两侧均为变温流体）

(a) 随 $|P|$ 的变化规律；(b) 随 NTU 和 C_r 的变化规律

对于单个逆流换热器，换热过程中的换热效率（或称效能）、换热热阻 R_h 以及热阻的组成随换热过程中两侧流体的流量比、传热单元数 NTU（$UA/c_h \dot{m}_h$）的变化规律如图 5-9 所示，其中高温流体的比热容量 $c_h \dot{m}_h$ 为 1kW/℃，换热效率定义为实际换热量与理论最大换热量的比值。由图 5-9 (b) 和 (c) 可以看出，当换热过程中两股流体的比热容量不同时，始终存在由于流量不匹配导致的热阻 $R_\mathrm{h}^{(\mathrm{flow})}$；随着投入的换热能力 UA 增大，$1/UA$ 逐渐减小，由于换热能力有限等因素导致的热阻 $R_\mathrm{h}^{(\mathrm{other})}$ 及总热阻均逐渐减小，表明此时换热能力造成的热阻逐渐减小，而流体流量不匹配对换热过程的影响逐渐凸显，由于流量不匹配造成的热阻在总热阻中所占比例逐渐增大。例如，当 $NTU=2$、两股流体的比热容量比 $c_\mathrm{c}\dot{m}_\mathrm{c}/c_\mathrm{h}\dot{m}_\mathrm{h}$ 分别为 2 和 ∞ 时，换热过程的总热阻 R_h 分别为 $0.54\,℃/\mathrm{kW}$、$0.66\,℃/\mathrm{kW}$，换热过程流量不匹配热阻 $R_\mathrm{h}^{(\mathrm{flow})}$ 分别为 $0.25\,℃/\mathrm{kW}$、$0.5\,℃/\mathrm{kW}$，$R_\mathrm{h}^{(\mathrm{flow})}$ 占总热阻的比例分别为 46%、76%；而当 NTU 为 5 时，总热阻 R_h 分别降低为 $0.29\,℃/\mathrm{kW}$、$0.51\,℃/\mathrm{kW}$，$R_\mathrm{h}^{(\mathrm{flow})}$ 仍分别为 $0.25\,℃/\mathrm{kW}$、$0.5\,℃/\mathrm{kW}$，$R_\mathrm{h}^{(\mathrm{flow})}$ 在总热阻中所占比例分别增加至 85%、99%，进一步凸显出流量不匹配的重要影响。因此随着 NTU 的增加，流量不匹配对换热过程的影响逐渐增强。

对于空调系统中常见的换热流体之间的换热过程，其匹配的流量比分别为：

（1）空气–空气换热器，两侧流体的流量比 $\dot{m}_{\mathrm{a,高温}}/\dot{m}_{\mathrm{a,低温}}=1$；

（2）水–水换热器，两侧流体的流量比 $\dot{m}_{\mathrm{w,高温}}/\dot{m}_{\mathrm{w,低温}}=1$；

（3）空气–水换热器，两侧流体的流量比 $\dot{m}_\mathrm{a}/\dot{m}_\mathrm{w}=c_{\mathrm{p,w}}/c_{\mathrm{p,a}}=4.2$。

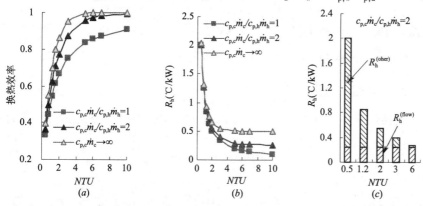

图 5-9　逆流换热器换热性能（两侧均为变温流体）

（a）换热效率；（b）热阻 R_h；（c）热阻拆分

图 5-10 进一步给出了两流体换热过程的㶲耗散（$T-Q$ 图围合的面积）情况，其中高温流体 $c_h\dot{m}_h = 1\text{kW}/\text{℃}$，换热器的换热能力 $UA = 2$ kW/℃，高温流体与低温流体进入换热器的温度分别为 40℃ 和 20℃，低温流体与高温流体的比热容量比 $c_c\dot{m}_c/c_h\dot{m}_h$ 分别等于 1、2、4。随着冷热流体比热容量比的增大，换热过程的换热量、㶲耗散 $\Delta E_{n,dis}$ 均逐渐增大。当 $c_c\dot{m}_c/c_h\dot{m}_h$ 为 1 时，换热过程流量匹配，由于流量不匹配导致的热阻 $R_h^{(flow)}$ 为 0，由于换热能力有限等导致的热阻 $R_h^{(other)}$ 为 0.5℃/kW，此时换热过程中冷热流体换热温差处处相等；当 $c_c\dot{m}_c/c_h\dot{m}_h$ 分别为 2、4 时，$R_h^{(flow)}$ 分别为 0.25℃/kW、0.38℃/kW，$R_h^{(other)}$ 分别为 0.29℃/kW、0.22℃/kW，相应的由于换热过程流量不匹配造成的换热热阻在总热阻中所占比例分别为 46%、64%，这也表明当两侧流体流量越不匹配时，由于流量不匹配导致的热阻 $R_h^{(flow)}$ 越显著。

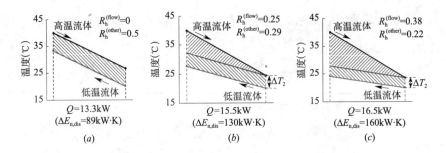

图 5-10　不同比热容量比时逆流换热器换热过程的㶲耗散分析

（a）$c_c\dot{m}_c/c_h\dot{m}_h = 1$；（$b$）$c_c\dot{m}_c/c_h\dot{m}_h = 2$；（$c$）$c_c\dot{m}_c/c_h\dot{m}_h = 4$

2. 换热器一侧为恒温流体

当换热流体一侧为恒温性质时，式（5-15）所示的热阻拆分结果为：

$$R_h^{(flow)}\Big|_{\text{一股为恒温流体}} = \frac{\Delta E_{n,dis}^{(flow)}}{Q^2} = \frac{|\Delta T_1 - \Delta T_2|}{2Q} = \frac{1}{2c_p\dot{m}} \quad (5-31)$$

$$R_h^{(other)}\Big|_{\text{一股为恒温流体}} = \frac{\Delta E_{n,dis}^{(other)}}{Q^2} = \frac{\Delta T_2}{Q} = \frac{\beta'}{UA}，\text{其中 } \beta' = \frac{P'}{e^{P'} - 1}$$

$$(5-32)$$

通过式（5-31）可以看出：对于一侧为恒温流体的换热器［见图 5-5（c）］，无论另一侧流体的流量如何变化，$R_h^{(flow)}$ 总是大于 0（$\Delta E_{n,dis}^{(flow)} > 0$），总是存在由于换热两侧流体流量不匹配存在的损失。图 5-11 给出了式（5-32）中无量纲参数 β' 的变化规律，其数值在 0~1 范围内。

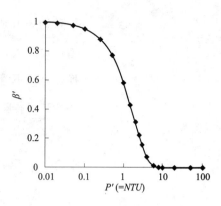

图 5-11　无量纲参数 β' 的变化规律（一侧为恒温流体）

图 5-12 给出了一侧为恒温流体的换热器换热过程中，传热效率、传热过程的热阻以及不同传热单元数 NTU 时的热阻拆分结果，其中变温流体的比热容量为 1kW/℃。当传热单元数从 0.5 增加到 3 时，流量不匹配导致的热阻 $R_h^{(flow)}$ 始终为 0.5℃/kW，$R_h^{(other)}$ 则从 1.54℃/kW 降低至 0.05℃/kW，相应的 $R_h^{(flow)}$ 在总热阻中所占比例从 24% 增加至 91%，因而流体流量不匹配在传热单元数越大时，对传热过程的影响越突出。

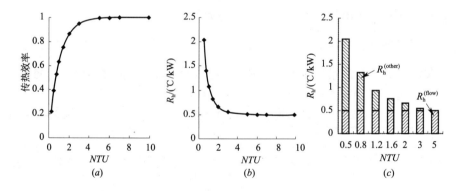

图 5-12　换热器换热性能（一侧流体为恒温）

（a）传热效率；（b）热阻 R_h；（c）热阻拆分结果

综上所述，热量传递过程的㶲耗散或热阻由两部分组成：一部分是由于两侧流体流量不匹配造成，一部分是由于传热能力 UA 有限等因素造成，根据热阻的分析可以将其拆分为 $R_h^{(flow)}$ 和 $R_h^{(other)}$ 两部分。对于换热两侧均为变温流体的逆流换热过程，流量匹配的条件是换热两侧流体的热容量相等；当两侧换热流体的流量不匹配时，换热过程始终存在由于流量不匹配

导致的热阻 $R_{\mathrm{h}}^{(\mathrm{flow})}$，且 $R_{\mathrm{h}}^{(\mathrm{flow})}$ 在总热阻中所占比例随着投入传热能力 UA 的增加而加大。对于蒸发器、冷凝器这类换热过程中一侧流体可视为恒温的换热器，不管另一侧变温流体的流量如何调整，始终存在流量不匹配造成的传热过程损失。

5.3   热量传递网络的热阻特性

5.3.1   存在多个换热环节时的热阻分析

对于包括室内末端及热量传输环节在内的过程，利用㶲耗散定义的热阻 R_{h} 是分析传递过程损失、优化传递过程性能的重要指标。第4.3.1节分别给出了一些典型掺混过程、换热过程的㶲耗散表示，根据这些基本换热过程的㶲耗散，可得到上述过程的热阻。表5-1给出了典型掺混过程和换热器换热过程中热阻 R_{h} 的表达式。从掺混过程的热阻表达式可以看出，其热阻可表示为与掺混过程流体比热容量相关的形式；对于换热器而言，其热阻可表示为流量不匹配热阻 $R_{\mathrm{h}}^{(\mathrm{flow})}$ 与其他因素导致的热阻 $R_{\mathrm{h}}^{(\mathrm{other})}$ 之和。

典型掺混过程、换热过程的热阻 $\mathbf{R_h}$ 　　　　　　表5-1

典型过程	掺混过程		换热过程	
特点	一侧恒温	两侧变温	一侧恒温	两侧变温
T-Q 图				
指标	比热容量 $c\dot{m}$	比热容量 $c\dot{m}_1$，$c\dot{m}_2$	比热容量 $c\dot{m}$，UA	比热容量 $c\dot{m}_{\min}$，$c\dot{m}_{\max}$，UA
热阻 R_{h}	$\dfrac{1}{2c\dot{m}}$	$\dfrac{1}{2c\dot{m}_1}+\dfrac{1}{2c\dot{m}_2}$	$\dfrac{1}{2c\dot{m}}+\dfrac{\beta'}{UA}$ $(0\leqslant\beta'\leqslant1)$	$\dfrac{1}{2}\left(\dfrac{1}{c\dot{m}_{\min}}-\dfrac{1}{c\dot{m}_{\max}}\right)+\dfrac{\beta}{UA}$ $(0\leqslant\beta\leqslant1)$

在热量传递过程中，利用㶲分析定义的热阻 R_h 可用来指导换热过程的优化：传递相同热量 Q 时，所需驱动温差越小，即要求该换热过程的热阻越小。对于实际热湿环境营造过程，往往不仅仅存在一个换热过程，而是包含多个换热环节、掺混环节等构成的复杂换热网络。基于单个换热过程热阻的分析，可以得到由多个换热过程组成的热量传递体系的热阻，以图 5 - 13 所示从蒸发器到冷水再到室内风机盘管 FCU 的典型换热过程为例，该过程由两个换热过程（蒸发器中制冷剂与冷水的换热过程以及 FCU 中冷水与空气的换热过程）和一个室内掺混过程（FCU 送风与室内空气的掺混）组成，整个过程的热阻 R_h 即为掺混过程的热阻 $R_{h,a}$、风机盘管换热过程热阻 $R_{h,FCU}$ 和蒸发器换热过程热阻 $R_{h,E}$ 之和，如式（5 - 33）所示。

$$R_h = R_{h,a} + R_{h,FCU} + R_{h,E} = \frac{1}{2cm_a} + (R_{h,FCU}^{(flow)} + R_{h,FCU}^{(other)}) + (R_{h,E}^{(flow)} + R_{h,E}^{(other)})$$

$$= \frac{1}{cm_a} + \frac{\beta}{UA_{FCU}} + \frac{\beta'}{UA_E} \qquad (5-33)$$

其中 cm_a 为 FCU 送风的热容流量，$R_{h,FCU}^{(flow)}$、$R_{h,E}^{(flow)}$ 分别为 FCU 和蒸发器换热过程中由于流量不匹配导致的热阻，$R_{h,FCU}^{(other)}$、$R_{h,E}^{(other)}$ 分别为 FCU 和蒸发器中由于换热能力有限等其他因素导致的热阻，热阻的拆分可用第 5.2.2 节的计算方法得到。

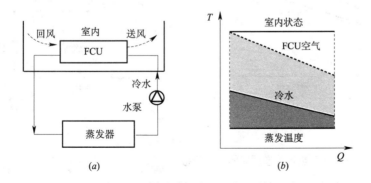

图 5 - 13　典型换热过程的组成及 T - Q 图表示

（a）换热环节；（b）换热过程 T - Q 图

5.3.2 利用热阻分析对热量传递网络的优化

本节在第 5.1 节的基础上进一步分析复杂热量传递网络，采用第 5.2 节换热器热阻拆分方法，可以将热量传递网络中的热阻拆分为由于流量不匹配导致的热阻和由于换热能力 UA 有限等其他因素造成的热阻，其中掺混热阻、换热器换热过程中的流量不匹配热阻均是由于流量导致的，而其余热阻则是由于换热能力 UA 有限等因素造成，两种类型的热阻相加即为热量传递网络的总热阻。

当传递热量 Q 一定时，图 5 – 14（a）在 T – Q 图中给出了包含 n 个换热过程（流体 1 可视为热源，流体 $n+1$ 为热汇，共 $n+1$ 股流体）的热量传递网络。对于从热源到热汇的热量传递网络，其总热阻 R_h 为各换热过程的热阻之和，总热阻也可拆分为流量不匹配热阻 $R_h^{(\text{flow})}$ 和其他因素导致的热阻 $R_h^{(\text{other})}$ 两部分，如式（5 – 34）所示。

$$R_h = \sum_{i=1}^{n} R_{h,i} = \sum_{i=1}^{n} \left(R_{h,i}^{(\text{flow})} + R_{h,i}^{(\text{other})} \right) = R_h^{(\text{flow})} + R_h^{(\text{other})} \quad (5-34)$$

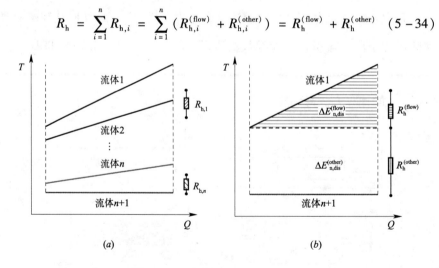

图 5 – 14   复杂热量传递网络的热阻分析

（a）n 个换热过程的表示；（b）换热网络的热阻拆分结果

1. 中间流体比热容量介于流体 1 和流体 $n+1$ 比热容量之间

当热源、热汇侧两股流体即流体 1、流体 $n+1$ 的热容流量一定（以

$c\dot{m}_1 < c\dot{m}_{n+1}$ 为例）时，若各中间流体的流量介于 $c\dot{m}_1$ 和 $c\dot{m}_{n+1}$ 之间，$c\dot{m}_i \in [c\dot{m}_{i-1}, c\dot{m}_{i+1}]$（其中 $i = 2, \cdots, n$），整个换热网络中由于流量不匹配导致的热阻可用式（5-35）表示。从该热阻表达式可以看出，此时流量不匹配导致的热阻仅由源、汇侧两股流体的热容流量 $c\dot{m}_1$、$c\dot{m}_{n+1}$ 决定。在该热量传递网络中，源、汇之间的热容流量差异越大，由于流量不匹配导致的热阻 $R_{\text{h}}^{(\text{flow})}$ 越大。

$$R_{\text{h}}^{(\text{flow})} = R_{\text{h},1}^{(\text{flow})} + R_{\text{h},2}^{(\text{flow})} + \cdots + R_{\text{h},n}^{(\text{flow})}$$

$$= \frac{1}{2}\left(\frac{1}{c\dot{m}_1} - \frac{1}{c\dot{m}_2}\right) + \frac{1}{2}\left(\frac{1}{c\dot{m}_2} - \frac{1}{c\dot{m}_3}\right) + \cdots + \frac{1}{2}\left(\frac{1}{c\dot{m}_n} - \frac{1}{c\dot{m}_{n+1}}\right)$$

$$= \frac{1}{2}\left(\frac{1}{c\dot{m}_1} - \frac{1}{c\dot{m}_{n+1}}\right) \tag{5-35}$$

图 5-14（b）给出了此时整个换热网络的㶲耗散及等效热阻组成情况，包含流量不匹配导致的㶲耗散 $\Delta E_{\text{n,dis}}^{(\text{flow})}$ 和其他因素导致的㶲耗散 $\Delta E_{\text{n,dis}}^{(\text{other})}$，其中㶲耗散 $\Delta E_{\text{n,dis}}^{(\text{flow})}$ 或热阻 $R_{\text{h}}^{(\text{flow})}$ 是由流体 1 与流体 $n+1$ 的热容流量 $c\dot{m}_1$、$c\dot{m}_{n+1}$ 存在差异造成的，并且该流量不匹配热阻不随中间流体流量的变化发生改变。

利用这种热阻拆分方法，考虑实际换热网络中流体输送能耗及换热过程换热能力 UA 造价等因素的影响，可以为流体流量选取、换热能力设计等热量传递网络的结构优化提供指导：

（1）若参与换热过程的各股流体输送能耗接近、各换热过程的 UA 等价，则流体流量的选取可依照 $c\dot{m}_1 \leqslant c\dot{m}_2 \cdots \leqslant c\dot{m}_n \leqslant c\dot{m}_{n+1}$ 的一致顺序来选取，并可进一步根据流体流量来对换热能力 UA 在各换热过程间的分配进行选取。

（2）当中间第 i 股（$i = 2, \cdots, n$）流体的流动阻力较大或输送能耗显著时，可以适当选取较小的流量 $c\dot{m}_i$，只要满足 $c\dot{m}_1 \leqslant c\dot{m}_2 \cdots \leqslant c\dot{m}_n \leqslant c\dot{m}_{n+1}$ 关系式，则整个换热网络的流量不匹配热阻 $R_{\text{h}}^{(\text{flow})}$ 并不会发生变化。

（3）若某个中间换热环节的 UA 造价高昂，为了节省该过程中的 UA

投入，可以调整该换热过程的流体流量，增大两股流体的流量差异（减小 β 值）。对于该换热过程而言，此时由于流量不匹配导致的热阻较大，这也就削弱了 UA 不足对换热过程的影响；而从整个换热网络来看，这种方式并未影响整体的流量不匹配热阻。

2. 中间流体比热容量超出流体 1 和流体 $n+1$ 的比热容量范围

当某股中间流体的流量超出源、汇侧两股流体流量界定的范围，例如某中间流体流量 $c\dot{m}_i \notin [c\dot{m}_{i-1}, c\dot{m}_{i+1}]$（其中 $i = 2, \cdots, n$）时，图 5-15 给出了该热量传递网络在 $T-Q$ 图中的表示，图示中间某一流体比热容量 $c\dot{m}_i < c\dot{m}_1 < c\dot{m}_{n+1}$。此时流体 1→流体 i 与流体 i→流体 $n+1$ 两部分换热过程均存在由于流量不匹配导致的热阻，整个热量传递网络的流量不匹配热阻可表示为两个过程的不匹配热阻之和，如式（5-36）所示。

$$R_{\mathrm{h}}^{(\mathrm{flow})} = R_{\mathrm{h,a}}^{(\mathrm{flow})} + R_{\mathrm{h,b}}^{(\mathrm{flow})}$$

$$= \frac{1}{2}\left(\frac{1}{cm_i} - \frac{1}{cm_1}\right) + \frac{1}{2}\left(\frac{1}{cm_i} - \frac{1}{cm_{n+1}}\right)$$

$$= \frac{1}{cm_i} - \frac{1}{2}\left(\frac{1}{cm_1} + \frac{1}{cm_{n+1}}\right) \tag{5-36}$$

与中间流体流量均介于源、汇侧两股流体流量之间的热量传递网络（见图 5-14）相比，在这种中间流体流量 $c\dot{m}_i$ 超出源、汇侧两股流体流量所界定范围的热量传递网络中，由于流量不匹配导致的热阻显著增大。对于实际过程中某股中间流体的流量受到限制（如大规模集中供热网络中的一次网循环热水）的热量传递网络，可以将换热网络一分为二，分别针对热源侧流体与某中间流体、某中间流体与热汇侧流体之间的换热过程进行分析，选取合适的其余流体流量、设计构建合理的热量传递过程。

因此，利用热阻的拆分方法，可以明确热量传递网络的热阻成因，指导选取合适的流体参

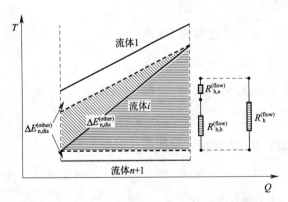

图 5-15　中间流体流量对流量不匹配热阻的影响

数。在选取换热网络中的中间流体流量时，应当尽量选取中间比热容量在源汇两侧流体比热容量之间、改善整体的流量匹配特性，尽量减少整个换热网络的流量不匹配热阻。当某种实际因素（输送能耗较大或换热能力 UA 造价过高）影响使得中间流体流量受到制约时，可将热量传递网络分为两部分，并分别针对源→中间流体、中间流体→汇的过程进行分析。

5.3.3　分级方式在热量传递过程中的作用

从上述热量传递网络的热阻分析来看，流量不匹配热阻对换热过程的性能具有重要影响。当换热网络中存在显著的不匹配环节时，如何改善其匹配特性、减小不匹配热阻是改善系统整体性能需要考虑的重要问题。此处对利用分级方式改善热量传递过程匹配特性的措施进行分析，以便为实际换热过程的优化提供参照。

图 5-16 (a) 给出了单级热量传递过程中的热阻组成，其中流体 A 热容流量较小，而流体 B 为恒温特性、可视为流量无穷大，两者的热容流量差异显著。在该单级换热过程中，由于流量不匹配导致的㶲耗散为 $\Delta E_{n,dis,0}^{(flow)}$（对应的等效温差为 $\frac{1}{2}\Delta T_0^{(flow)}$），剩余部分为 UA 有限等因素造成

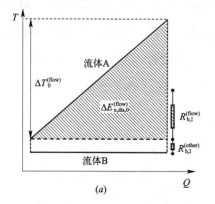
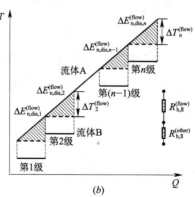

图 5-16　分级处理对流量不匹配热阻的影响

(a) 单级处理过程；(b) 分为 n 级后的处理过程

的㶲耗散 $\Delta E_{\mathrm{n,dis,0}}^{\mathrm{(other)}}$ 。无论如何增加换热能力 UA 的投入，该换热过程始终存在流量不匹配导致的㶲耗散与热阻（UA 无穷大时，$\Delta E_{\mathrm{n,dis,0}}^{\mathrm{(other)}}$ 可降为 0），流体 A 与 B 之间始终存在显著的"换热三角形"。

在传递总热量 Q 一定的基础上，为了降低这种单级热量传递过程存在的显著流量不匹配热阻，可以通过分级处理的方式来改善其换热性能。将流体 A 与流体 B 之间单级热量传递过程变为 n 级（$n \geqslant 2$），利用比热容量较小的流体 A 与 n 级比热容量较大的流体 B 分别换热，该 n 级处理过程在 T - Q 图上的表征如图 5 - 16（b）所示，图中各级处理的热量相等，均为 Q/n，第 i 级处理过程中由于流量不匹配导致的㶲耗散为 $\Delta E_{\mathrm{n,dis},i}^{\mathrm{(flow)}}$，对应的等效温差为 $\frac{1}{2}\Delta T_i^{\mathrm{(flow)}}$。从图中可以看出，与图 5 - 16（$a$）中单级换热过程存在显著的流量不匹配㶲耗散（换热三角形）相比，分级后实现了两股流体间的梯级换热过程、换热过程由于流量不匹配导致的㶲耗散（换热三角形）得到了显著降低。

分为 n 级后处理过程的流量不匹配热阻 $R_{\mathrm{h,II}}^{\mathrm{(flow)}}$ 如式（5 - 37）所示，可以看出分级后的 $R_{\mathrm{h,II}}^{\mathrm{(flow)}}$ 变为单级处理过程中流量不匹配热阻 $R_{\mathrm{h,I}}^{\mathrm{(flow)}}$ 的 $1/n$，即通过分级方式能够大幅降低流量不匹配导致的热阻。除了流量不匹配热阻之外，换热过程中其余部分的热阻可以通过增加换热能力 UA 来降低；当该 n 级处理过程中每一级投入的换热能力均为无穷大时，UA 有限等因素导致的㶲耗散 $\Delta E_{\mathrm{n,dis}}^{\mathrm{(other)}}$ 降为 0，与单级处理过程投入 UA 无穷大时相比，此时 n 级处理过程的㶲耗散（全部由流量不匹配导致）仅为单级的 $1/n$。

$$R_{\mathrm{h,II}}^{\mathrm{(flow)}} = \frac{\Delta E_{\mathrm{n,dis,1}}^{\mathrm{(flow)}} + \Delta E_{\mathrm{n,dis,2}}^{\mathrm{(flow)}} + \cdots + \Delta E_{\mathrm{n,dis},n}^{\mathrm{(flow)}}}{Q^2} = \frac{\sum\limits_{i=1}^{n} \dfrac{Q}{n} \cdot \dfrac{\Delta T_0^{\mathrm{(flow)}}}{2n}}{Q^2} = \frac{1}{n} R_{\mathrm{h,I}}^{\mathrm{(flow)}}$$

$$(5 - 37)$$

因此，分级方式可以将存在显著流量不匹配的单一换热过程改变为多个阶梯型换热过程，大幅降低了由于流量不匹配导致的㶲耗散和热阻，这也与能量利用系统中"温度对口、梯级利用"的用能原则[109]相一致。这种热量传递网络中的分级处理方式也为很多实际热量传递过程提供了优化改进措施，例如吸收式热泵在集中供热热网中的作用即是改善一次网热水与电厂蒸汽（热源）侧、一次网热水与末端用户（热汇）侧之间的流量匹配特性，大幅降低热量传递网络的流量不匹配热阻；不同比热容量特性流体（如变温特性的空气、水与可视为恒温特性的制冷剂）之间的换热过程，也可以利用分级方式降低其流量不匹配热阻 $R_h^{(flow)}$、改善换热性能（参见第 5.4.3 和 5.4.4 节）。

5.4　典型换热过程的特性分析

在建筑热湿环境营造过程中，热量传递过程需要解决的问题通常包括：一定的换热量 Q 需求时，如何减少㶲耗散（或等效热阻）、提高所需冷源温度（或降低所需热源温度）。从显热传递过程的损失特性分析出发，此节选取空调系统中典型的显热换热案例，刻画不同过程的传递特性，寻求优化换热过程和改善性能的合理途径。

5.4.1　冷水机组蒸发器换热过程

图 5-17 （a）给出了冷水机组蒸发器换热过程在 $T-Q$ 图上的表示，图中温差 ΔT_1 为冷水回水与蒸发温度之间的温差，ΔT_2 为冷水出水温度与冷水机组蒸发温度间的温差（通常称为"端差"），因而（$\Delta T_1 - \Delta T_2$）为冷水进出口温差。集中空调系统中冷水供/回水温度通常为 7℃/12℃，即通常（$\Delta T_1 - \Delta T_2$）=5℃；端差 ΔT_2 则与蒸发器投入的换热能力 UA 有关：UA 越大，ΔT_2 越小，换热能力 UA 的增大一般通过提高换热系数 U、加大换热面积 A 来实现。

在很长的一段历史时期内，由于钢材等原材料稀缺、价格高昂，设备厂商在冷水机组中两器（蒸发器、冷凝器）投入的换热能力 UA 相对较少，两器换热效率较低，导致端差 ΔT_2 相对较大。例如当冷水进/出水温度为7℃/12℃，投入的 NTU 分别为0.7、0.8和1.0时，蒸发温度分别为2℃、3℃和4℃，对应的端差 ΔT_2 分别为5℃、4℃和3℃；此时由于流量不匹配导致的㶲耗散 $\Delta E_{\mathrm{n,dis}}^{(\mathrm{flow})}$ 为 $2.5Q$、流量不匹配热阻 $R_{\mathrm{h}}^{(\mathrm{flow})}$ 为 $2.5/Q$，而由于 UA 有限等其他因素导致的热阻 $R_{\mathrm{h}}^{(\mathrm{other})}$ 分别为 $5/Q$、$4/Q$ 和 $3/Q$，此时 $R_{\mathrm{h}}^{(\mathrm{other})} > R_{\mathrm{h}}^{(\mathrm{flow})}$。

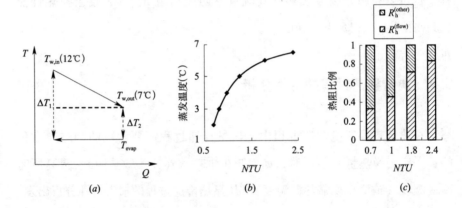

图 5 - 17   冷水机组蒸发器换热过程的损失特性

（a）蒸发器换热 T - Q 图；（b）蒸发温度与 NTU 的关系；（c）热阻成因

而近年来随着提高设备能效、降低建筑空调系统运行能耗越来越受到重视，设备制造厂家已努力通过增加两器换热能力 UA 来改善换热性能、提高冷水机组性能。例如要求的冷水进/出水温度仍为7℃/12℃，通过加大投入的换热能力，蒸发器侧 NTU 分别为1.3和1.8时，蒸发温度可提高至5℃和6℃，端差 ΔT_2 分别降至2℃、1℃，相应的由于 UA 有限等导致的热阻 $R_{\mathrm{h}}^{(\mathrm{other})}$ 分别降低至 $2/Q$、$1/Q$，$R_{\mathrm{h}}^{(\mathrm{flow})}$ 仍为 $2.5/Q$，此时 $R_{\mathrm{h}}^{(\mathrm{other})} < R_{\mathrm{h}}^{(\mathrm{flow})}$；进一步地，蒸发温度提高至6.5℃（蒸发器侧 NTU 为2.4）时，ΔT_2 降至0.5℃，此时 $R_{\mathrm{h}}^{(\mathrm{other})}$ 降低至 $0.5/Q$，$R_{\mathrm{h}}^{(\mathrm{flow})}$ 所占比例超过80%。在此情况下，该换热过程中由于流量不匹配造成的热阻比例显著增加，通过改善流量匹配、减小不匹配热阻对进一步减小换热过程热阻、改善换热性能具有重要意义；而加大换热能力投入的方法对性能改善的作用非常有限。

图 5-17（c）给出了由于流量不匹配导致的热阻 $R_h^{(\text{flow})}$ 和由于 UA 有限等原因造成的热阻 $R_h^{(\text{other})}$ 在总热阻中所占比例随 NTU 的变化情况，可以看出随着 NTU 的增加，由于流量不匹配造成的热阻 $R_h^{(\text{flow})}$ 比例不断增大：当投入的 NTU 为 1.0（ΔT_2 为 3℃）时，由于流量不匹配造成的热阻比例为 45%；当 NTU 增加为 2.4（ΔT_2 为 0.5℃）时，由于流量不匹配造成的热阻比例增至 83%。图 5-18 给出了不同蒸发温度（对应不同的 NTU 投入）时蒸发器换热过程的 T-Q 图表示，可以看出在一定的冷水供回水参数下，随着投入 NTU 的增加，蒸发温度 T_{evap} 逐渐升高，由于流量不匹配导致的影响越来越显著，而由于换热能力有限等造成的影响则逐渐降低。

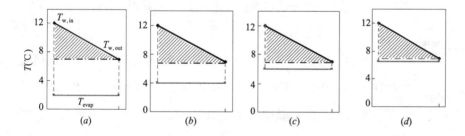

图 5-18　换热能力投入不同时的蒸发器换热过程 T-Q 图

（a）T_{evap} =2℃（NTU =0.7）；（b）T_{evap} =4℃（NTU =1.0）；（c）T_{evap} =6℃（NTU =1.8）；

（d）T_{evap} =6.5℃（NTU =2.4）

因此，对于蒸发器、冷凝器这类一侧流体可视为恒温的换热过程，无论如何调整变温流体的流量，换热过程始终存在由于流量不匹配造成的传递损失。随着投入传递能力 UA 的增大，由于 UA 有限等因素造成的㶲耗散及热阻减小，而流量不匹配的影响越来越显著。

5.4.2　提高供水还是回水温度（送风还是回风温度）

在建筑热湿环境营造过程中，水和空气是常用的冷热量输送媒介，通过一定的措施可减少供水/送风侧的㶲耗散，从而提高供水/送风的温度，也可通过一定的措施减少回水/回风侧的㶲耗散、提高回水/回风的温度，两种改善途径对最终系统中冷热源温度品位需求的影响是不同的。以换热量 Q 一定时为例，以下分别给出恒温冷源和变温冷源情况下换热过程的分析结果。

1. 冷源为恒温源（蒸发器）

以需求换热量 $Q=1\text{kW}$、原有冷水供/回水参数为 7℃/12℃ 的蒸发器换热过程为例，采用技术措施可使得供水温度提高 1℃ 或回水温度提高 1℃，即：

措施①：提高回水温度，相应的冷水供/回水温度变为 7℃/13℃（平均温度 10℃）；

措施②：提高供水温度，相应的冷水供/回水温度变为 8℃/12℃（平均温度 10℃）。

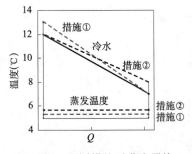

图 5-19 不同措施对蒸发器换热过程性能的影响

此时，采取不同措施对应的蒸发器侧冷水与制冷剂换热过程在 $T-Q$ 图上的表示如图 5-19 所示，性能参见图 5-20。可以看出：提高供水温度（措施②），在同样 UA 投入情况下，能够获得更高的 T_e 和较小的热阻 R_h。

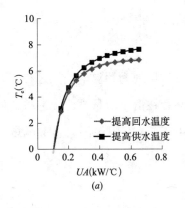
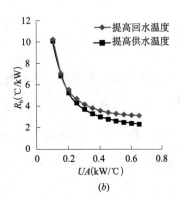

图 5-20 投入的换热能力对蒸发器性能的影响

(a) 蒸发温度 T_e；(b) 热阻 R_h

进一步分析该换热过程的热阻成因，图 5-21 给出了由于流量不匹配

造成的热阻 $R_\mathrm{h}^{\mathrm{(flow)}}$ 和由于换热能力有限等因素造成的热阻 $R_\mathrm{h}^{\mathrm{(other)}}$ 在总热阻中的组成情况。与提高回水温度（措施①）相比，提高供水温度（措施②）时由于流量不匹配导致的热阻 $R_\mathrm{h}^{\mathrm{(flow)}}$ 所占比例较小、换热过程的总热阻也较小。因而，通过提高供水温度，同样情况下可以实现更小的换热热阻、获得更高的蒸发温度，比提高回水温度带来的改善效果更优。

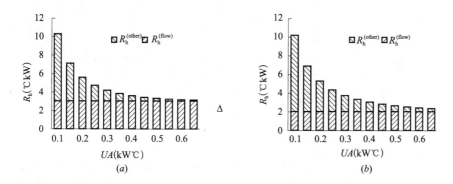

图 5 – 21　不同措施中蒸发器热阻的变化及组成情况

（a）提高回水温度；（b）提高供水温度

2. 冷源为变温源（冷水）

以需求换热量 $Q = 1\mathrm{kW}$、原有空气送/回风参数为 16℃/26℃、冷水侧供/回水温差为 5℃ 的空气 – 水换热过程（仅考虑显热换热）为例，在满足室内需求的基础上，采用技术措施可使得循环空气的送风温度提高 3℃ 或回风温度提高 3℃，即：

措施①：提高回风温度，相应的送/回风温度为 16℃/29℃（平均温度 22.5℃）；

措施②：提高送风温度，相应的送/回风温度为 19℃/26℃（平均温度 22.5℃）。

此时，采取不同措施对应的空气与水在换热器中换热过程性能参见图 5 – 22 和图 5 – 23。可以看出：提高送风温度（措施②）可以实现较小的热阻 R_h，能够获得更高的冷水供水温度 T_g。进一步分析该换热过程的热阻成因，参见图

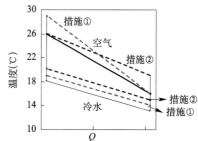

图 5 – 22　不同措施对空气 – 水换热过程性能的影响

5-24，可以看出与提高回风温度（措施①）相比，提高送风温度（措施②）时由于流量不匹配造成的热阻 $R_{\mathrm{h}}^{(\mathrm{flow})}$ 在总热阻中所占比例较小，且该换热过程的总热阻也较小。因而，通过提高送风温度，同样情况下可以实现更小的换热热阻和更高的冷水供水温度，比提高回风温度带来的改善效果更优。

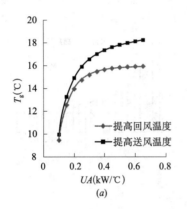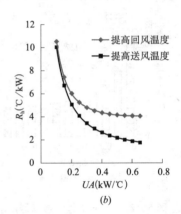

图5-23   投入的换热能力对空气－水换热过程性能的影响

（a）供水温度 T_{g}；（b）热阻 R_{h}

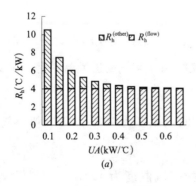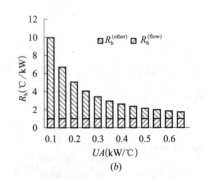

图5-24   不同措施中空气－水换热器热阻的变化及组成情况

（a）提高回风温度；（b）提高送风温度

5.4.3   分离式热管换热装置

分离式热管换热装置在室内高显热发热密度且全年需要排热的建筑，

如通信基站、信息机房中具有良好应用前景，可以通过热管中制冷剂在室外换热器和室内换热器之间的循环流动实现热量从室内向室外的传递，有效利用室外自然冷源。图 5 - 25 给出了利用分离式热管换热装置进行排热的工作原理，其中分离式热管由室内侧换热器（蒸发器）、室外侧换热器（冷凝器）、连接管路等组成。在室内外温差驱动下（室外温度低于室内温度），制冷剂在室内侧换热器吸收室内热量蒸发，在室外侧换热器被室外空气冷却而冷凝放热。

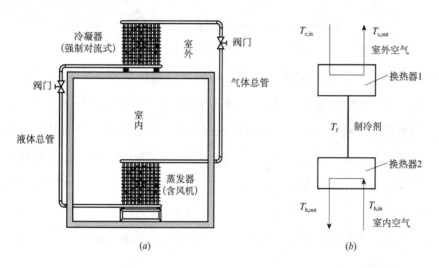

图 5 - 25　分离式热管换热器示意图

（a）应用示意图；（b）工作原理

图 5 - 26 给出了分离式热管换热器在传递热量 Q 时各环节的温差损失情况，其中制冷剂可近似认为具有恒温特性。图 5 - 26（a）中 ΔT_{in} 为排热过程可利用的总驱动温差（等于室内温度 - 室外温度）；ΔT_1 为室内有限流量流体的进出口温差；ΔT_2 为室内换热器内流体最小端部温差（当换热器 UA 无限大时，$\Delta T_2 = 0$）；ΔT_3 为室外换热器内流体最小端部温差（当换热器 UA 无限大时，$\Delta T_3 = 0$）；ΔT_4 为室外流体进出口温差。

室内外温差 ΔT_{in} 是驱动热管换热器工作的动力，此驱动温差需要能够克服图 5 - 26 所示（$\Delta T_1 + \Delta T_2 + \Delta T_3 + \Delta T_4$）四部分温差，热管换热器才

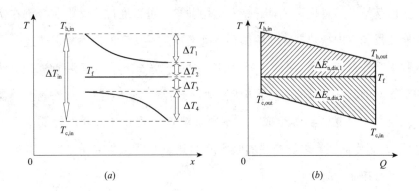

图 5-26　分离式热管换热器内部温差分析

(a) 流体温度沿程变化 $T-x$ 图；(b) 流体温度随换热量变化 $T-Q$ 图

能完成从室内向室外排热的过程。如果可以减少各个环节的温差损失（$\Delta T_1 + \Delta T_2 + \Delta T_3 + \Delta T_4$），即在一定的排热量的前提下，降低热管工作的室内外驱动温差需求 ΔT_{in}，就可以在室内外温差较小时仍可满足排热需求，从而延长分离式热管排热装置在全年内的使用时间。通过上述对各部分温差的分析，可以得到降低分离式热管温差（$\Delta T_1 + \Delta T_2 + \Delta T_3 + \Delta T_4$）的方法有：

（1）增加室内侧换热器与室外侧换热器的换热能力 UA，可降低 ΔT_2 和 ΔT_3，但相应需要增加系统的投入。

（2）增加室内侧空气风量与室外侧空气风量，此措施可降低 ΔT_1 和 ΔT_4，但会导致相应的风机能耗增加。同时，室内侧风机耗电将转变为热量进入室内机房，同时增加了机房排热系统的负担。

以上两个措施可以有效地降低图 5-26 中所示四部分温差损失，但需以增加系统的换热能力投入、增加系统的风机输配电耗作为代价。是否有其他方法在不增加系统投入换热能力、不增加风机电耗情况下，提高分离式热管装置的换热性能呢？

依据该换热过程的㶲耗散，分离式热管换热器的总热阻 R_h 为：

$$R_h = R_{h,1} + R_{h,2} = \left(R_{h,1}^{(flow)} + R_{h,1}^{(other)} \right) + \left(R_{h,2}^{(flow)} + R_{h,2}^{(other)} \right) \quad (5-38)$$

对于热管换热装置，空气侧为变温流体，而制冷剂侧可视为恒温流体，换热过程始终存在由于流量不匹配导致的㶲耗散与热阻。假定热管换热过程中室内侧与室外侧风量、换热能力均相同，室内侧和室外侧换热器的传热单元数 NTU 均为 2 时，由于流量不匹配导致的热阻 $R_h^{(flow)}$ 在总热阻中所占比例为 76%，热管整体换热效率（效能）为 43.2%。进一步增加换热器投入的换热能力，当室内侧和室外侧换热器 NTU 均为 3 时，$R_h^{(flow)}$ 在总热阻中所占比例增加至 91%，热管整体换热效率仅增加至 47.5%。即使当室内侧与室外侧换热器的换热能力都增加到无穷大时（$NTU\rightarrow\infty$），相应的热管整体换热效率也仅为 50%，如图 5 - 27 所示。因此，室内侧与室外侧换热器两侧换热流体即制冷剂与空气流体比热容量的不匹配特性增加了系统的热阻，从而增加了整个换热装置的温差损失。

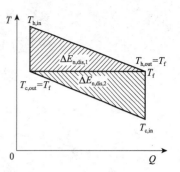

图 5 - 27　分离式热管换热过程在
$T - Q$ 上的表示（$UA\rightarrow\infty$）

由于图 5 - 25 中制冷剂的恒温特性，使得热管装置室内侧换热器、室外侧换热器存在较大的流量不匹配损失。因而，提高热管装置的整体性能需要从热管装置的流程结构着手，通过流程结构的变化，尽量减少由于不匹配造成的热阻。将图 5 - 25 所示的单级热管换热器分为多级形式，如图 5 - 28 所示（图中给出了两级热管换热装置的工作原理，也可以为其他级

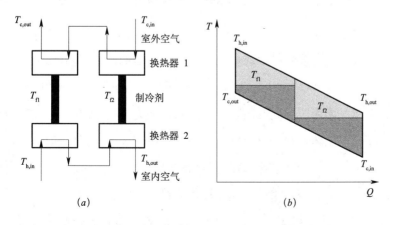

图 5 - 28　多级热管串联流程图

（a）工作原理；（b）换热过程在 $T - Q$ 图上的表示

数），每一级热管中的制冷剂视为恒温流体，但从多级热管的总体换热流程上看，室外空气与室内空气在整个换热装置中呈现"逆流"流动，图 5 - 28（b）给出了两级热管换热过程在 $T - Q$ 图上的表示。

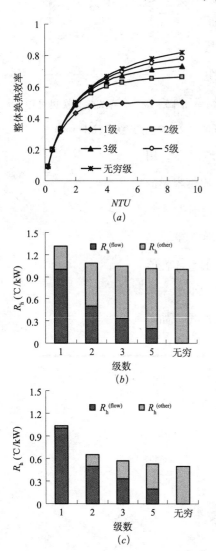

图 5 - 29 比较了单级和多级分离式热管换热器的换热性能随着室内侧传热单元数 NTU、分级数 n 的变化规律，其中多级热管的总换热器面积与单级热管的总换热器面积是一致的，室内外两侧空气比热容量相同、换热器面积相同。在相同换热能力投入即相同 NTU 的情况下，多级热管换热器的流量不匹配热阻 $R_h^{(flow)}$ 随着级数 n 的增加而降低，热管整体装置的换热效率随着级数 n 的增加而逐渐增大。当室内侧换热装置总 $NTU = 2$ 时，单级热管换热装置的效率为 43.2%，由于流量不匹配导致的热阻 $R_h^{(flow)}$ 在总热阻中所占比例为 76%；两级热管的整体效率为 48.0%，换热过程中由于流量不匹配导致的热阻 $R_h^{(flow)}$ 所占比例降低至 46%；无穷多级热管装置的整体效率为 50.0%，此时由于流量不匹配导致的热阻为 0，即该无穷多级热管换热过程可实现流量匹配。在此情况下，两级热管装置的换热效率已经接近最优的无穷多级装置的情况。当换热装置的传热单元数 NTU 继续增加时，要求热管的分级数也随之增加。例如，当室内侧换热装置的总 $NTU = 4$ 时，1 级、2 级、3 级、无穷多级热管中由于流量不匹配导致的热阻所占比例分别为 96%、76%、58%、0%，整体换热效率分别为 49.1%、60.4%、63.6% 和 66.7%。因此，当 NTU 很高时，热管级数越多，换热性能越接近于无穷多级理想循环热管换热装置。

图 5 - 29　多级分离式热管换热装置的性能

（a）整体换热效率；（b）热阻 R_h（$NTU = 2$）；（c）热阻 R_h（$NTU = 4$）

从以上分析可以看出，对于分离式热管换热装置来说，通过分级设置可有效降低单级分离式热管换热过程中的流量

不匹配热阻 $R_h^{(flow)}$。在单级和多级热管换热装置投入的总换热能力 UA 相同时，投入换热能力越多，分级对降低换热过程总热阻的作用越显著。因此，通过分级，可有效降低由于换热过程流体比热容量不匹配而造成的热阻，改善换热过程的性能。

此处再以一应用案例比较不同级数分离式热管的性能差别。假设室内温度为 25℃，室内排热需求为 3kW，室内外换热器空气流量均为 1kg/s。当投入的总 $NTU = 4$ 时，表 5-2 给出了设置不同级数的分离式热管换热装置在满足上述排热需求情况下，总热阻 R_h 及流量不匹配热阻 $R_h^{(flow)}$ 的变化情况，可以看出随着级数的增加，R_h 不断减小、流量不匹配导致的热阻也逐渐减小。表中同时给出了排热过程所需驱动温差（$T_{h,in} - T_{c,in}$）及所需室外空气温度 $T_{c,in}$ 的变化，可以看出随着级数的增加，所需驱动温差逐渐减小，所需室外空气进口温度则逐渐升高：与单级相比，两级热管换热装置所需的驱动温差降低幅度约为 20%。因此，通过分级设置分离式热管换热装置，可以有效改善换热过程的匹配特性，在满足相同的排除热量需求时，分级设置的热管换热装置可有效降低排热过程所需的驱动温差，提高所需冷源温度，延长室外空气直接排热的可利用时间。

级数对热管换热装置性能的影响（室内温度 $T_{h,in} = 25℃$）　　表 5-2

级数	1 级	2 级	3 级	5 级	无穷级
总热阻 R_h	1.04	0.66	0.57	0.53	0.50
$R_h^{(flow)}$ 所占比例	96%	76%	58%	38%	0
所需驱动温差（℃）	6.1	4.9	4.7	4.6	4.5
所需室外温度（℃）	18.9	20.1	20.3	20.4	20.5

5.4.4　大温差水系统的冷机串联方式

在一些超高层建筑或制冷站与末端用户距离较远的建筑中，空调系统冷冻水循环多采用加大供回水温差[124,125]的方式来降低冷冻水泵输送能耗，冷冻水供回水温差可从常规空调系统的 5℃增至 8～10℃。图 5-30 给出了在大温差水系统运行情况下制冷机蒸发器内换热过程在 $T-Q$ 图上

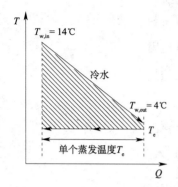

图 5 – 30 冷水处理过程在 T – Q 图上的表示

的表示，图中冷冻水进出口参数为 $T_{w,in}$ = 14℃、$T_{w,out}$ = 4℃（温差为 10 ℃），可以看出此时冷水（变温流体）与制冷系统蒸发器（近似恒温特性）之间换热过程具有显著的换热不匹配。采用分级方式可以改善该热量传递过程的驱动力分布特性、减少不匹配损失，图 5 – 31 给出了利用两级制冷循环共同实现对冷水的降温过程，该换热过程可视为串联的换热过程，与利用单一蒸发温度满足冷水降温需求的过程相比，该过程具有两个蒸发温度 $T_{e,1}$、$T_{e,2}$。分级处理方式对冷水降温的过程中冷冻水依次流经两级制冷循环的蒸发器，最终被降温至需求的温度水平。

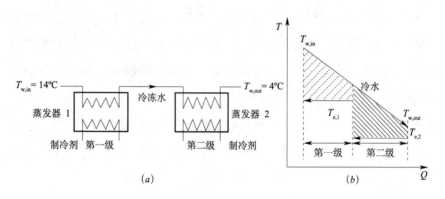

图 5 – 31　制冷系统分级对冷冻水的降温处理过程

（a）工作原理；（b）换热过程在 T – Q 上的表示

图 5 – 32 给出了分级与不分级时制冷机蒸发器内与冷水换热性能的对比情况，其中分级与不分级时投入的总传递能力 UA 相同，且分级时 UA 在两级蒸发器平均分配。从图中可以看出，采用分级方式后，温度较高的冷冻水首先流经第一级蒸发器，相应的蒸发温度 $T_{e,1}$ 显著高于不分级时的单级蒸发温度 T_e 和第二级的蒸发温度 $T_{e,2}$；第二级的蒸发温度 $T_{e,2}$ 则低于不分级时的蒸发温度 T_e。通过采用分级方式，换热过程的㶲耗散得到大幅降低；换热过程的总热阻得到了显著降低，制冷机组总能效水平 COP 获得了一定程度的提升。

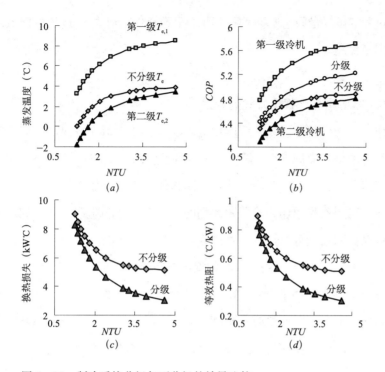

图 5-32　制冷系统分级与不分级的效果比较

(*a*) 蒸发温度；(*b*) 冷机 *COP*；(*c*) 㶲耗散；(*d*) 热阻

当投入换热过程的 *NTU* 分别为 2.0、2.4 时，不分级时单级制冷机组的蒸发温度分别为 2.5℃、3.0℃，此时换热过程的总热阻 R_h 分别为 0.65℃/kW、0.60℃/kW；由于流量不匹配导致的热阻 $R_h^{(flow)}$ 为 0.5℃/kW，其在总热阻中所占比例分别为 77%、83%；制冷循环的热力完善度 η_{ch} 为 0.6 时，单级制冷循环的 *COP* 分别为 4.66、4.73。采用分级处理后换热过程的总热阻分别降低至 0.53℃/kW、0.47℃/kW；$R_h^{(flow)}$ 降低为 0.25℃/kW（仅为不分级时的一半），其在总热阻中所占比例分别为 47%、54%；第一级制冷机组的蒸发温度分别为 6.2℃、6.8℃，第二级制冷机组的蒸发温度分别为 1.2℃、1.8℃；分级制冷循环的 *COP* 分别提高至 4.84、4.94。从上述分级制冷循环与单级制冷循环处理过程的对比可以看出，分级处理方式改善了换热过程的流量匹配特性，降低了由于流量不匹配导致的热阻，采用两级制冷循环后，流量不匹配热阻降低为单级制冷循环的一半，换热过程的㶲耗散及总热阻均得到了显著降低，冷水处理过程的能效水平也得到了提高。

5.4.5　冰蓄冷与水蓄冷方式的特性

作为一种可蓄存冷量、缓解用电高峰的途径，蓄冷方式已在多个实际空调系统中得到应用[126]，图 5-33 给出了空调系统中常见的两种蓄冷方式的工作原理，其中冰蓄冷方式选取闭式外融冰系统作为示例。冰蓄冷方式中通常采用乙二醇作为冷机蓄冰侧的载冷剂，外融冰系统通常利用冷水直接流经蓄冰槽进行换热。水蓄冷方式中利用不同的冷水循环水泵适应蓄冷与取冷过程的需求。由于冰的相变潜热（约为 335kJ/kg）显著高于水的比热容 [约为 4.2kJ/(kg·℃)]，水蓄冷中蓄水罐的温差一般在 10℃ 以内，因此在蓄存相同冷量时，水蓄冷方式中需求的蓄水罐的体积显著大于冰蓄冷方式。此处仅从对于冷源温度需求的热量传递特性角度，比较两种蓄冷方式的差异。

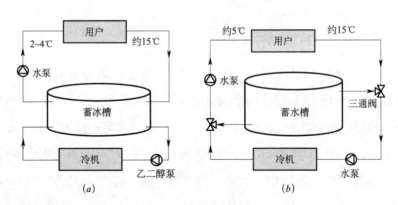

图 5-33　空调系统常见蓄冷方式的基本原理

(a) 冰蓄冷方式；(b) 水蓄冷方式

蓄冷方式分为蓄冷和取冷两个阶段，可视为与时间有关的换热过程；由于蓄冷与取冷两个阶段可视为在不同时间段进行的过程，两阶段的总冷量一致，则仍可以将该换热过程表示在温度-热量（T-Q）图上，如

图 5-34 所示。对于冰蓄冷方式，由于融冰、蓄冰过程中冰与水可视为具有恒温特性的混合流体，图 5-34（a）中蓄冷（蓄冰）过程需要采用乙二醇作为载冷媒介在两股恒温流体（冰水混合物与制冷剂）之间循环换热，取冷（融冰）过程中则需要利用冷水与恒温的冰水混合物直接换热。整个处理过程中存在多个变温流体与恒温流体间的换热过程，增加了换热环节，流体的变温与恒温特性不同也导致换热过程存在显著的流量不匹配环节，蓄冷过程需求冷源的蒸发温度 T_e 较低，通常在 -5℃ 左右。而对于水蓄冷方式，如图 5-34（b）所示，蓄冷过程中冷水与可视为恒温特性的制冷剂在蒸发器中换热，蓄水槽中具有较好的温度分层（顶部冷水温度高，底部冷水温度低，中间存在斜温层，如图 5-35 所示）。在蓄水槽中冷水温度分层较优的情况下，取冷过程中通常从蓄水槽底部抽取冷水供给用户，用户侧的回水则流回至蓄水槽顶部，这样就可有效避免不同温度冷水间的冷热掺混、大幅减少蓄冷与取冷过程的㶲耗散。

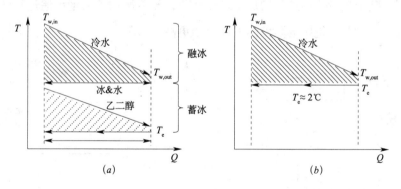

图 5-34　常见蓄冷方式的换热过程比较

（a）冰蓄冷方式；（b）水蓄冷方式

除了上述闭式外融冰的冰蓄冷方式外，图 5-36 和图 5-37 分别给出了其他两种常见的冰蓄冷方式——开式外融冰和内融冰方式的处理过程原理及换热过程在 T-Q 图上的表示。以开式外融冰方式为例，制冷机组可以工作在蓄冰工况和融冰工况，从图 5-36（b）可以看出，蓄冰过程需要采用乙二醇作为载冷剂，由于增加了热量传递环节而使得制冷机组的蒸

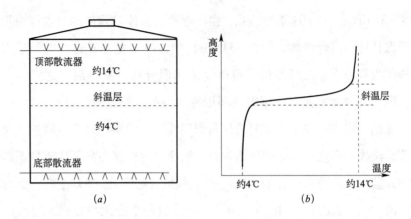

图 5-35　水蓄冷方式的蓄水罐及垂直方向温度分布

(a) 蓄冷水罐；(b) 水蓄冷中的斜温层

发温度受到限制；融冰过程中为了满足冷水降温需求，冷水先与乙二醇换热，再进入蓄冰槽中降温。从不同冰蓄冷方式的热量传递过程来看，由于采用乙二醇作为载冷剂，且蓄冷过程中冰、水混合物可视为恒温流体，这就使得整个热量传递过程增加了换热环节，显著增加了热量传递过程的㶲耗散，也对制冷机组的蒸发温度提出了更高需求。

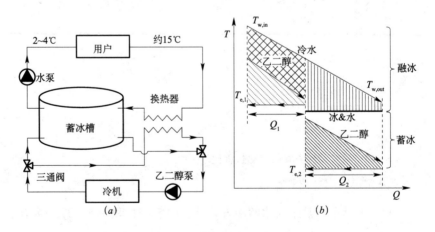

图 5-36　开式外融冰蓄冷方式的热量传递过程分析

(a) 系统原理；(b) 处理过程 $T-Q$ 图表示

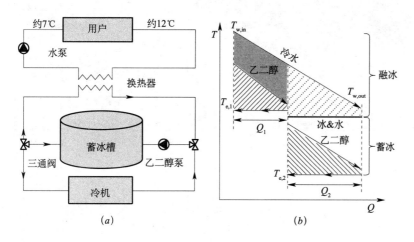

图 5 - 37　内融冰蓄冷方式的热量传递过程分析

（a）系统原理；（b）处理过程 T - Q 图表示

　　因此，与水蓄冷方式相比，冰蓄冷过程增加了传热环节，热量传递过程消耗的驱动力（温差）较大，整个处理过程的㶲耗散显著高于水蓄冷方式，需求的制冷机组蒸发温度也显著低于水蓄冷方式。当不考虑蓄冷罐体积、占地等因素的影响，单纯从换热特性、传递过程损失的角度分析时，水蓄冷方式优于冰蓄冷方式。

第6章 动态传热过程：围护结构与蓄能

建筑热湿环境营造过程中，除了第5章中分析的诸多稳态换热过程，还包括多种随时间变化的动态换热过程。本章针对建筑热湿环境营造过程中涉及的动态传热过程进行分析，利用热学参数对围护结构传热及周期性蓄热过程的特性开展研究。通过分析围护结构传热过程的基本性能，明确其与建筑冷热需求之间的关系；从增强围护结构可调性的目标出发，给出改善围护结构性能的可行措施。从蓄热式换热器的角度分析周期性蓄热过程，利用等效热阻分析不同动态换热过程的性能变化规律和影响因素，寻找改善动态传热性能的关键环节，并对相变地板、夜间通风蓄冷等动态换热过程进行分析。

6.1 围护结构传热过程分析

6.1.1 围护结构基本性能

如前所述，建筑热湿环境营造过程的主要任务是排除室内余热、余湿，围护结构作为一种重要的被动式热湿传递途径，其性能对于降低主动式空调系统能耗、甚至在合适的室外条件下实现建筑"零能耗"至关重要。由式（2-1）和式（2-2）可以看出，围护结构传热传湿能力主要受如下几方面影响：一是室外环境，具体表现在驱动温差（$T_r - T_0$）和驱动湿差（$d_r - d_0$）两方面，驱动力越大，在相同的围护结构参数（$UA + c_p G$）下，室内外传热传湿能力越强；二是围护结构保温性能（UA），保温性能越好，UA 越小，在相同驱动温差下通过围护结构传递的热量越小；三是建筑密闭性，密闭性越好，通风量 G 越小，由此带来的室内外热量、湿量交换越小。通过图 2-6 和图 2-8 的分析可以看出，对建筑围护结构的要求可以表述为：当室外环境变化时（对应驱动温差、湿差发生变化），期望围护结构可以较为准确地排除室内余热、余湿，无需主动式空调系统或者尽可能减少主动式空调系统的使用时间。

建筑基本的热平衡方程如式（6-1）所示。建筑室内发热量 Q_0，包括室内人员、设备、灯光等热量发热量 Q_n，也包括太阳辐射进入室内的热量 Q_s，即 $Q_0 = Q_n + Q_s$；Q_{en} 为围护结构被动式系统排除的热量，包括通过围护结构的传热以及渗风的影响；Q_{ac} 为需要主动式空调系统排除的热量。

$$Q_0 = Q_{en} + Q_{ac} \qquad (6-1)$$

随着建筑物热模拟技术的发展，建筑物的动态热特性可以很容易地通过相关建筑热模拟软件求解得到，例如美国的 EnergyPlus、欧洲的 ESP-r、清华大学自主研发的 DeST 等建筑热模拟软件，利用这些模拟程序可以求解得到建筑物全年的逐时室温以及冷、热负荷分布，用于建筑物的全年能耗分析与空调系统性能预测。

事实上，在判断建筑物是否需要冷/热量的时候，并不需要准确到每个时刻，因为建筑物有很大的惯性，从全年来看，它对冷/热量需求的周期是很长的，也就是说，建筑物一般不会出现今天需要热量，明天需要冷量，再过两天又需要热量的情况。实际上，建筑物需要排除/补充热量的周期可能是一个月，一个季度，或者更长的时间。因此，在判断建筑何时需要排除/补充热量时，可以采用一天或者更长的时间步长，在曾建龙博士的论文[127]中采用一周为时间步长计算建筑物的稳态传热，本节内容摘自曾建龙的博士论文。

1. 建筑室内热量（即需要系统排出的热量）

建筑室内热量 Q_0，包括室内人员、设备、灯光等热量发热量 Q_n，也包括由于太阳辐射的影响而进入室内的热量 Q_s。

$$Q_0 = Q_n + Q_s \qquad (6-2)$$

表 6 – 1 给出了由于室内热源、设备、灯光等日均发热量 Q_n 的典型数值。对于住宅建筑，其室内发热量的典型数值为 4 ~ 5W/（m^2 建筑面积）；对于普通公共建筑，室内发热量范围为 5 ~ 15W/（m^2 建筑面积）；而对于大型公共建筑室内发热量通常 > 20W/（m^2 建筑面积）。上述发热量均是指全天 24h 平均的数值，其一天中的最大值要比平均值大许多。

室内人员、设备、灯光发热的日平均典型数据[127]　　　表 6 – 1

	数值变化范围（W/m^2 建筑面积）	备注
住宅建筑	4 ~ 5	为全天 24h 平均的数值，其一天中的最大值要比平均值大很多，如商场最大发热量可达到 100 W/m^2 以上
普通公共建筑	5 ~ 15	
大型公共建筑	>20	

太阳辐射得热量 Q_s 包括两部分，一是透明围护结构的平均太阳得热量 Q_{s1}，二是非透明围护结构的平均太阳得热量 Q_{s2}，如式（6 – 3）所示：

$$Q_s = Q_{s1} + Q_{s2} \qquad (6-3)$$

两部分的计算公式分别为：

$$Q_{s1} = \sum_i A_{1i} \cdot q_{s,i} \cdot SHGC_i \qquad (6-4)$$

$$Q_{s2} = \sum_i A_{2i} \cdot q_{s,i} \cdot (U_i e_i / \alpha_w) \qquad (6-5)$$

式中　A_{1i}——透明围护结构面积，m^2；

　　　A_{2i}——非透明围护结构面积，m^2；

　　　$q_{s,i}$——各个立面的平均太阳辐射强度，W/m^2；

　　　$SHGC_i$——透明围护结构的平均太阳得热系数，无量纲；

　　　$U_i e_i / \alpha_w$——非透明围护结构的等效太阳得热系数，无量纲；

U——围护结构传热系数，W/($m^2 \cdot K$)；

e——围护结构外表面的太阳辐射热吸收系数，无量纲；

α_w——围护结构外表面换热系数，W/($m^2 \cdot K$)。

表6-2给出了我国典型城市的日平均太阳辐射强度水平。表6-3给出了《公共建筑节能设计标准》GB 50189中对于建筑外墙和外窗的传热系数与遮阳系数的限值。根据典型城市的室外参数与节能设计标准的限值规定，可以计算得到不同窗墙比的建筑外立面形式通过太阳辐射的日平均得热量［W/(m^2外立面面积)］，详见表6-4。

典型城市太阳辐射强度与室外参数[29]　　表6-2

	太阳总辐射日平均照度（W/m^2）				夏季平均室外风速（m/s）	换热系数 α_w ［W/($m^2 \cdot K$)］
	南向	东向、西向	北向	水平		
北京	128	174	79	333	1.9	19.3
上海	92	163	86	325	3.2	25.1
广州	76	160	91	322	1.8	18.9

典型城市公共建筑围护结构传热系数与遮阳系数限值[27,127]　表6-3

	传热系数 U ［W/($m^2 \cdot K$)］			遮阳系数 SC① （东、南、西向/北向）		
	北京②	上海	广州	北京②	上海	广州
外墙（包括非透明幕墙）	0.60	1.0	1.5	—	—	—
单一朝向外窗（包括透明幕墙）窗墙面积比 = 0.35	2.7	3.0	3.5	0.70/不要求	0.50/0.60	0.45/0.55
单一朝向外窗（包括透明幕墙）窗墙面积比 = 0.7	2.0	2.5	3.0	0.50/不要求	0.40/0.50	0.35/0.45

① 有外遮阳时，遮阳系数 = 玻璃的遮阳系数×外遮阳的遮阳系数；无外遮阳时，遮阳系数 = 玻璃的遮阳系数。

② 北京按照体形系数≤0.3取值，《公共建筑节能设计标准》GB 50189。

典型城市公共建筑通过外墙外窗的太阳辐射得热量（单位：W/m^2外立面面积）

表6-4

		南向			东向、西向			北向		
		透明部分	非透明部分	总计	透明部分	非透明部分	总计	透明部分	非透明部分	总计
全外墙	北京	0.0	2.2	2.2	0.0	3.0	3.0	0.0	1.4	1.4
	上海	0.0	2.0	2.0	0.0	3.6	3.6	0.0	1.9	1.9
	广州	0.0	3.3	3.3	0.0	7.0	7.0	0.0	4.0	4.0

续表

		南向			东向、西向			北向		
		透明部分	非透明部分	总计	透明部分	非透明部分	总计	透明部分	非透明部分	总计
窗墙比 0.35	北京	27.9	1.4	29.3	37.9	1.9	39.8	24.6	0.9	25.5
	上海	14.3	1.3	15.6	25.4	2.3	27.7	16.1	1.2	17.3
	广州	10.6	2.2	12.8	22.4	4.5	26.9	15.6	2.6	18.2
窗墙比 0.70	北京	39.8	0.7	40.5	54.1	0.9	55.0	49.2	0.4	49.6
	上海	22.9	0.6	23.5	40.6	1.1	41.6	26.8	0.6	27.3
	广州	16.6	1.0	17.5	34.8	2.1	36.9	25.5	1.2	26.7

式（6-4）和式（6-5）可以联合写为如下形式：

$$Q_s = Q_{s1} + Q_{s2} = \sum_i A_i \cdot q_{s,i} \cdot \alpha_{si} \qquad (6-6)$$

式中　A_i——建筑围护结构面积，m^2；

　　　α_{si}——围护结构的等效太阳得热系数，无量纲。

因而，建筑室内发热量 Q_0 可用式（6-7）表示：

$$Q_0 = Q_n + Q_s = A_d \cdot q_n + \sum_i A_i \cdot q_{s,i} \cdot \alpha_{si} \qquad (6-7)$$

式中　A_d——建筑面积 m^2；

　　　q_n——室内人员、设备、灯光等平均室内发热量，W/m^2。

2. 通过围护结构被动系统排出的热量

通过围护结构被动式系统排出的热量 Q_{en} 包括两部分，一是通过围护结构的传热，二是通过围护结构的渗风，两部分的计算公式分别为：

$$Q_{en,传热} = \sum_i U_i A_i \cdot \Delta T，其中 \Delta T = T_r - T_0 \qquad (6-8)$$

$$Q_{en,渗风} = c_p \cdot G \cdot \Delta T = \frac{c_p \rho \cdot n \cdot V}{3600} \cdot \Delta T \qquad (6-9)$$

式中　U_i——围护结构传热系数，$W/(m^2 \cdot K)$；

　　　c_p——空气的比热，$J/(kg \cdot K)$；

　　　ρ——空气的密度，m^3/kg；

　　　V——建筑体积，m^3；

n——通风换气次数，h^{-1}；

ΔT——室内与室外温度的平均温差，K。

由式（6-8）和式（6-9）可以得到，通过被动式围护结构排出的热量为：

$$Q_{en} = Q_{en,传热} + Q_{en,渗风} = \left(\sum_i U_i A_i + \frac{c_p \rho \cdot n \cdot V}{3600} \right) \cdot \Delta T \quad (6-10)$$

单位建筑面积通过围护结构排除的热量 q_{en} 为：

$$q_{en} = \frac{Q_{en}}{A_d} = \left(S \cdot U + \frac{c_p \rho \cdot n}{3600} \right) H \cdot \Delta T \quad (6-11)$$

式中　S——建筑的体形系数，是建筑物外表面面积与其体积之比，m^2/m^3；

U——围护结构的平均传热系数，$W/(m^2 \cdot K)$；

H——建筑物高度，m。

表6-5和表6-6分别给出了典型建筑的体形系数与换气次数的数值范围。

不同形状的住宅建筑的体形系数范围[130]　　表6-5

建筑类型	多层住宅	塔楼	中高层板楼	别墅和联体底层建筑
体形系数 S（m^2/m^3）	0.3～0.35	0.2～0.3	0.2～0.3	0.4～0.5

建筑典型的换气次数范围[130]　　表6-6

围护结构类型	我国20世纪50~60年代砖混结构	我国20世纪60~80年代建筑（100mm混凝土板和单层钢窗）	我国20世纪90年代中期之后的建筑	欧美发达国家建筑
换气次数 n（h^{-1}）	1.0～1.5	1.0～1.5	0.5	0.5～1.0

由式（6-7）可以看出：室内的产热是绝对的，需要围护结构被动式系统与主动式系统将建筑产热 Q_0 排除到室外环境。由式（6-10）和式（6-11）可以分析围护结构排热的性能：

（1）当室外温度高于室内温度时，即驱动温差 ΔT 为负数，围护结构不仅未能起到排出热量的作用，反而给系统带来多余的热量，增加了主动式空调系统排出热量的任务。这种情况下，应该尽可能地增加围护结构的保温性能（减少 UA 值），增加建筑的气密性（减少换气次数 n）。

（2）当室外温度低于室内温度时，即 ΔT 为正数，此时通过被动式围护结构可以起到排出热量的目的。室内外的温差是排除室内产热的驱动力，尽可能地增加 UA 和 n 的调节范围，使得当驱动温差 ΔT 在较大范围内变化时，均可以通过围护结构准确地排出建筑产热，无需主动式空调系统即可实现将建筑产热排除到室外环境的目的。

（3）当室内外温差 ΔT 太大（对应室外温度非常低）时，通过围护结构传递了太多的热量，还需要主动式空调系统向建筑补充热量（对应冬季供暖情况）。这种情况下，应尽可能地增加围护结构的保温性能和建筑的气密性。

3. 需要主动式空调系统承担的任务

由式（6－7）和式（6－10）联立，可以得到为了维持室内适宜的环境，需要主动式空调系统承担的任务：

$$Q_{ac} = A_d \cdot q_n + \sum_i A_i \cdot q_{s,i} \cdot \alpha_{si} - \left(\sum_i U_i A_i + \frac{c_p \rho \cdot n \cdot V}{3600} \right) \cdot \Delta T$$

$$\quad（1）\qquad\qquad（2）\qquad\qquad（3）\qquad\quad（4）$$

$$（6－12）$$

主动式空调系统承担的任务可以拆分成如下四部分：

第（1）部分为室内人员、设备、灯光发热量。此部分热量由建筑的用途和使用情况决定，几乎不受季节的影响，全年情况下变动幅度很小。

第（2）部分为太阳辐射的影响。此部分热量可以通过建筑窗墙比的设计、改变透明围护结构的太阳得热系数等措施进行一定程度的调节。虽然太阳辐射强度在全年不同时间的变化强度不同，但就某一时间周期内（日或者周）的变化而言，在全年时间范围内变化幅度并不大。

第（3）部分为通过围护结构的传热。这部分热量可以通过改变围护结构的传热系数等措施进行调节；受室外环境的影响非常显著，在全年时间内呈现出较大的变化趋势。

第（4）部分为通过围护结构的渗风。这部分热量可以通过改变建筑的气密性进行调节；与围护结构传热类似，此部分热量受室外环境的影响非常显著。

6.1.2　典型类型建筑的需冷/热量分析

1. 热量需求分析方法

建筑物对冷/热量的需求可以依据如下的简单判定条件。假设建筑物内环境的舒适温度范围为 18～26℃，在没有任何环境服务设备系统（供暖空调系统）投入能量的情况下，如果建筑物的自然室温❶低于 18℃，为维持舒适范围的室温建筑物需要补充热量；而当建筑物的自然室温高于 26℃时，建筑物则需要排除热量。当建筑物自然室温介于 18～26℃之间时，可认为建筑物无冷、热需求。

以当地典型年气象数据（包括温度、太阳辐射强度的逐时值）为计算基础，对全年逐周计算得到两条建筑物的总得热曲线[127]。其中一条总得热曲线是假设室温恒定等于 18℃得到，而另一条得热曲线则是假设室温恒定等于 26℃得到。由这两条曲线可以很容易判断建筑物何时需要热量，何时需要排除热量。例如，当室温等于 18℃的建筑总得热曲线小于零时，可以判断建筑物需要补充热量；而当室温等于 26℃的建筑总得热曲线大于零时，则可以判断建筑物需要排除热量。而在这两条曲线先后大于零或者先后小于零之间的区域可认为建筑物无需冷/热量。

以北京住宅建筑为例，选取参考建筑（见图 6-1）的尺寸：南北向

---

❶ 自然室温：是指当建筑物没有供暖空调系统时，在室外气象条件和室内各种发热量的联合作用下所导致的室内空气温度。

长 24m，东西向长 12m，高 18m，共 6 层，层高 3m，建筑体形系数（外表面积/建筑体积）$= 0.3 \text{m}^2/\text{m}^3$。围护结构热工性能为：外墙 $U = 0.8$ W/($\text{m}^2 \cdot$ K)，屋顶 $U = 0.6$ W/($\text{m}^2 \cdot$ K)，外表面太阳辐射吸收率 $e = 0.5$，室外表面换热系数 $a_{\text{w}} = 20$ W/($\text{m}^2 \cdot$ K)；外窗 $U = 3.0$ W/($\text{m}^2 \cdot$ K)，平均太阳得热系数 $a_{\text{s}} = 0.4$。窗墙比为：南向 0.4，东、西向 0.3，北向 0.2。换气次数 n 取为 0.5h^{-1}，室内平均发热量取为 $4.8 \text{W}/\text{m}^2$。

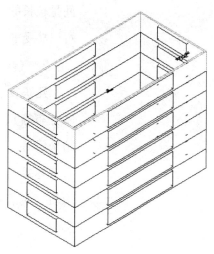

图 6-1　参考建筑

图 6-2 中的三条曲线分别为假设室温 $= 18℃$（图例号 Q_{ac1}（$T_{\text{r}} = 18℃$）），假设室温 $= 26℃$（图例号 Q_{ac2}（$T_{\text{r}} = 26℃$）），和实际室温情况下（图例号 Q_{ac}（实际室温））计算得到的建筑全年得热曲线。可以看出，建筑物全年对冷/热量的需求分为 5 个阶段，开始阶段 $Q_{\text{ac1}} < 0$ 的时候，建筑物需要补充热量；在过渡季，$Q_{\text{ac1}} > 0$、$Q_{\text{ac2}} < 0$ 的时候，建筑物无需冷/热；当 $Q_{\text{ac2}} > 0$ 的时候，建筑物需要排除热量；此后，建筑物又出现一段时间无需冷/热；当 $Q_{\text{ac1}} < 0$ 时建筑物需要补充热量。由图中还可以看出，建筑物对冷/热量的需求区

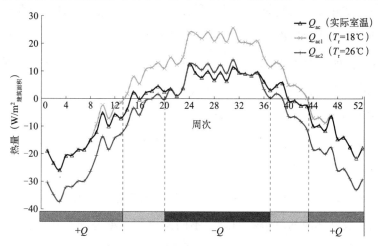

图 6-2　北京住宅冷/热量需求分析[127]

间是较长的，通常至少为一个月，因此稳态计算中采用一周的时间步长是可以接受的。

2. 气候特征/建筑类型对需求的影响

建筑物总得热曲线不仅与当地的气象参数相关（外温、太阳辐射强度分布等），还与建筑物类型（如室内发热量的大小）以及建筑物围护结构设置（如热工性能参数）等相关。为了获得普适性的规律，下面以参考建筑为模型，围护结构设置采用各个气候地区围护结构热工参数平均值（见表 6-7），计算分析各种因素对建筑物冷/热量需求区间的影响。

各地区建筑围护结构取值   表 6-7

地区	传热系数 U [W/(m² · K)]			外窗 $SHGC$	每平方米建筑面积的平均 U 值 [W/(m² · K)]
	外墙	屋顶	外窗		
哈尔滨	0.52	0.40	2.50	0.40	0.90
北京	0.80	0.60	3.00	0.40	1.20
上海	1.00	0.80	3.00	0.40	1.40
广州	2.00	1.00	6.00	0.40	2.50

参考依据：《民用建筑节能设计标准》JGJ 26，《夏热冬冷地区居住建筑节能设计标准》JGJ 134，《夏热冬暖地区居住建筑节能设计标准》JGJ 75。

不同功能类型的建筑物，其人员作息模式、室内发热量都会存在很大的差别。对于住宅建筑，由于人员密度比较小，设备使用的情况也不是很集中，室内的总发热量比较小，平均发热量一般为 $4 \sim 5W/m^2$，计算中取值为 $4.8W/m^2$。对于普通公共建筑，室内发热量范围为 $5 \sim 15W/(m^2$ 建筑面积$)$，平均值取 $10W/m^2$。对于大型公共建筑室内发热量通常 $>20W/(m^2$ 建筑面积$)$，平均值取 $25W/m^2$。上述发热量均是指全天 24h 平均的数值，其一天中的最大值要比平均值大许多。

对于北京地区，图 6-2 ~图 6-4 分别给出了住宅建筑、普通公共建筑、大型公共建筑的总得热曲线，不同的建筑类型差别非常大。在北京，对于住宅建筑，其需要补充热量的区间明显大于需要排除热量的区间；对于普通公共建筑，其需要排除热量的区间比需要补充热量的区间略大；而对于发热量大的大型公共建筑，其全年有一多半的时间都是需要排除热量，而几乎没有需要补充热量的区间。由此也可以得出，建筑物内部因素，即表征使用状况的室内发热量对建筑热量需求的影响是很大的。因此，对于不同类型的建筑物，围护结构的设置要有所侧重，对于室内发热量小的建筑，围护结构设计应侧重保温，而对于室内发热量很大的建筑围护结构的设计则应侧重解决如何排除热量的问题。

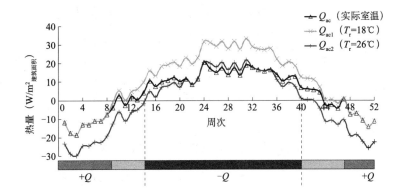

图 6-3　北京普通公共建筑冷/热量需求分析

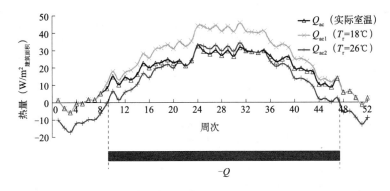

图 6-4　北京大型公共建筑冷/热量需求分析

图 6-5 进一步汇总给出了位于四个典型气候地区（严寒地区、寒冷地区、夏热冬冷地区、夏热冬暖地区）的三种类型建筑（住宅建筑、普通公共建筑、大型公共建筑）的全年冷/热量需求区间的计算结果。对于不同类型（对应不同的室内发热量）的建筑而言：

（1）发热量较少的住宅建筑，其需要补充热量与需要排除热量区间的分布受气候的影响较大，需要补充热量的区间依照哈尔滨、北京、上海、广州的顺序递减，而需要排除热量的区间则依照上述顺序递增；从区间分布的比例来看，哈尔滨、北京住宅建筑的需热区间要大于排热区间，而上海与广州的住宅建筑则刚好相反。

（2）对于室内发热量较大的大型公共建筑，气候特征的影响相对要小得多，除了严寒地区的哈尔滨外，其他三个气候分区的大型公共建筑的冷/热量需求特征基本上是一样的，全年有约 3/4 的时间里建筑物需要排除热量。

（3）普通公共建筑的区间分布情况则是介于住宅建筑与大型公共建筑之间。

根据上述分析可以看出，建筑物对冷/热量的需求不仅取决于外部环境因素（气候条件），而且很大程度上受到建筑物的内部因素（表征使用状况的室内发热量）的显著影响。

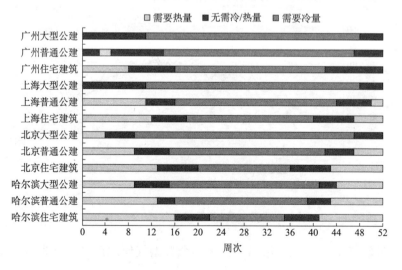

图 6-5　不同地区、不同类型建筑热量需求汇总[127]

6.1.3　围护结构的可调性

1. 对围护结构性能的调节要求

针对处于不同地理位置、不同类型的建筑物所需补充/排除热量的需求，结合不同季节的室外气候状况，可以得到不同情况下对围护结构性能调节要求如下：

（1）冬季工况：建筑物通常情况下都是需要补充热量，所需的热量可以通过增加总得热和减少总散热而获得。对于前者，由于建筑室内发热量与建筑物的使用情况与居住者的作息模式等相关，不宜控制，因此，可以通过提高建筑物的太阳辐射得热来增加热量；对于后者，可以通过提高围护结构的保温性能、减少围护结构的渗风来减少热量的散失。

但在一些特殊建筑类型或者个别朝向（如南向）的房间有些时候也需要散热，如发热量很大的大型公共建筑，冬季的部分时间里也是需要散热的，这时室外温度通常比较低，那么利用室内外的通风可以很有效地对建筑物进行散热。而对于其他类型建筑的南向局部房间出现过热的情况，如南向有大面积透明围护结构，且外围护结构面积小的情况，则可以通过减少太阳辐射得热减少热量的获得，或者是增加邻室的传热和通风来减少房间得热量。

（2）过渡季（春/秋季）工况：过渡季工况较为复杂，建筑对热量的需要会出现正负的情况。

当建筑处于需要补充热量区间时，可以提高围护结构的太阳辐射得热，当室外温度 $T_0 \leqslant T_r$ 时，可以通过减少围护结构传热和渗风来减少热量的散失。而当室外温度 $T_0 > T_r$ 时，则可以通过提高室内外的自然通风来获得热量。

当建筑处于需要排除热量区间时，如果室外温度低于室内温度（$T_0 < T_r$），可通过提高围护结构传热和建筑物通风来进行散热，同时还应减少建筑太阳辐射得热；而当 $T_0 \geqslant T_r$ 时，还是应减少太阳辐射得热，而对于建

筑物通风，在自然通风的状况下，室温不大于29℃的室内环境仍让居住者可以接受[131]，因此可以通过增加建筑物通风来获得可接受的热环境；而当室外温度 $T_0 > 29℃$ 以后，只能是减少太阳辐射得热与建筑物通风这两种措施。

（3）夏季工况：建筑物通常情况下是处于需要排除热量的状况，围护结构排热的途径通常有两种：一是减少太阳辐射得热；二是利用建筑物内外的自然通风（当外温低于室温时）。此外，由于夏季工况时，平均外温与室温相差不大，有的地区会略比室温高，因此减少围护结构传热也有利于减少建筑物的得热。

综上所述，无论是在不同季节（冬、夏），还是在相同的季节（过渡季），当室内外环境发生变化时，建筑对冷/热量的需求也会随着变化，有些时候建筑物需要补充热量，而有些时候则需要排除热量。为了满足全年时间范围内建筑对冷/热量需求的这种变化，要求围护结构的热工性能需具备可调节的特性，根据上述分析，可以总结得到围护结构需要调节的热工性能主要是：①温差传热特性，包括由于室内外温差的围护结构传热（UA）以及室内外通风（c_pG）的热交换；②太阳辐射得热（α_s）特性。

2. 性能调节的措施

围护结构热工性能（U、α_s）调节的措施通常有如下三种形式：改变结构通风、改变结构形状、改变材料物性。其中第一种方式侧重于调节围护结构传热系数 U，对等效太阳辐射得热特性 α_s 也有一定的调节作用；第二种方式是主要调节 α_s；最后一种方式对 U、α_s 均有调节作用。

（1）改变结构通风。改变结构通风一般有三种类型，如图6-6所示。通风方式（a）为夹层与室外的通风，通常情况下，传热系数 U 随着夹层通风量递增，而等效太阳辐射得热系数 α_s 则随风量递减；通风方式（b）为室外通过夹层与室内换气，在冬季可以利用夹层的温室效应加热空气后送入室内，作为对新风的预热，此外如果直接进行室内外换气（不通过夹层），可以实现对 G 较大范围的调节；通风方式（c）则利用室内的排风来带走夹层蓄存的太阳辐射热，在夏季可以有效减小等效太阳辐射得热系数 α_s。上述三种方式可采用自然通风或者机械通风方式。

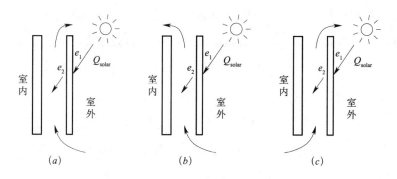

图 6-6　改变结构通风的典型形式[127]

（a）夹层与室外通风；（b）室内外通风 1；（c）室内外通风 2

（2）改变结构形状。改变结构形状最常见的方式就是可调节的各种遮阳装置，包括各种活动的遮阳百叶、卷帘等，如图 6-7 所示。通过调节遮阳百叶的角度或者是卷帘的位置，可以有效调节等效太阳辐射得热系数 α_s，相比较而言，外遮阳对 α_s 的调节范围最大，夹层遮阳次之，内遮阳则最小。此外，多层的充气膜结构通过改变充气压力来改变结构的形状，从而实现对 U、α_s 的调节。围护结构形状的改变主要是侧重于对 α_s 进行调节。

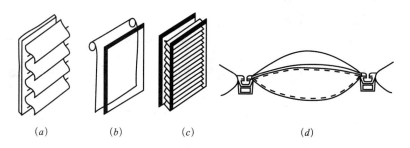

图 6-7　改变结构形状的典型形式[127]

（a）活动外百叶遮阳；（b）活动内遮阳；（c）活动的夹层遮阳；（d）多层充气薄膜

（3）改变材料物性。改变材料物性的一些典型形式，参见图 6 - 8。对于透光型围护结构，改变材料物性的方式主要是调节围护结构的太阳辐射透过特性，例如电致调光玻璃、温控调光玻璃等。前者是利用一些电极控制的液晶材料来调节透光材料的透过率来实现调光，属于主动式调节；后者则是利用一些可随温度变化物态（类似相变材料）的高分子材料，被动的调节透光型围护结构的太阳辐射透过率，一般情况下，温度越高，其透过率越低。对于非透光型围护结构，如相变材料，则是利用材料相变时巨大潜热尽可能地保持自身温度的恒定。当相变发生时，可以认为其等效热阻很大；如果相变材料置于室外侧时，可实现对等效太阳辐射得热系数 α_s 的调节。相变材料对 U、α_s 的调节属于被动式调节。此外，对于一些特殊的结构，如光伏发电板、植被形式围护结构，也可以实现对 α_s 的调节。对于光伏发电板，利用单晶硅、多晶硅等材料将照射的太阳辐射热能转变成电能，在夏季可以把围护结构对太阳辐射的负收益转化成正的收益。对于植被形式的围护结构，则是利用植物的蒸腾作用吸收照射到围护结构表面的太阳辐射，相当于给围护结构外表面进行了遮阳；而到了冬季，凋谢的植被不会影响围护结构对太阳辐射的吸收。光伏发电板、植被形式围护结构对 α_s 的调节也属于被动式调节。

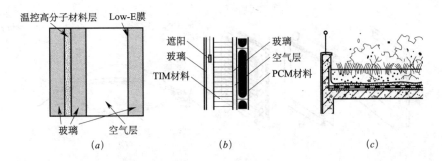

图 6 - 8　改变材料物性的典型形式[127]

（a）温控玻璃；（b）相变墙；（c）植被屋面

上述围护结构性能调节的三种方式有时单独使用，有时是同时采用其中的两种或者三种，详细分析参见曾剑龙的博士论文[127]。增强围护结构可调节性能、改变等效太阳辐射得热系数 α_s 从而影响室内产热量 Q_0，并同时增加（$UA + c_p G$）的可调节范围，如图 2-6 所示，使之能够适应全年时间范围内室内外不断变化的传热驱动力的需求，能够实现在较大时间范围内仅靠围护结构被动式传输过程即可满足建筑排热需求，尽可能减少主动式供暖空调系统的使用时间。

6.2　周期性蓄热过程分析

建筑热湿环境营造过程中常涉及一些蓄热过程。例如相变地板（相变墙体等相变材料）在冬季白天吸收太阳辐射等热量、夜间向室内释放热量的过程；在夏季，利用室外夜间温度较低的空气进行通风蓄冷，以便在白天对室内进行降温的过程；在地埋管换热系统中，土壤和管内流体对流换热（夏天蓄热、冬天放热过程）等。上述过程可简化为以日为周期或者以年为周期的周期性换热过程，可理解为取热流体/放热流体（如空气或水等）与中间媒介（地板、围护结构、土壤等）的换热过程。

6.2.1　蓄热式换热器

图 6-9 给出了上述周期性换热过程的示意图，周期长度为 $P = P_1 + P_2$。在吸热阶段 P_1，中间媒介与流体 1（等效热源）换热、中间媒介吸热后温度升高；在放热阶段 P_2，中间媒介与流体 2（等效冷源）换热、中间媒介放热后温度降低，完成此周期性的变化过程。由于中间媒介具有一定热容（热惯性），因此相比流体 1、流体 2 的温度差异（等效热源与等效热源之间的温差），中间媒介的温度变化

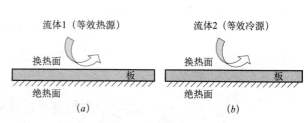

图 6-9　流体与中间媒介的周期性换热过程

（a）取热阶段（P_1 时间）；（b）放热阶段（P_2 时间）

幅度减小，参见图 6 – 10。

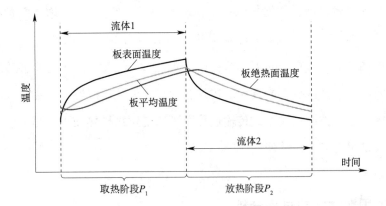

图 6 – 10   流体与中间媒介周期性换热过程温度变化示意图

图 6 – 9 和图 6 – 10 所示的周期性换热过程的瞬态换热量 q（τ）如式（6 – 13）所示。

$$q(\tau) = c_{\mathrm{p}}m[\,\overline{T_{\mathrm{m}}}(\tau) - \overline{T_{\mathrm{m}}}(\tau - 1)\,] = \begin{cases} h_1(\tau)A[\,T_1(\tau) - T_s(\tau)\,] & \tau \in [\,0,P_1\,] \\[2em] h_2(\tau)A[\,T_2(\tau) - T_s(\tau)\,] & \tau \in [\,P_1,P\,] \end{cases}$$

$$(6 – 13)$$

式中　　　　q（τ）——瞬态换热量，W；

h_1（τ）和 h_2（τ）——分别为取热阶段和放热阶段的换热系数；

A——换热面积；

T_1（τ）和 T_2（τ）——分别为等效热源和等效冷源的温度；

T_s（τ）——中间媒介的表面温度；

$\overline{T_{\mathrm{m}}}(\tau)$——中间媒介的平均温度；

P——周期长度；

c_{p} 和 m——分别为中间媒介的比热容和质量。

对于上述周期性换热过程，在全周期 P 内吸热量与放热量相同，即 $\int_0^P q(\tau)\mathrm{d}\tau = 0$；该周期性换热过程的蓄热量 $Q_{\text{蓄}}$（单位 J）为：

$$Q_{蓄} = \int_0^{P_1} q(\tau)\,\mathrm{d}\tau = -\int_{P_1}^{P} q(\tau)\,\mathrm{d}\tau \qquad (6-14)$$

由上式可以得到：

$$Q_{蓄} = P_1 \cdot \bar{q}\big|_{P_1阶段} = -P_2 \cdot \bar{q}\big|_{P_2阶段} \qquad (6-15)$$

式中　　$\bar{q}\big|_{P_1阶段}$ 和 $\bar{q}\big|_{P_2阶段}$ ——分别为取热阶段和放热阶段的平均热流量，W。

进一步分析该周期性换热过程，其由三个阶段构成：取热 P_1 阶段中流体 1（等效热源）与中间媒介表面的换热过程、中间媒介内部蓄热和放热的导热过程、放热 P_2 阶段中流体 2（等效冷源）与中间媒介表面的换热过程，如图 6-11 所示。其中，中间媒介导热过程包含了整个周期（$P_1 + P_2$）。每一个阶段都是在一定的驱动温差和传递热阻上完成的，设定 $\overline{T_1}$ 和 $\overline{T_{s,P_1}}$ 分别为取热 P_1 阶段内等效热源的平均温度和中间媒介表面的平均温度，$\overline{T_2}$ 和 $\overline{T_{s,P_2}}$ 分别为放热 P_2 阶段内等效冷源的平均温度和中间媒介表面的平均温度。图 6-11 中左边描述的是中间媒介吸热阶段的换热过程，右边描述的是放热阶段的换热过程。吸热时，等效热源（温度为 $\overline{T_1}$）与中间媒介进行换热；放热时，等效冷源（温度为 $\overline{T_2}$）与中间媒介进行换热，吸收中间媒介在吸热阶段储存的热量。因此整个换热过程的实质为蓄热式换热器——等效热源 $\overline{T_1}$ 与等效冷源 $\overline{T_2}$ 非同时的换热过程，中间媒介起着蓄能和换热载体的作用。等效热源与等效冷源的温差越大，同样情况下蓄热量越大；吸热阶段与放热阶段的换热能力越大，则传递热阻越小、换热量越大；中间媒介的导热性能越好，则传递热阻越小、换热量越大。换热量大小与中间媒介的初始温度无关，取决于等效热源与等效冷源的平均温度之差和各组成环节换热过程的传递热阻。

该周期性换热过程的总驱动温差为等效热源与等效冷源平均温度的差值（$\overline{T_1} - \overline{T_2}$），如图 6-12 所示。其中，取热 P_1 阶段

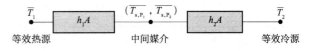

图 6-11　周期性蓄热过程示意图

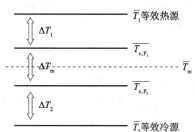

图 6 - 12 周期性蓄热过程过程中的温度情况

内等效热源与中间媒介表面换热过程的驱动温差为（$\overline{T_1}$ - $\overline{T_{s,P_1}}$），中间媒介内导热过程的驱动温差为（$\overline{T_{s,P_1}}$ - $\overline{T_{s,P_2}}$），放热 P_2 阶段内中间媒介表面与等效冷源换热过程的驱动温差为（$\overline{T_{s,P_2}}$ - $\overline{T_2}$）。由此可以得到如下结论：

（1）当 $\dfrac{\Delta T_m}{\Delta T_1 + \Delta T_2 + \Delta T_m} \to 0$ 时，整个周期性换热过程的热阻主要集中在等效热源/等效冷源与中间媒介表面的换热热阻。提高此换热体系的整体换热性能，重点在于提高 $h_1 A$ 和 $h_2 A$。

（2）当 $\dfrac{\Delta T_m}{\Delta T_1 + \Delta T_2 + \Delta T_m} \to 1$ 时，整个周期性换热过程主要受限于中间媒介内部导热性能太差。提高此换热体系的整体换热性能，重点在于提高中间媒介的性能。

6.2.2 中间媒介蓄放热过程的热阻分析

从上一节的分析可以看出，地板蓄能、夜间通风蓄能等周期性蓄热问题可视为在某一周期内等效热源与等效冷源之间通过中间媒介的换热过程，即等效为蓄热式换热器。对于如图 6 - 12 所示的蓄热式换热过程，换热能力受三部分温差的影响，分别对应流体取热阶段的换热性能、中间媒介的性能、流体放热阶段的换热性能。只有确定出蓄热式换热器性能的主要制约因素，才能给出提高其性能的有效措施。本节采用㶲耗散和等效热阻的分析方法，重点分析中间媒介自身的蓄放热过程的特点，因而中间媒介表面与等效冷源、冷效热源的换热过程采用定热流的边界条件。

以一维平板为例，图 6 - 13 给出了中间媒介内部的导热过程，该导热过程的控制方程如式（6 - 16）所示。

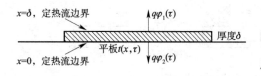

图 6 - 13 一维平板热传导模型

$$
\begin{cases}
\dfrac{\partial t(x,\tau)}{\partial \tau} = a\,\dfrac{\partial^2 t(x,\tau)}{\partial^2 x} \\[3mm]
\lambda\,\dfrac{\partial t(x,\tau)}{\partial x}\bigg|_{x=0} = -\,q\varphi_1(\tau) \\[3mm]
\lambda\,\dfrac{\partial t(x,\tau)}{\partial x}\bigg|_{x=\delta} = -\,q\varphi_2(\tau)
\end{cases}
\qquad (6-16)
$$

式中　$t\ (x,\ \tau)$ ——平板的温度，℃；

$\qquad\qquad a$——平板的热扩散系数，$\mathrm{m^2/s}$，$a = \lambda/(\rho c_p)$；

$\qquad\qquad \lambda$——平板的导热系数，$\mathrm{W/(m \cdot ℃)}$；

$\qquad\qquad \rho$、c_p——分别为平板的密度，$\mathrm{kg/m^3}$ 和比热容，$\mathrm{J/(kg \cdot ℃)}$。

初始条件如式（6-17），即初始时刻（$\tau = 0$）时平板的温度为 t_0。蓄热、放热的总周期为 P，取热、放热过程的时间均为 $P/2$，平板内的温度随周期的变化满足式（6-18）。平板两侧的热流变化分别为 $q\varphi_1(\tau)$、$q\varphi_2(\tau)$，在周期性蓄热过程的一个周期内，该过程总的蓄热量、放热量积分为 0，即满足能量守恒条件，如式（6-19）。

$$
\frac{1}{\delta}\int_{x=0}^{x=\delta} t(x,\tau = 0)\,\mathrm{d}x = t_0 \qquad (6-17)
$$

$$
t(x,\tau) = t(x,\tau + P) \qquad (6-18)
$$

$$
\int_{\tau=0}^{\tau=P} \big[\varphi_1(\tau) + \varphi_2(\tau)\big]\mathrm{d}\tau = 0 \qquad (6-19)
$$

对于这类蓄热式换热过程，中间媒介（此处为平板）的温度变化规律不同时，蓄热、放热过程的㶲耗散和热阻特性也会不同。根据中间媒介的温度变化情况，可分为三种类型：

（1）中间媒介在整个周期中可视为恒温，对应为相变材料且毕渥数 $Bi < 0.1$，如图 6-14（a）所示。此时蓄热、放热过程中中间媒介的温度不发生变化，该中间媒介自身蓄放热过程的㶲耗散和热阻均为 0（图 6-12 中 $\Delta T_\mathrm{m} = 0$）。

（2）中间媒介内部温度均匀（$Bi < 0.1$），如图 6 – 14（b）所示。此时蓄热过程与放热过程的温度变化曲线完全重合，中间媒介自身蓄放热过程的㶲耗散和热阻仍为 0。

（3）中间媒介为更一般的普通情况，此时中间媒介温度非线性变化时，如图 6 – 14（c）所示。此时蓄热过程与放热过程的变化并不一致，蓄放热过程存在㶲耗散，相应的热阻也不为 0。以下主要分析此普适情况下蓄放热过程等效热阻特性。

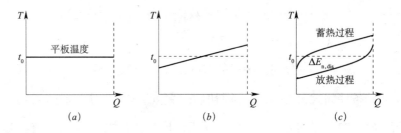

图 6 – 14   中间媒介温度对蓄热、放热过程 T – Q 图的影响

（a）中间媒介恒温；（b）中间媒介内部温度均匀；（c）普通中间媒介

为了更加清晰地认识该周期性蓄放热过程的热阻特性，此处对其控制方程及边界条件进行无量纲化。导热过程的傅里叶数 Fo、平板自身的稳态热阻 R_0 及根据稳态热阻 R_0、热流 q 得到的传递温差 Δt_{ref} 如式（6 – 20）所示。引入无量纲时间 Γ、无量纲厚度 X 和无量纲温差 T，如式（6 – 21）所示。

$$Fo = \frac{a \cdot P}{\delta^2} \, , \, R_0 = \frac{\delta}{\lambda} \, , \, \Delta t_{ref} = qR_0 \qquad (6 – 20)$$

$$\Gamma = \frac{\tau}{P} \, , \, X = \frac{x}{\delta} \, , \, T = \frac{t - t_0}{\Delta t_{ref}} \qquad (6 – 21)$$

根据上述无量纲参数，可将式（6 – 16）中平板周期性蓄放热过程的控制方程改写为：

$$\begin{cases} \dfrac{\partial T(X,\Gamma)}{\partial \Gamma} = Fo\, \dfrac{\partial^2 T(X,\Gamma)}{\partial X^2} \\[3mm] \dfrac{\partial T(X,\Gamma)}{\partial X}\bigg|_{X=0} = -\varphi_1(\Gamma) \\[3mm] \dfrac{\partial T(X,\Gamma)}{\partial X}\bigg|_{X=1} = \varphi_2(\Gamma) \end{cases} \qquad (6-22)$$

相应的初始条件、周期性温度变化条件及能量守恒关系分别如式（6-23）~式（6-25）所示。

$$\int_{X=0}^{X=1} T(X,\Gamma=0)\,\mathrm{d}X = 0 \qquad (6-23)$$

$$T(X,\Gamma) = T(X,\Gamma+1) \qquad (6-24)$$

$$\int_{\Gamma=0}^{\Gamma=1} \left[\varphi_1(\Gamma) + \varphi_2(\Gamma)\right]\mathrm{d}\Gamma = 0 \qquad (6-25)$$

根据上述无量纲控制方程及其他关系式，可以得到整个蓄热/放热过程的传递热量 $Q_{\text{蓄}}$，如式（6-26）所示，相应的蓄放热过程的㶲耗散 $\Delta E_{\text{n,dis}}$ 可用式（6-27）来表示。

$$Q_{\text{蓄}} = \frac{qP}{2}\int_{\Gamma=0}^{\Gamma=1}\left[\,|\,\varphi_1(\Gamma)\,| + |\,\varphi_2(\Gamma)\,|\,\right]\mathrm{d}\Gamma \qquad (6-26)$$

$$\Delta E_{\text{n,dis}} = q^2 R_0 P \int_{\Gamma=0}^{\Gamma=1}\left[\varphi_1(\Gamma)T(X=0,\Gamma) + \varphi_2(\Gamma)T(X=1,\Gamma)\right]\mathrm{d}\Gamma \qquad (6-27)$$

根据上述热量和㶲耗散的计算结果，可以得到该周期性动态蓄放热过程的等效热阻 R_{h} 如式（6-28）所示。从式（6-28）可以看出，该等效热阻 R_{h} 与 R_0 成正比，与 P 成反比，与蓄放热过程中热流密度 q 值的大小无关。因而，该热阻 R_{h} 可表示为 R_0、P、Fo、$\varphi_1(\Gamma)$ 和 $\varphi_2(\Gamma)$ 的函数关系式，如式（6-29）所示。

$$R_{\text{h}} = \frac{\Delta E_{\text{n,dis}}}{Q_{\text{蓄}}^2} = \frac{4R_0}{P}\frac{\displaystyle\int_{\Gamma=0}^{\Gamma=1}\left[\varphi_1(\Gamma)T(X=0,\Gamma) + \varphi_2(\Gamma)T(X=1,\Gamma)\right]\mathrm{d}\Gamma}{\left(\displaystyle\int_{\Gamma=0}^{\Gamma=1}(\,|\,\varphi_1(\Gamma)\,| + |\,\varphi_2(\Gamma)\,|)\mathrm{d}\Gamma\right)^2}$$

$$(6-28)$$

$$R_{\rm h} = \frac{R_0}{P}f[Fo,\varphi_1(\varGamma),\varphi_2(\varGamma)] \qquad (6-29)$$

以下分别对不同边界条件时的周期性蓄放热过程进行分析，比较不同过程的热阻特性。

1. 方波边界条件

根据图 6-13 所示的周期性平板蓄放热过程，给定方波形边界条件作为其热流边界条件，利用上述㶲耗散和热阻分析方法对不同方案进行研究。图 6-15 给出了不同方案中 $x=\delta$ 处和 $x=0$ 处的热流变化情况，分别为：

方案 1：利用平板单面蓄放热（图 6-15（a）），$x=\delta$ 处热流恒定，另一面 $x=0$ 处为绝热；

方案 2：利用一面蓄热、另一面放热（图 6-15（b）），前半个周期内 $x=\delta$ 处热流恒定、$x=0$ 处为绝热，后半个周期内 $x=0$ 处热流恒定，$x=\delta$ 处为绝热；

方案 3：利用一面蓄热、同时另一面放热（图 6-15（c）），前半个周期内 $x=\delta$ 处蓄热、$x=0$ 处放热，热流均为定值，后半个周期内 $x=0$ 处和 $x=\delta$ 处均为绝热。

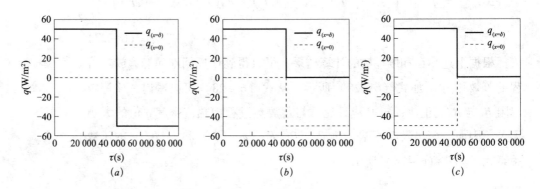

图 6-15   不同方案的热流边界条件
（a）方案 1；（b）方案 2；（c）方案 3

其中，周期长度 P 为 24h（86400s），蓄热、放热的时间均为半个周期；热流密度 q 值为 50W/m^2；平板厚度 $\delta=0.2\text{m}$，物性参数为导热系数
$\lambda=1.5\text{W/(m}\cdot\text{℃)}$，密度 $\rho=2000\text{kg/m}^3$，比热容 $c_\text{p}=2\text{kJ/(kg}\cdot\text{℃)}$。

图 6-16（a）～（c）依次给出了不同方案中平板上表面（$x=\delta$ 处）
和下表面（$x=0$ 处）的温度变化情况，可以看出方案 1 中上表面（$x=\delta$
处）温度变化在 24～31℃ 之间，显著高于其他方案，而其下表面（$x=0$
处）温度波动显著较小，这是由于方案 1 中利用 $x=\delta$ 处的上表面蓄热、
上表面放热。方案 2 中先利用上表面蓄热，后半个周期内利用下表面放
热，上下表面温度同步变化。方案 3 中上表面蓄热与下表面放热过程同步
进行，两表面温度随时间变化规律相反。

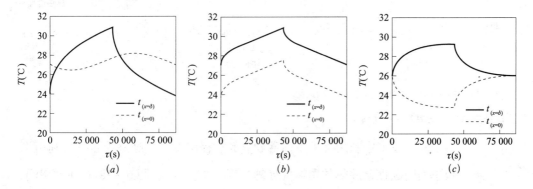

图 6-16　整个周期内中间媒介的温度变化

（a）方案 1；（b）方案 2；（c）方案 3

依照上述逐时温度变化及热量计算方法，图 6-17 给出了三种方案在
整个周期内蓄热及放热过程的 $T-Q$ 图，三种方案的总传递热量均为
2159kJ，图中蓄热、放热过程围合区域的面积即为平板蓄放热过程的自身
㶲耗散。从图中可以看出，方案 1～方案 3 的㶲耗散依次增大：方案 1 中
利用平板上表面蓄放热，整个周期内蓄热阶段的初始温度、终止温度与放
热阶段的终止温度、起始温度相对应，$T-Q$ 中围合区域的面积最小，总
的㶲耗散 $\Delta E_\text{n,dis}$ 为 $6534\text{kJ}\cdot\text{K/m}^2$；方案 2 中上表面蓄热、下表面放热，蓄
放热过程起始、终止温度间存在显著温差，也就增加了平板自身的㶲耗
散，其 $\Delta E_\text{n,dis}$ 为 $9315\text{kJ}\cdot\text{K/m}^2$；方案 3 中蓄放热过程的平板内部传递温差

最大，该过程的㶲耗散 $\Delta E_{n,dis}$ 也最大，为 $11475 kJ \cdot K/m^2$。

利用㶲耗散 $\Delta E_{n,dis}$ 及传递热量的分析结果，即可得到三种方案对应的热阻 R_h，依次为 $1.40 \times 10^{-6} (m^2 \cdot K) /J$、$2.00 \times 10^{-6} (m^2 \cdot K) /J$ 和 $2.46 \times 10^{-6} (m^2 \cdot K) /J$，可以看出与 $\Delta E_{n,dis}$ 的分析结果一致，方案 1 的等效热阻最小，方案 3 最大。

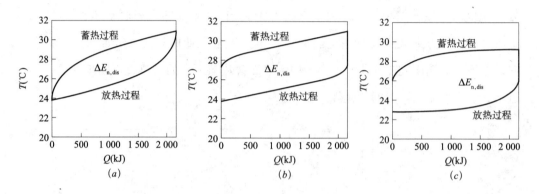

图 6-17   整个周期内中间媒介的 $T - Q$ 图
(a) 方案 1；(b) 方案 2；(c) 方案 3

从方案 1 中利用平板单面蓄放热的过程出发，此处进一步分析利用平板单面间歇性蓄放热的周期性处理过程（方案 4）。图 6-18 (a) 给出了方案 4 中平板上、下表面的热流边界条件，其中上表面 ($x = \delta$ 处) 前半个周期、后半个周期内均为间歇性蓄放热（一半时间蓄放热，一半时间绝热），蓄放热时的热流密度为 $100 W/m^2$，与方案 1 在整个周期内的总蓄放热量相同，其余物性参数与方案 1 相同。该方案中上、下表面的逐时温度变化如图 6-18 (b) 所示，可以看出上表面呈现出锯齿形上升和下降的温度变化规律，温度波动范围在 $25 \sim 32℃$ 之间，而下表面的温度变化与方案 1 类似。图 6-18 (c) 给出了方案 4 蓄放热过程的 $T - Q$ 图，可以看出温度波动随热量的变化呈现阶梯型，可以得到该方案的㶲耗散为 $8855 kJ \cdot K/m^2$，等效热阻为 $1.90 \times 10^{-6} (m^2 \cdot K) /J$，高于方案 1。

对于上述不同周期性蓄放热方案，表 6-8 汇总了其相应的㶲耗散和等效热阻的计算结果，可以看出方案 1 利用平板单面蓄热、单面放热的㶲

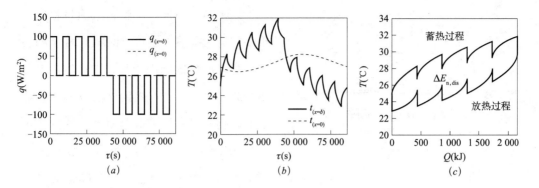

图 6 - 18　平板单面间歇蓄放热的周期性过程（方案 4）

（*a*）热流边界条件；（*b*）上下表面温度；（*c*）*T - Q* 图

耗散和等效热阻最小，方案 3 利用平板单面蓄热、另一面同时放热的过程热阻最大。

不同周期性蓄放热过程的热阻比较　　　　　表 6 - 8

不同方案	边界条件	烟耗散 $\Delta E_{n,dis}$（kJ·K/m²）	热阻 $R_h \times 10^6$（m²·K/J）
方案 1	单面蓄、单面异时放	6534	1.40
方案 2	单面蓄、异面异时放	9315	2.00
方案 3	单面蓄、异面同时放	11475	2.46
方案 4	单面间歇蓄、间歇放	8855	1.90

根据热阻 R_h 表达式［式（6 - 29）］，可将热阻与 *Fo*、$\varphi_1(\Gamma)$ 和 φ_2（Γ）之间的关系表示为式（6 - 30）的无量纲形式 Ψ。在一定的周期性边界条件下，该无量纲热阻 Ψ 仅与傅里叶数 *Fo* 有关。以图 6 - 15 中给出的方案 1～方案 3 为例，图 6 - 19 给出了傅里叶数不同时，Ψ 随 *Fo* 的变化。从图中可以看出，三类情形下 Ψ 随 *Fo* 增大而增大，并趋于稳定值；当 *Fo* 一定时，利用单面蓄热、单面异时放热的方案 1 具有最小的无量纲热阻 Ψ，利用单面蓄热、另一面异时放热的双面蓄放热方案 2 次之，而单面蓄热、另一面同时放热的方案 3 的 Ψ 最大。

$$\psi = \frac{R_h P}{R_0} = f\left[Fo, \varphi_1(\Gamma), \varphi_2(\Gamma)\right] \qquad (6 - 30)$$

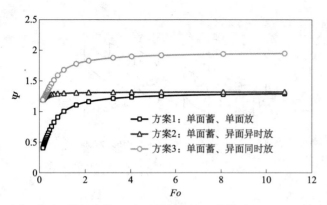

图 6-19　傅里叶数 Fo 与无量纲热阻 ψ 的关系

以上对于不同周期性蓄放热过程的分析中，均为蓄热、放热时间相同时（即各占半个周期）的结果，此处进一步给出蓄热、放热时间不同对周期性蓄放热过程热阻的影响。以利用平板单面蓄放热的方案 1 和利用单面蓄热、另一面异步放热的方案 2 为例，图 6-20（a）和（b）分别给出了方案 1 和方案 2 中的上、下表面热流边界条件，其中蓄热、放热阶段的时间分

别为 P_1、P_2，蓄放热周期为 $P_1 + P_2 = 24\mathrm{h}$。蓄热阶段（P_1）和放热阶段（P_2）的热流密度如表 6-9 所示，整个周期内蓄热阶段的蓄热量与放热阶段的放热量相同。蓄热与放热阶段的时间比例不同时，方案 1 和方案 2 的等效热阻变化情况如图 6-20（c）所示，可以看出当蓄放热时间差异越大时，等效热阻越高；当蓄热与放热阶段的时间相同，即二者均为半个周期时，可以实现最小的热阻。

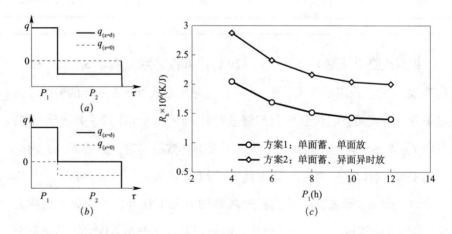

图 6-20　蓄热、放热时间比例变化对热阻的影响

（a）方案 1；（b）方案 2；（c）蓄热时间不同时的等效热阻

蓄热、放热时间变化时的热流密度					表 6 −9
时间分配	①	②	③	④	⑤
P_1（h）	4	6	8	10	12
q_1（W/m²）	200	200	200	200	200
P_2（h）	20	18	16	14	12
q_2（W/m²）	40	66.7	100	142.9	200

2. 正弦波边界条件

以上对热流边界条件为方波形时不同蓄放热过程的热阻特性进行了分析，当热流边界条件为正弦波形时，图 6 − 21 给出了不同方案中 $x = \delta$ 处和 $x = 0$ 处的热流变化情况，分别为利用平板单面蓄放热的方案 1（图 6 − 21（a））；利用一面蓄热、另一面放热的方案 2（图 6 − 21（b））；利用一面蓄热、同时另一面放热的方案 3（图 6 − 21（c））。

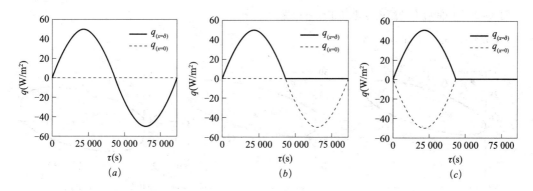

图 6 − 21 不同正弦波型热流边界条件

（a）方案 1；（b）方案 2；（c）方案 3

图 6 − 22 给出了不同方案中平板上表面（$x = \delta$ 处）和下表面（$x = 0$ 处）的温度变化情况，可以看出正弦波形热流边界条件下各方案上、下表面的温度波动情况与方波形热流边界条件时类似：方案 1 中上表面温度变化显著高于其他方案，而其下表面温度波动显著较小；方案 2 中上、下表面温度近似同步变化；方案 3 中两表面温度随时间变化规律相反。三种方案在整个周期内蓄热及放热过程的 $T - Q$ 图如图 6 − 23 所示，三种方案的总传递热量均为 1375kJ。从图中可以看出正弦波形热流边界条件下与方波形热

流边界条件时的㶲耗散变化规律类似：方案 1 ~ 方案 3 的㶲耗散依次增大，总的㶲耗散 $\Delta E_{\text{n,dis}}$ 分别为 3648kJ·K/m²、4334kJ·K/m²、5656kJ·K/m²；三种方案对应的热阻 R_{h} 依次为 $1.93 \times 10^{-6}(\text{m}^2 \cdot \text{K})/\text{J}$、$2.29 \times 10^{-6}(\text{m}^2 \cdot \text{K})/\text{J}$ 和 $2.99 \times 10^{-6}(\text{m}^2 \cdot \text{K})/\text{J}$，仍是方案 1 的等效热阻最小，方案 3 最大。

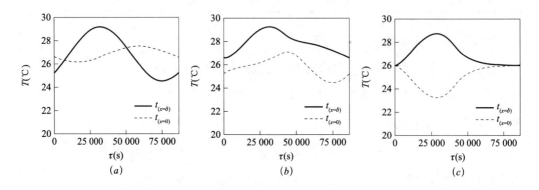

图 6 - 22　中间媒介的温度变化（正弦波边界）

(a) 方案 1；(b) 方案 2；(c) 方案 3

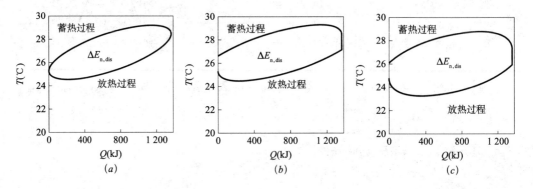

图 6 - 23　中间媒介蓄放热过程的 T - Q 图（正弦波边界）

(a) 方案 1；(b) 方案 2；(c) 方案 3

6.2.3　整个蓄热式换热过程的热阻分析

如图 6 - 12 所示，整个蓄热式换热过程由以下三个环节组成：等效热源与中间媒介表面的换热过程、中间媒介自身导热过程、中间媒介表面与等效冷源之间的换热过程。上一节重点分析了中间媒介自身导热过程以及相应的㶲耗散和等效热阻。本节在此基础上进一步对包含取放热流体、中间媒介在内的整个蓄热式换热过程进行分析。图 6 – 14 根据中间媒介在整个周期内的温度变化情况，将中间媒介分成三种典型类型，本节将分别分析采用这三种类型中间媒介的整个蓄热式换热过程的性能，如表 6 – 10 表示，其中等效温差参见图 6 – 12。

整个蓄热式换热过程的㶲耗散、热阻与等效温差　　表 6 – 10

	等效热源与中间媒介表面的换热过程	中间媒介自身导热过程	等效冷源与中间媒介表面的换热过程
中间媒介恒温	$\Delta E_{n,dis,1} > 0,\ R_{h,1} > 0,$ $\Delta T_1 > 0$	$\Delta E_{n,dis,m} = 0,\ R_{h,m} = 0,$ $\Delta T_m = 0$	$\Delta E_{n,dis,2} > 0,\ R_{h,2} > 0,$ $\Delta T_2 > 0$
中间媒介内部温度均匀	$\Delta E_{n,dis,1} > 0,\ R_{h,1} > 0,$ $\Delta T_1 > 0$	$\Delta E_{n,dis,m} = 0,\ R_{h,m} = 0,$ $\Delta T_m = 0$	$\Delta E_{n,dis,2} > 0,\ R_{h,2} > 0,$ $\Delta T_2 > 0$
普通中间媒介	$\Delta E_{n,dis,1} > 0,\ R_{h,1} > 0,$ $\Delta T_1 > 0$	$\Delta E_{n,dis,m} > 0,\ R_{h,m} > 0,$ $\Delta T_m > 0$	$\Delta E_{n,dis,2} > 0,\ R_{h,2} > 0,$ $\Delta T_2 > 0$

1. 中间媒介可视为恒温过程

当中间媒介在整个换热过程可视为恒温（对应相变材料且毕渥数 Bi < 0.1）时，在整个蓄放热周期内，中间媒介的温度不发生变化，中间媒介的㶲耗散与热阻均等于 0。如表 6 – 10 表示，整个换热过程的热阻可表示为：

$$R_h = \frac{\Delta E_{n,dis}}{Q_{蓄}^2} = \frac{\Delta \overline{T}}{Q_{蓄}} = R_{h,1} + R_{h,2} \qquad (6 – 31)$$

式中　$R_{h,1}$ 和 $R_{h,2}$——分别为等效热源与中间媒介表面换热过程的热阻、等效冷源与中间媒介表面换热过程的热阻。

图 6 – 24 以等效热源（流体 1）、冷源（流体 2）分别为恒温流体为例，给出了整个周期性蓄热过程在温度 – 时间图和 $T – Q$ 图上的表示。整个过程的㶲耗散 $\Delta E_{n,dis}$ 由两部分组成，分别为取热阶段的㶲耗散 $\Delta E_{n,dis,1}$ 和放热阶段的㶲耗散 $\Delta E_{n,dis,2}$。若取热阶段和放热阶段中，流体 1 和流体 2 与中间媒介的换热系数分别为 h_1 和 h_2，则式（6 – 31）中热阻为：

$$R_{h,1} = \frac{1}{h_1 A_1 P_1} , R_{h,2} = \frac{1}{h_2 A_2 P_2} \qquad (6-32)$$

式中　P_1 和 P_2——分别为取热阶段和放热阶段的时间周期；

　　　　A——流体与中间媒介的换热面积。

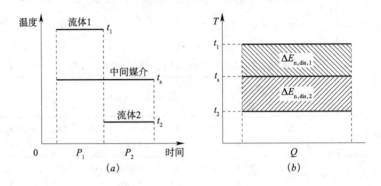

图 6-24　中间媒介可视为恒温的换热过程

(a) 周期内换热过程；(b) 换热 $T-Q$ 图

2. 中间媒介内部温度均匀

当中间媒介内部温度均匀（毕渥数 $Bi < 0.1$）时，在整个蓄放热周期内中间媒介内部各处的温度同步变化，如图 6-14 (b) 所示，中间媒介的㶲耗散 $\Delta E_{n,dis,m}$ 与热阻 $R_{h,m}$ 均等于 0。整个蓄放热过程的总热阻为：

$$R_h = \frac{\Delta E_{n,dis}}{Q_{蓄}^2} = \frac{\Delta \overline{T}}{Q_{蓄}} = R_{h,1} + R_{h,2} \qquad (6-33)$$

图 6-25 给出了两种典型的等效热源与冷源情况下整个周期性蓄热过程在 $T-Q$ 图上的表示，分别为冷热源与中间媒介匹配的变温源（图中等效热源、中间媒介和等效冷源的温度变化为三条平行线）和恒温的冷热源。若取热阶段和放热阶段中，流体 1 和流体 2 与中间媒介的换热系数分别为 h_1 和 h_2。在图 6-25 (a) 所示的情况下，式 (6-33) 中取热和放热阶段的热阻分别为：

$$R_{h,1} = \frac{1}{h_1 A_1 P_1} , R_{h,2} = \frac{1}{h_2 A_2 P_2} \qquad (6-34)$$

可以看出，在此情况下，整个周期性换热过程的总热阻与中间媒介可视为恒温过程的热阻［式（6－32）］具有相同的表达式。

当在 $T-Q$ 图中，等效热源、中间媒介和等效冷源的温度变化不为平行线时，此时总热阻将大于式（6－34）所示热阻。例如在图 6－25（b）中，等效冷热源均为恒温流体，此时式（6－33）中取热和放热阶段的热阻分别为：

$$R_{h,1} = \frac{\gamma_1}{h_1 A_1 P_1}, \quad R_{h,2} = \frac{\gamma_2}{h_2 A_2 P_2} \qquad (6-35)$$

式中　γ_1 和 γ_2 ——均为无量纲参数，且数值大于 1。

在张海强的硕士论文[132]中给出了不同情况下该参数的具体表达式。

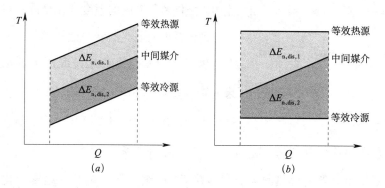

图 6－25　中间媒介内部温度均匀的换热过程

（a）冷热源为与中间媒介匹配的变温源；（b）冷热源为恒温源

3. 普通中间媒介

对于更一般的情况，中间媒介内部的温度并不一致，此时蓄热式换热过程的热阻包含三部分：中间媒介的内部热阻 $R_{h,m}$（计算方法详见 6.2.2 节），等效热源与中间媒介间（蓄热阶段）的换热热阻 $R_{h,1}$ 以及等效冷源与中间媒介（放热阶段）的换热热阻 $R_{h,2}$。

$$R_h = \frac{\Delta E_{n,dis}}{Q_{\text{蓄}}^2} = \frac{\Delta \bar{T}}{Q_{\text{蓄}}} = R_{h,1} + R_m + R_{h,2} \qquad (6-36)$$

当冷热源为与中间媒介匹配的变温源时，即 $T-Q$ 图中等效热源的温度变化与取热阶段中间媒介表面温度变化曲线相平行，等效冷源的温度变化与放热阶段中间媒介表面温度变化曲线相平行时，热阻 $R_{h,1}$ 和 $R_{h,2}$ 可采用式（6-34）计算。因此，总热阻为：

$$R_h = \frac{1}{h_1 A_1 P_1} + R_m + \frac{1}{h_2 A_2 P_2} \qquad (6-37)$$

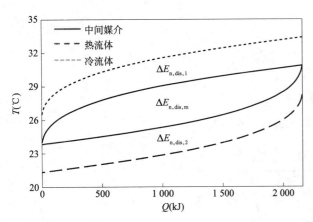

图6-26 蓄热式换热过程的 $T-Q$ 图

图6-26给出了当冷热源为与中间媒介匹配的变温源时换热过程在 $T-Q$ 图上的表示，以图6-15（a）中方案1的蓄放热过程为例，其中冷、热流体与中间媒介间的对流换热系数 $h = 20\text{W}/(\text{m}^2 \cdot \text{℃})$。根据该蓄热式换热过程的热流边界条件及各流体的温度变化情况，可以计算得到该过程的㶲耗散和等效热阻，中间媒介自身热阻 R_m、蓄热热阻 R_1 及取热热阻 R_2 的结果分别为 $1.40 \times 10^{-6}(\text{m}^2 \cdot \text{K})/\text{J}$、$1.16 \times 10^{-6}(\text{m}^2 \cdot \text{K})/\text{J}$ 和 $1.16 \times 10^{-6}(\text{m}^2 \cdot \text{K})/\text{J}$，三部分热阻所占比例分别为37.7%、31.2%和31.2%。

对于更一般的冷热源情况，即在 $T-Q$ 图中等效热源的温度变化与取热阶段中间媒介表面温度变化曲线不平行，或等效冷源的温度变化与放热阶段中间媒介表面温度变化曲线不平行时，此时蓄热式换热过程的总热阻为：

$$R_h = \frac{\gamma_1}{h_1 A_1 P_1} + R_m + \frac{\gamma_2}{h_2 A_2 P_2}, \text{其中} \gamma_1 > 1 \text{、} \gamma_2 > 1 \qquad (6-38)$$

在同样对流换热系数情况下，式（6-38）热阻大于式（6-37）与中间媒介温度变化匹配的变温冷热源情况的热阻。

6.2.4　典型案例分析

1. 地板白天蓄热、夜间放热（以日为周期的蓄热过程）

在建筑室内，蓄能式地板旨在冬季白天吸收室内的热量，晚上再向室内低温空气释放，可近似为以日为周期的周期性换热过程，换热过程如图 6-9 所示。表6-11 给出了单位面积地板蓄热、放热过程的总热阻，以及取热阶段对流换热过程、地板内部导热过程、放热阶段对流换热过程几部分热阻的比例情况。其中，取热阶段与放热阶段，空气与地板之间的对流换热系数均为 8 W/(m² · K)；蓄热与取热的时间相同（$P_1 = P_2$），均为 12h；地板厚度按照 0.2m 计算；简化起见认为白天高温空气的温度恒为 26℃、夜间低温空气的温度恒为 16℃。通过表 6-11 的计算结果可以看出：

常用地板材料的物性参数与蓄热式换热过程的热阻分析结果

表 6-11

	材料的物性参数			$Q_{蓄}$ (kJ)	$R \times 10^6$ (K/J)	各部分热阻所占比例		
	ρ (kg/m³)	λ [W/(m · K)]	c_p [J/(kg · K)]			取热对流 换热过程	中间媒介 导热过程	放热对流 换热过程
大理石	2500	2.7	924	1424	7.02	41.2%	17.6%	41.2%
花岗岩	820	3.1	2800	1448	6.91	41.9%	16.2%	41.9%
钢筋混凝土	2400	1.54	840	1289	7.76	37.3%	25.4%	37.3%
水泥砂浆	1800	0.93	840	1112	8.99	32.2%	35.6%	32.2%
木地板	746	0.14	2431	701	11.43	20.3%	59.4%	20.3%

（1）同样情况下，蓄热量从大到小的排序依次为：花岗岩与大理石最高，钢筋混凝土、水泥砂浆次之，以木地板的蓄热量最小。

（2）对于大理石和花岗岩材料的地板，蓄热式换热过程的热阻主要受地板与空气之间对流换热热阻的影响，地板自身导热热阻在整个热阻中所占的比例有限（在20%以内）。

（3）对于木地板，蓄热式换热过程的热阻主要集中在木地板的导热过程，究其原因在于木地板的导热系数过低。

（4）对于水泥砂浆、钢筋混凝土类型的地板，取热阶段对流换热过程、中间媒介导热过程、放热阶段对流换热过程三部分热阻的比重相当。当在水泥砂浆地板中加入相变材料，使得比热增加至 2 kJ/(kg · K) 时，

$Q_{蓄}$增加至 1268kJ（增幅 14%），中间媒介导热过程的热阻从原来的 35.6%下降至 26.6%。当在钢筋混凝土地板中加入相变材料，使得比热增加至 2 kJ/（kg·K）时，$Q_{蓄}$增加至 1371kJ（增幅仅 6.4%），中间媒介导热过程的热阻从原来的 25.4%下降至 20.7%。

2. 夜间通风蓄冷（以日为周期的蓄热过程）

夏季夜间通风对室内墙体进行降温，白天墙体再吸收外界的热量；这个过程与上例的蓄热式地板的换热过程类似，实现的也是白天空气和夜间空气的换热过程；驱动温差为白天和夜间的平均温差。利用夜间通风，能有效利用昼夜温差，提高建筑围护结构蓄热换热量。

当墙体厚度远低于墙体表面积时，可简化为图 6-9 所示的周期性换热过程，该换热过程的总热阻主要为取热和放热阶段的对流换热热阻以及墙体导热热阻。表 6-12 给出了常用墙体材料的物性参数，以及单位面积墙体蓄热、放热过程的总热阻。其中，取热阶段与放热阶段，空气与墙表面的对流换热系数分别为 8W/（m²·K）和 10W/（m²·K）；蓄热与取热的时间相同，均为 12h；墙厚度按照 0.2m 计算；高温空气与低温空气的温度分别取为 28℃和 18℃。通过表 6-12 的计算结果可以看出，几种墙体的蓄热量从大到小的排序为：混凝土、砖砌体、纤维板与胶合板。对于不同墙体，墙体与周围空气在取热阶段的对流换热热阻和放热阶段的对流换热热阻均相同，仅是墙体内部导热热阻不同而已。

（1）同样情况下，蓄热量从大到小的排序依次为：混凝土最高，砖砌体、纤维板次之，胶合板的蓄热量最小。

（2）对于混凝土结构的墙体，墙体内部的导热热阻占总热阻的比例在 25%~31%。对于砖砌体，墙体内部的导热热阻占总热阻的比例在 33%~40%。取热阶段对流换热过程、中间媒介导热过程、放热阶段对流换热过程三部分热阻的比重相当。

（3）对于纤维板与胶合板墙体，墙体内部的导热热阻占主导。降低墙体内部的导热热阻是提高墙体蓄热量的重点。

常用墙体材料的物性参数与蓄热式换热过程的热阻分析结果

表 6 - 12

	材料的物性参数			$Q_蓄$ (kJ)	$R \times 10^6$ (K/J)	各部分热阻所占比例		
	ρ (kg/m³)	λ [W/(m·K)]	c_p [J/(kg·K)]			取热对流换热过程	中间媒介导热过程	放热对流换热过程
钢筋混凝土	2500	1.74	920	1440	6.94	41.7%	25.0%	33.3%
碎石混凝土	2300	1.51	920	1388	7.20	40.2%	27.7%	32.1%
卵石混凝土	2100	1.28	920	1326	7.54	38.4%	30.9%	30.7%
灰砂砖砌体	1900	1.10	1050	1287	7.77	37.2%	33.0%	29.8%
重砂浆砌筑黏土砖砌体	1800	0.81	1050	1184	8.45	34.3%	38.3%	27.4%
轻砂浆砌筑黏土砖砌体	1700	0.76	1050	1153	8.67	33.4%	39.9%	26.7%
纤维板	1000	0.34	2510	1003	9.97	29.0%	47.8%	23.2%
胶合板	600	0.17	2510	696	14.37	20.1%	63.8%	16.1%

3. 垂直地埋管换热器（以年为周期的蓄热过程）

图 6 - 27 给出了 U 形垂直地埋管的示意图，U 形管放入钻孔后（钻孔直径 $2r$ 一般为 0.2m 左右），再用回填材料填好空隙；U 形管通常均匀排列，如图 6 - 27（b）所示；管与管之间的间距 M 通常为 3 ~ 6m；埋管深度一般为 50 ~ 100m。由于地埋管成规则形状排列，因此每根单管的换热过程类似，单管换热过程可视为在等效半径为 R 处绝热[135]。夏季时，管内流体通过管壁向土壤区蓄热；冬季时，管内流体从土壤区取热；其周期为年。与上述两例的换热过程类似，地埋管换热器实现的过程是夏季流体和冬季流体之间的动态换热过程，其蓄热量大小取决于夏季和冬季平均流体温差；以及管壁对流换热热阻、土壤导热热阻和土壤区热容大小。土壤区的内部温度分布可近似为沿半径方向的一维模型。

表 6 - 13 给出了土壤的物性参数以及单位埋管长度的蓄热、放热过程的总热阻。其中，钻孔表面之间的等效换热系数 h 为 5W/(m²·K)，该数值取决于回填土导热性能、管壁导热性能和内管壁对流换热系数；蓄热与

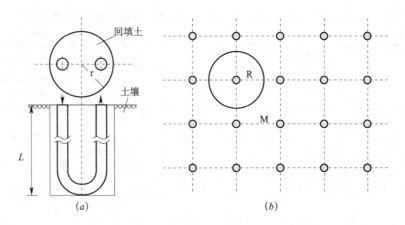

图 6-27　垂直 U 形埋地换热器示意图

(*a*) U 形管埋地示意图；(*b*) 多个 U 形管排列示意图

取热的时间相同，均为 4 个月，其余 4 个月视为绝热过程；钻孔直径 0.2m （*r* = 0.1m），相邻管间隔 5m （图 6-27 中等效 *R* = 3.2m）；高温水与低温水的温度分别为 30℃和 10℃。由表 6-13 的计算结果可得到：

土壤的物性参数与蓄热式换热过程的热阻分析结果　　表 6-13

	材料的物性参数			$Q_\text{蓄}$ (MJ)	$R \times 10^8$ (K/J)	各部分热阻所占比例		
	ρ (kg/m³)	λ [W/(m·K)]	c_p [J/(kg·K)]			取热对流换热过程	中间媒介导热过程	放热对流换热过程
粗砂石	837	0.20（干燥）0.60（饱和）	930	58.0	17.2	11.2%	77.6%	11.2%
细砂石	837	0.19（干燥）0.60（饱和）	930	58.0	17.2	11.2%	77.6%	11.2%
亚砂石	2135	0.19（干燥）0.60（饱和）	600	68.6	14.6	13.2%	73.5%	13.2%
亚黏土	1005	0.26（干燥）0.60（饱和）	1260	68.3	14.6	13.2%	73.6%	13.2%
湿砂	1507	0.59	1420	80.7	12.4	15.6%	68.8%	15.6%
岩石	921	0.93	1700	92.7	10.8	17.9%	64.3%	17.9%
密石	921	1.07	2000	104.8	9.54	20.2%	59.6%	20.2%
黏土	1842	1.41	1850	144.2	6.94	27.8%	44.4%	27.8%

注：粗砂石、细砂石、亚砂石、亚黏土的 $Q_\text{蓄}$ 和热阻 R 均是在饱和土 [$\lambda = 0.60$ W/(m·K)] 时的计算结果

（1）同样情况下，蓄热量从大到小的排序依次为：黏土、密石、岩石、湿砂、亚黏土与亚砂石、粗砂石与细砂石。蓄热量最大的黏土的蓄热量是粗砂石与细砂石的 2.5 倍。

（2）土壤自身导热热阻在总热阻中占有非常大的比重。即使对于黏土，土壤自身导热热阻占到 44%。表 6-13 中其他土壤结构，土壤自身导热热阻占总热阻的 60%~80%。因而，垂直地埋管换热器的换热性能主要受土壤自身导热热阻的制约。

4. 瞬时太阳辐射对辐射地板热阻的影响

作为一种新型末端形式，辐射供冷方式近年来得到快速发展，以混凝土型辐射地板为例，在机场航站楼、车站等高大空间建筑中的实际应用表明其具有良好的室内环境调控效果和明显的节能潜力。在这类环境中，通常存在较强太阳辐射（瞬时热流可达 $100\mathrm{W/m^2}$ 以上），而照射时间通常较短（一般在 1h 以内），属于瞬态（动态）过程。此处对瞬时太阳辐射这一动态过程的热阻进行分析。

图 6-28 给出了混凝土型辐射地板结构示意和地板内垂直于水管的剖面温度分布情况，地板内垂直于水管的竖直和水平方向存在二维导热，可以根据㶲耗散定义辐射板的稳态热阻 R_f：

$$R_f = \frac{\Delta E_{n,\mathrm{dis}}}{q_f^2} = \frac{T_f - \overline{T}_w}{q_f} \qquad (6-39)$$

式中　T_f——辐射板表面平均温度；

　　　$\overline{T}_w$——辐射板内冷水平均温度；

　　　q_f——从辐射板表面传递至冷水的平均热流。

该稳态热阻 R_f 与辐射板结构、材料物性等相关，与辐射板内冷水、室内热源的温度水平无关，混凝土辐射地板的稳态热阻通常在 $0.1~0.2(\mathrm{m^2 \cdot K)/W}$ 之间。

（1）辐射地板末端

当存在瞬时太阳辐射时，辐射地板对太阳辐射热量进行采集、排除的

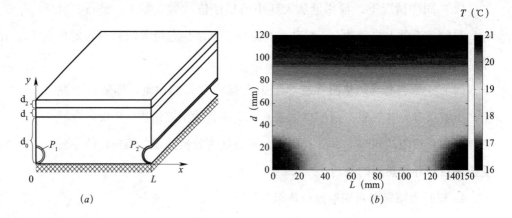

图 6-28 混凝土结构辐射地板及稳态情况下温度分布

(a) 辐射板结构；(b) 温度分布

过程，可视为一个周期性换热过程，全周期内的吸热量和释热量相同，在周期初始和结束时刻辐射地板内部状态相同。周期性换热过程中辐射板内部的㶲耗散等于流入与流出辐射板的㶲之差，如式（6-40）所示，相应的由辐射板吸热界面传递至释热界面过程的热阻可用式（6-41）表示，其中 $\bar{T}_{in}$ 和 $\bar{T}_{out}$ 分别为辐射板在吸热阶段和释热阶段按照热量平均的吸热温度和释热温度。

$$\Delta E_{n,dis} = E_{n,in} - E_{n,out} = \int q_{in} T_{in} d\tau - \int q_{out} T_{out} d\tau \qquad (6-40)$$

$$R'_f = \frac{\Delta E_{n,dis}}{Q_{总}^2} = \frac{\int_{\tau} T_{in} d\frac{q_{in}\tau}{Q_{总}} - \int_{\tau} T_{out} d\frac{q_{out}\tau}{Q_{总}}}{Q_{总}} = \frac{\bar{T}_{in} - \bar{T}_{out}}{Q_{总}} \qquad (6-41)$$

根据上述周期性换热过程的㶲耗散和热阻，可以分析辐射板内由瞬时太阳辐射引起的动态换热过程。在辐射地板供冷中，辐射地板表面温度一般在 20~22℃之间，辐射地板表面得热量包括太阳辐射热量（短波辐射）和室内传热量（长波辐射和对流）两部分，如图 6-29（a）所示。太阳辐射热量从地板表面传递至冷水的过程需经历地板内部的蓄热和释热过程，属于动态过程，如图 6-29（b）所示。当瞬时太阳辐射时地板表面温度逐步上升，一般仍低于室内壁面温度 $AUST$ 和空气温度 T_a。

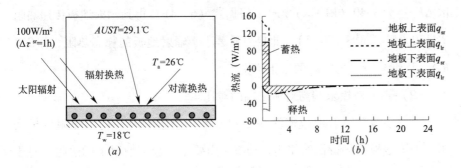

图 6-29　瞬态太阳辐射情况下辐射地板的换热过程（辐射地板下表面绝热）

（a）辐射地板与室内换热；（b）蓄热与释热过程[1]

　　以混凝土辐射地板接收到 $100W/m^2$ 的太阳照射 $1h$ 为例，太阳照射期间进入地板表面的㶲流以及随着水侧换热传递给冷水的㶲流如图 6-30（a）所示。在蓄热和释热有限温差的传热过程中，根据式（6-40），㶲耗散即等于蓄热过程流入的㶲与释热过程流出的㶲之差。在图 6-30（b）的 T-Q 图中，辐射地板表面和冷水温度曲线所围面积即为辐射地板内部导热的㶲耗散。在太阳照射 $1h$ 期间，地板表面吸收 $360kJ/m^2$ 的太阳辐射热量和 $140kJ/m^2$ 的室内传热量，地板表面（吸热）和水侧表面（释热）的平

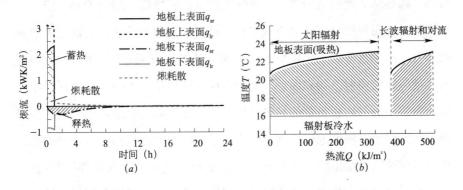

图 6-30　受太阳辐射影响时辐射地板上、下表面的㶲流和 T-Q 图

（a）地板上、下表面㶲流；（b）T-Q 图

---

❶　图中 q_{sr} 为太阳辐射热量（短波辐射），W/m^2；q_{lr} 为室内长波辐射和对流换热量之和，W/m^2。

均温度 $\overline{T}_{in}$ 和 $\overline{T}_{out}$ 分别为 22.5℃和 16.0℃，辐射地板内部导热过程的㶲耗散 $\Delta E_{n,dis}$ 为 3340（kJ·K）/m^2，根据式（6-41）得到辐射地板传递热阻 R'_f 为 0.013（m^2·K）/kJ（此热阻显著小于辐射地板的稳态热阻，即 $R'_f < R_f$），详细分析参见赵康的博士论文[137]。

（2）辐射地板末端与对流末端的对比

上一小节对辐射地板末端在受到太阳辐射影响时的动态热阻分析表明，由于地板蓄热特性的作用，动态热阻要小于稳态情况下的热阻。对于采用普通地板与对流送风末端形式进行热量排除的系统，其热量采集、排除过程也受到地板蓄热特性的影响。本小节进一步对采用对流送风末端方式和采用辐射末端方式时的动态热量采集过程进行分析，比较两种不同末端形式在总热阻及所需冷源温度品位等方面的差异。

对于地板辐射末端与对流末端方式，其对热量的采集、传递方式不同，图 6-31 给出了采用不同末端方式时的热量排除过程。利用对流送风方式对室内热量进行排除时（图 6-31（a）），太阳辐射热量到达地板表面后部分蓄存在地板中，地板表面温度逐渐升高，地板的蓄热及放热过程均为动态过程；与此同时，地板表面通过对流方式、长波辐射方式与室内换热、将热量从地板表面带走，空气与冷水在表冷器中进行换热，空气温度降低，从而利用对流送风方式将热量进一步传递到冷水，实现室内热量的采集、排除过程。采用辐射地板末端方式时（图 6-31（b）），太阳辐射热量传递到辐射末端表面后，部分蓄存在地板中，进一步地通过经由地板上表面→辐射地板盘管的导热过程，热量逐渐被辐射地板盘管内的冷水带走，类似地，辐射地板的蓄热、放热过程均为动态换热过程。与普通地板和对流送风热量排除方式相比，辐射地板末端在排除太阳辐射热量时，不需要利用空气作为中间媒介将热量传递给冷水，而可以直接通过地板将热量传递到冷水。

考虑地板蓄热特性的影响后，图 6-32（a）和（b）分别给出了利用对流送风末端方式和辐射地板末端方式排除太阳辐射热量时的热阻构成及

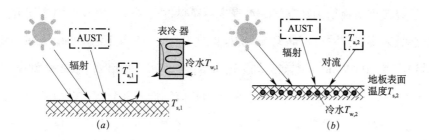

图 6-31　不同末端方式的热量采集过程

（a）对流末端；（b）辐射末端

$T-Q$ 图表示，包含了从地板表面温度到冷水温度之间的热量采集、传递过程。利用普通地板与对流送风末端方式时，太阳辐射热量的采集、排除过程包含从地板表面→空气温度 $T_{a,1}$→送风温度 T_{sa}→冷水温度 $T_{w,1}$（冷水平均温度）的热量传递过程。考虑地板的蓄热特性后，该过程的热阻包含地板蓄热与放热过程的热阻 R'_{f1}、地板表面与空气换热过程热阻 R_{f-a}、对流送风与室内的掺混热阻 R_{mix}、表冷器侧空气与水换热热阻 R_{a-w}，其中蓄热阶段、放热阶段的地板表面按照热量平均温度分别为 $T_{s,1}$、$T'_{s,1}$。利用辐射地板末端方式时，太阳辐射热量的排除过程可视为从地板表面温度 $T_{s,2}$→冷水温度 $T_{w,2}$（冷水平均温度）的热量传递过程，该过程的热阻为地板表面到冷水之间动态换热过程的等效热阻 R'_{f2}。因此，与辐射末端方式相比，对流送风末端方式排除热量的环节增加，而增加换热环节就意味着增加了产生热阻的可能。

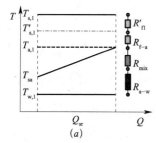 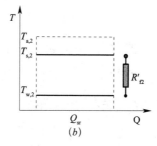

图 6-32　不同末端对太阳辐射热量采集过程的热阻

（a）对流末端；（b）辐射末端

以典型地板结构及空气 - 水表冷器换热过程为例，比较不同末端方式中热量采集、排除过程各环节的热阻，其中太阳辐射照射时间为 1h，辐射强度为 $100W/m^2$，整个蓄放热周期为 24h。采用对流末端方式时（图 6 - 32 (a)），太阳辐射热量到达地板表面后，部分蓄存在地板、部分通过与周围空气的对流换热排除，地板蓄放热阶段的等效热阻 R'_{fl} 为 0.42 $(m^2 \cdot K)/W$，地板表面与空气换热热阻 R_{f-a}、送风与室内掺混热阻 R_{mix} 和表冷器侧换热热阻 R_{a-w} 分别为 $0.42(m^2 \cdot K)/W$、$0.13(m^2 \cdot K)/W$ 和 0.05 $(m^2 \cdot K)/W$。采用辐射地板末端时（图 6 - 32 (b)），太阳辐射热量到达地板表面后可被冷水带走，辐射地板蓄放热过程的等效热阻仅为 0.07 $(m^2 \cdot K)/W$。因此，与普通地板结合对流送风方式相比，辐射地板方式可大幅降低太阳辐射热量排除过程的热阻。

需要指出的是，对于太阳辐射等热量的采集过程，不同末端方式中采集到热量的温度水平不同：对流送风末端方式中，采集到的太阳辐射热量的温度品位为普通地板表面温度 $T_{s,1}$；辐射地板末端方式中，采集到的太阳辐射热量的温度品位为辐射地板表面温度 $T_{s,2}$。

理论上，对于采用辐射地板末端方式的场合，只要地板表面温度 $T_{s,2}$ 低于辐射热源的温度，辐射地板即可将辐射热量排除；从地板表面到冷水之间的等效热阻 R'_{f2} 较小，此时需求的冷水温度 $T_{w,2}$ 可以具有较高的温度水平。而在实际工程中应用辐射地板末端排除热量时，辐射地板表面温度 $T_{s,2}$ 受到室内空气温度 $T_{a,2}$ 的限制（$T_{s,2}$ 要低于 $T_{a,2}$），此外辐射地板还需要考虑通过对流方式排除一部分热量，这就要求地板表面温度 $T_{s,2}$ 与室内空气温度 $T_{a,2}$ 之间存在一定的温差；$T_{s,2}$ 的下限则要考虑防止辐射地板表面结露及对室内热舒适状况的影响。因而，受到诸多实际因素限制后，辐射地板表面温度 $T_{s,2}$ 与室内 $T_{a,2}$ 之间的温差通常在 3~6℃ 左右，即（$T_{a,2} - T_{s,2}$）$\approx$ 3~6℃。

采用普通地板与对流送风方式时，太阳辐射热量到达地板表面后地板

表面温度变为 $T_{s,1}$，此温度即为该方式中收集到太阳辐射热量的温度品位。受辐射热量的影响 $T_{s,1}$ 要高于室内空气温度 $T_{a,1}$，之后地板通过对流等方式将热量传递给空气，$T_{s,1}$ 与室内 $T_{a,1}$ 之间的温差通常可在 $2\sim5℃$，即 $(T_{s,1}-T_{a,1})\approx2\sim5℃$。

因此，采用对流送风末端方式时，利用地板所收集的太阳辐射热量温度品位 $T_{s,1}$ 要高于室内空气温度 $T_{a,1}$，而辐射地板末端方式中地板表面温度 $T_{s,2}$ 低于室内空气温度 $T_{a,2}$。当 $T_{a,1}$ 与 $T_{a,2}$ 相等或相近时，$T_{s,1}$ 要高于 $T_{s,2}$，即利用普通地板与对流送风方式采集到的太阳辐射热量温度品位要高于辐射地板排热方式。若选取操作温度 T_{op} 相同（此时 $T_{a,1}>T_{a,2}$）作为基准，对流送风方式中 $T_{s,1}$ 可比操作温度 T_{op} 高 $2℃$ 左右，而辐射地板方式中 $T_{s,2}$ 通常要比操作温度 T_{op} 低 $2℃$ 以上，因而仍是对流送风方式利用地板采集到的热量温度水平高、辐射地板方式采集到的热量温度水平低，两者所采集热量的温度品位一般差异在 $4℃$ 以上。

这种采集热量温度品位的差异对两者所需的冷源温度水平也会产生影响，以图 6-32 中的计算工况为例，图 6-33 给出了不同末端方式排除太阳辐射热量过程中各环节温度情况的对比（两种方式的操作温度 T_{op} 相同），其中 $T'_{s,2}$ 为按照㶲耗散折算的太阳辐射等效温度。从图中可以看出，采用对流末端方式时地板表面温度 $T_{s,1}$（$28.2℃$）显著高于辐射地板方式中的地板表面温度 $T_{s,2}$（$21.1℃$），即前者采集到的太阳辐射热量温度水平比后者高 $7.1℃$。但受热阻的影响（对流末端方式采集、排除太阳辐射热量的总热阻显著高于辐射地板方式），前者热量采集、排除过程中地板表面温度与平均冷水温度之差（$T_{s,1}-T_{w,1}$）可达 $12.8℃$，辐射末端方式则仅为（$T_{s,2}-T_{w,2}$）$=3.6℃$。因此，从最终需求的冷水温度来看，辐射末端需求的冷水温度 $T_{w,2}$（$17.5℃$）高于对流末端方式中需求的冷水温度 $T_{w,1}$（$15.4℃$）。

从上述分析可以看出，仅考虑排除太阳辐射热量时，对流末端方式与辐射地板末端方式中均可以利用地板蓄存热量，热量的采集、排除为动态

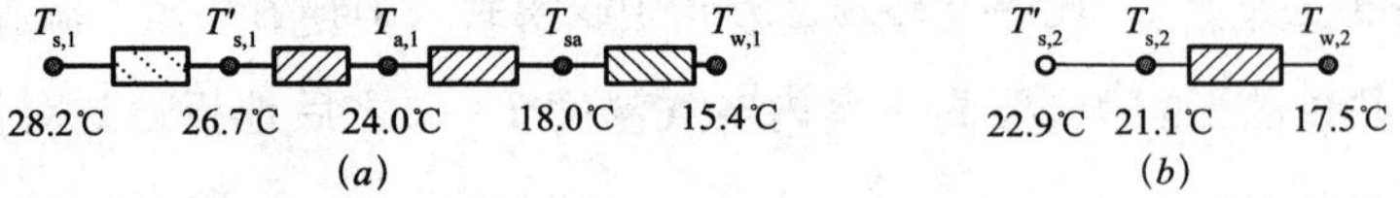

图 6-33   不同末端方式太阳辐射热量排除过程的温度对比

(a) 对流末端;(b) 辐射末端

蓄热-放热过程。采用普通地板与对流送风结合的排热方式时,热量需经由地板表面→空气→冷水等换热环节,增加了换热环节,热量排除过程的总热阻显著高于辐射地板方式;辐射地板方式可直接将采集到的热量通过地板传递到辐射盘管内的冷水,排热过程的热阻较小。两种热量排除方式中采集到的热量温度品位(地板表面温度)不同,辐射地板排热方式采集到的热量温度品位低于普通地板与对流送风结合的排热方式。综合上述影响,仅考虑排除太阳辐射热量时,辐射地板方式需求的冷水温度高于对流末端方式。

第7章 湿空气热湿处理过程的特性分析

湿空气热湿处理过程是建筑热湿环境营造过程的重要环节，湿空气处理过程中伴随着传热、传质和相变过程。不同湿度处理方式的特点不同，对建筑热湿环境营造过程中热湿处理需求的适应性也不同。对于冷凝除湿过程，湿空气与冷媒为间接接触方式，仅有当冷媒的温度低于空气的露点温度，把空气冷却到露点温度之下继续冷却，才能使空气中的水蒸气凝结出来，其分析详见附录 B。本章将介绍湿空气与水直接接触的热湿处理过程（可以实现对湿空气冷却除湿、冷却加湿、加热加湿等多种的热湿处理功能，在喷水室、冷却塔、蒸发冷却器、湿膜加湿器等有着广泛的应用），从基本的空气热湿处理过程出发，利用相应的热学参数对热湿处理过程进行热学分析，给出定量刻画热湿处理过程损失的分析方法；继而从基本的热湿处理过程出发，对复杂的空气热湿处理流程特性进行分析，以期为流程设计提供有效的指导原则。

7.1 空气–水热湿处理过程的物理模型

湿空气的处理是建筑热湿环境营造过程的基本问题之一。为了满足室内温度和湿度的控制，需要对空气进行加热、加湿、降温、除湿等多种处理。对于空气－水直接接触的热湿传递过程，当空气与水的温差不同时，将发生热量的传递过程；当两者的水蒸气分压力不同时，将发生水分的传递过程。而且，随着水分传递过程，将发生水分蒸发或水蒸气凝结过程（相变过程），此过程将吸收或释放出大量的汽化潜热。在水和湿空气直接接触的热质交换装置中，多采用填料填充的形式增加水与空气的接触面积。水与空气之间直接接触的传热传质过程可以认为通过二者的接触面进行，可采用双膜理论模型，模型详见第 7.2.1 节。湿空气和水进行的热湿交换过程，可看作是水表面的饱和湿空气膜和湿空气之间进行热湿传递，湿空气膜和液态水之间进行水蒸气蒸发或凝结的相变过程，参见图 7－1。

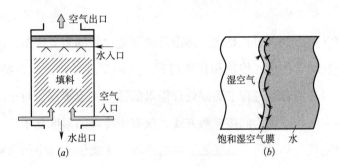

图 7－1   湿空气与水之间直接接触的传热传质模型

（a）空气－水逆流填料塔；（b）双膜理论模型

湿空气与水直接接触的热质交换过程（空气处理一般为常压过程）可在湿空气焓湿图上进行表示，如图 7－2 所示，水的状态采用与水状态相平衡的湿空气状态（$T_a = T_w$、$p_a = p_w$）来表示。如图 7－2 中温度为 t_w 的水（W_1），其水表面饱和蒸汽压为 p_w，则与水状态相平衡的等效湿空气含湿量 ω_{wa} 可用下式计算，其中 B 为大气压：

$$\omega_{wa} = 0.622 \frac{p_w}{B - p_w} \tag{7-1}$$

对于湿空气与水直接接触的过程，同时发生热量与质量（水分）的传递过程。传热过程的驱动力为空气与水之间的温差（$T_a - T_w$），传质过程的驱动力为空气与水之间的水蒸气分压力差（$p_a - p_w$）或含湿量差（$\omega_a -$

ω_{wa}）。当 $p_a > p_w$ 时（即 $\omega_a > \omega_{wa}$），水分传递的方向是从湿空气到水（对应水分的凝结过程），实现了对空气的除湿处理过程；当 $p_a < p_w$ 时（即 $\omega_a < \omega_{wa}$），水分传递的方向是从水到湿空气（对应水分的蒸发过程），实现了对空气的加湿处理过程。

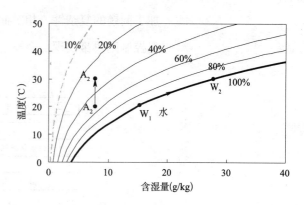

图 7-2　水状态在湿空气焓湿图上的表示

在湿空气与水的热质交换过程中，上述传热过程与传质过程除了是同时发生的外，还有一个重要特征是传热、传质过程耦合影响。

图 7-2 给出了对于空气的加热过程（从 A_1 到 A_2）以及对于水的加热过程（从 W_1 到 W_2）。对于加热空气的过程，A_1 和 A_2 状态的水蒸气分压力 p_a（含湿量 ω_a）不发生变化，仅是空气的温度发生变化；而对于加热水的过程，W_1 和 W_2 状态除了温度改变外，其水表面蒸汽压 p_w（等效含湿量 ω_{wa}）也发生明显的变化，显著影响了空气与水之间的传质驱动力，从而影响着传质过程。如同焓湿图有两个维度：纵轴为温度，横轴为湿度（含湿量或水蒸气分压力），空气热湿处理也包含了两个方向：温度处理和湿度处理。比较温度处理和湿度处理会发现两者有较大差异。对空气升温或者降温可以利用合适温度的热源或冷源实现，当空气的温度高于其露点时，空气的含湿量不会发生变化，换言之，空气温度处理可以独立实现。而在空气湿度处理中，会发生水蒸气的蒸发或凝结，吸收或放出汽化潜热，因此空气湿度的变化会伴随体系热量的变化，传热过程、传质过程的相互影响参见图 7-3。如图所示，一方面，传质过程中伴随的相变潜热的吸收/释放影响了空气与水体系的温度，进而影响了两者之间的传热过程；另一方面，水温度的变化显著影响水表面饱和蒸汽压（或等效含湿量），从而影响了空气与水之间的传质驱动力、影响了两者的传质过程。由于传热过程与传质过程的相互影响，对于空气与水直接接触进行传热传质的问题，不能单纯分析某个传递过程，必须综合考虑传热与传质作用的相互影响，这就增

加了问题的复杂性。相对而言，空气的温度控制较容易实现，而空气的湿度控制则较难实现。

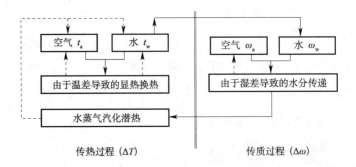

图7-3 湿空气-水热湿传递过程中传热过程与传质过程的耦合影响

湿空气与水直接接触的热湿处理过程，实质上是由如下热湿传递过程和热湿转换等三个过程组成的：

（1）热量传递：由于湿空气与水之间温度差（ΔT）驱动的显热传热过程；

（2）水分传递：由于湿空气与水之间水蒸气分压力差（或含湿量差$\Delta \omega$）驱动的传质过程；

（3）相变过程：由于水分传递使得水和水蒸气间的蒸发或冷凝的相变过程。

因此，对于湿空气与水直接接触的热湿处理过程的分析以及对上述问题的理解取决于对同时发生的这三个过程的深入、有效的分析。仔细考虑实际的物理过程，温度的本质是分子的随机运动，显热传热过程是具有不同动能的分子相互碰撞的过程。而空气中水蒸气的传递则是具有较高分压力的水蒸气向具有较低分压力的水蒸气的扩散过程。真正的温度、湿度相互转换，仅可能发生在水与空气间的蒸发和冷凝这两个相变过程中。而这样的蒸发和冷凝的相变只可能发生在水和饱和湿空气之间，也就是说只可能当湿空气状态处于饱和线上才会发生，而决不会在离开饱和线的空气状态中出现（除了在固体或液体吸湿剂表面）。传热和传质相互耦合是这类问题的特点，耦合的原因是在空气与水直接接触的过程中同时发生热湿传递（传热、传质）和热湿转换（蒸发、凝结），如图 7-4 所示。

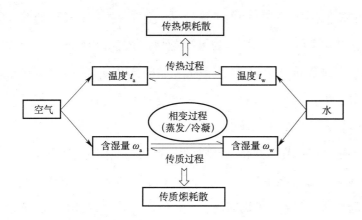

图 7-4　空气-水热湿处理过程中的传递与转换

7.2　空气-水热湿交换过程的㶲分析

7.2.1　热湿交换过程的㶲分析

对于图 7-1 所示的空气-水热湿交换过程，当空气的含湿量比饱和湿空气膜的含湿量低时，饱和湿空气膜向空气传质，而为了维持饱和湿空气膜的饱和状态，必须有与传质量等量的水自水侧蒸发至饱和湿空气膜，蒸发过程为相变过程，其实质是水温降低释放出热量转化为汽化潜热，使水蒸发成为水蒸气，这部分水蒸气进入饱和湿空气膜用来补充饱和湿空气膜向空气侧传递的水蒸气，由此，空气和水之间热湿交换过程的结果，是空气的含湿量增加，水温降低，实质上在存在显热传递、质量传递的空气-水热湿交换过程中，显热和湿之间发生了转换。

由于水/水蒸气的相变过程总是在饱和湿空气膜与水的界面上发生，即总在饱和状态下发生，发生相变时水蒸气的温度与分压力与水表面温度和饱和水蒸气分压力相等，因此水/水蒸气的相变过程没有损失，是可逆过程（其证明过程详见张伦的博士论文[89]），而存在温差的传热过程和存在水蒸气分压力差的传质过程均发生在饱和湿空气膜与空气的界面上。因此，基于图 7-1 的物理模型，空气-水热湿交换过程从本质上看，实质为空气-饱和湿空气膜之间的传热过程、空气-饱和湿空气膜之间的传质过程、饱和湿空气膜-水之间的水转变为水蒸气的相变过程三个过程所组成，这三个过程同时发生，在参数上互相耦合但在本质上又互相独立，不可逆耗散发生在前两个过程——传热过程和传质过程中，水转换为水蒸气的相变过程是可逆的无耗散的过程。

为描述同时存在显热传递和质量传递，又存在热、湿之间由于相变而产生相互转换的复杂过程，并且刻画过程中的传热、传质耗散，仍然采用㶲分析的方法。当利用㶲同时描述显热传递与质量传递时，由于涉及热湿之间的相互转换，需要在第 3 章㶲定义的基础上，重新定义显热㶲和湿度㶲。新定义的显热㶲和湿度㶲分别用符号 J_s 和 J_d 表示，以区别于第 3 章定义的㶲（符号为 E_n）。

1. 空气-水热湿交换过程的㶲的定义

最早对流体显热㶲的定义，是以绝对零 K 为零点定义的，而实质上在单纯的显热传递体系中，真正用来分析问题的是显热㶲的耗散。由于整个体系显热量平衡，因此显热体系中㶲耗散与参考点无关，显热传递体系的㶲分析也就与参考点无关。同理，对于单纯的质量传递体系，其传湿过程的耗散也与湿㶲定义所用的参考点无关，湿传递体系的㶲分析也就与参考点无关。但是，对于存在热湿转换的过程，如在上述饱和湿空气膜与水之间的热湿转换，是显热传递能力转换为质量传递能力，此时需要建立一个㶲的参考点，以在描述显热传递能力的显热㶲和描述水蒸气扩散能力的湿度㶲之间建立相对关系。这一参考点必须包括描述显热传递能力的温度状态和湿度传递能力的水蒸气压力状态，并且又应该是发生热湿转换的状态。

以空气-水的热湿交换过程为例，由于发生热湿转换的过程总在饱和湿空气膜与水接触的界面上，即总在水的饱和线上，因此，应该把湿㶲和显热㶲的参考点定义在饱和线上一点（ T_0 , ω_0 ）。以此点的温度 T_0 作为显热㶲的参考点，以此点的含湿量 ω_0 作为湿㶲的参考点。

由此，空气和水的显热㶲为：

$$dJ_s = \frac{1}{2} \cdot G \cdot c_p \cdot (T - T_0)^2 \qquad (7-2)$$

空气的湿度㶲（简称湿㶲）的定义为：

$$dJ_d = \frac{1}{2} \cdot G_a \cdot (\omega_a - \omega_0)^2 \qquad (7-3)$$

对于水侧的湿㶲，应为饱和湿空气膜的湿㶲，但饱和湿空气膜只是水表面假设的一层很薄的饱和湿空气层，其质量可以近似为零，因此不考虑饱和湿空气膜的湿㶲，也即不考虑水的湿㶲。

2. 空气 - 水热湿交换过程的基于㶲分析的理论模型

对于空气 - 水逆流的热湿交换过程，以水流方向为正，空气 - 水热湿交换过程的描述方程如式（7 - 4）～式（7 - 7）所示。

$$G_a \cdot c_{pa} \cdot dT_a = - k_s dA \cdot (T_w - T_a) \qquad (7-4)$$

$$G_a \cdot c_{pa} \cdot d\omega_a = - k_d dA \cdot (\omega_{wa} - \omega_a) \qquad (7-5)$$

$$G_w \cdot c_{pw} \cdot dT_w = k_s dA \cdot (T_a - T_w) + r_0 \cdot k_d dA \cdot (\omega_a - \omega_{wa}) \qquad (7-6)$$

$$dW = k_d dA \cdot (\omega_{wa} - \omega_a) \qquad (7-7)$$

其中，式（7 - 4）表示空气侧能量平衡方程，其中空气的温度变化是由于水向空气传热所造成；式（7 - 5）表示空气侧质量平衡方程，空气的含湿量变化是由于水向空气传质所造成；式（7 - 6）表示水侧的能量平衡方程，水的温度变化是空气向水传热和提供/吸收汽化潜热两项共同作用的结果。式（7 - 7）是饱和湿空气膜的质量平衡方程，其中 dW 是水向饱和湿空气膜的蒸发量或者饱和湿空气膜向水的凝结量，式（7 - 7）表示的是水和饱和湿空气膜之间交换的水量与饱和湿空气膜与空气之间的传质量相等。

在定义了空气和水的显热㶲和湿㶲之后，对式（7 - 4）～式（7 - 7）

做如下变换。将式（7-4）两侧均乘以$(T_a - T_0)$可得：

$$dJ_{sa} = -(T_a - T_0) \cdot k_s dA \cdot (T_w - T_a) \quad (7-8)$$

将式（7-5）两侧均乘以$(\omega_a - \omega_0)$可得：

$$dJ_{da} = -(\omega_a - \omega_0) \cdot k_d dA \cdot (\omega_{wa} - \omega_a) \quad (7-9)$$

将式（7-6）两侧均乘以$(T_w - T_0)$可得：

$$dJ_{sw} = (T_w - T_0) \cdot k_s dA \cdot (T_a - T_w) + (T_w - T_0) \cdot r_0 \cdot k_d dA \cdot (\omega_a - \omega_{wa})$$
$$(7-10)$$

将式（7-7）两侧均乘以$(\omega_{wa} - \omega_0)$可得：

$$(\omega_{wa} - \omega_0) \cdot dW = (\omega_{wa} - \omega_0) \cdot k_d dA \cdot (\omega_{wa} - \omega_a) \quad (7-11)$$

由式（7-8）和式（7-10）可得到单个微元过程的总显热㶲变化（出口-进口），由式（7-9）和式（7-11）可得到单个微元过程的总湿㶲变化（出口-进口）分别为：

$$-dJ_{sa} + dJ_{sw} = -k_s dA \cdot (T_w - T_a)^2 + (T_w - T_0) \cdot r_0 \cdot k_d dA \cdot (\omega_a - \omega_{wa})$$
$$(7-12)$$

$$-dJ_{da} = -k_d dA \cdot (\omega_{wa} - \omega_a)^2 + (\omega_{wa} - \omega_0) \cdot dW \quad (7-13)$$

将空气-水热湿交换过程的潜热写为dQ_L，即：

$$dQ_L = r_0 \cdot k_d dA \cdot (\omega_{wa} - \omega_a) \quad (7-14)$$

则式（7-12）、式（7-13）可写成：

$$-dJ_{sa} + dJ_{sw} = -k_s dA \cdot (T_w - T_a)^2 - (T_w - T_0) \cdot dQ_L \quad (7-15)$$

$$-dJ_{da} = -k_d dA \cdot (\omega_{wa} - \omega_a)^2 + (\omega_{wa} - \omega_0) \cdot \frac{dQ_L}{r_0} \quad (7-16)$$

由式（7-15）、式（7-16）可以清楚地看到，空气-水热湿交换过程显热㶲的变化，一部分是被空气-水热湿交换过程的显热传递过程而耗散掉，显热㶲耗散为$\delta\Delta J_{s,loss}$，即$-k_s dA \cdot (T_w - T_a)^2$，另外一部分在$T_w$的温度水平下转化为潜热㶲$\Delta J_{sL,tr}$，即$(T_w - T_0) \cdot dQ_L$。而这部分潜热㶲，实际转换为水的蒸发量对应的湿度㶲$\Delta J_{d,tr}$，即$(\omega_{wa} - \omega_0) \cdot \frac{dQ_L}{r_0}$，其转换系数为（用来转换的潜热㶲/转换成的湿度㶲）$r_0 \cdot \dfrac{(T_w - T_0)}{(\omega_{wa} - \omega_0)}$。而这部分转换后的湿㶲，减去空气 – 水传质过程的湿㶲耗散 $\delta \Delta J_{d,loss}$，即 $-k_d dA \cdot (\omega_{wa} - \omega_a)^2$，最后得到的是空气侧湿㶲的增加。

由此，可以将式（7 – 15）、式（7 – 16）进一步写成：

$$- dJ_{sa} + dJ_{sw} = \delta \Delta J_{s,loss} - \delta \Delta J_{sL,tr} \qquad (7 - 17)$$

$$- dJ_{da} = \delta \Delta J_{d,loss} + \frac{\delta \Delta J_{sL,tr}}{\alpha} \qquad (7 - 18)$$

$$\alpha = r_0 \cdot \frac{(T_w - T_0)}{(\omega_{wa} - \omega_0)} \qquad (7 - 19)$$

由式（7 – 15）、式（7 – 16）空气 – 水热湿交换微元过程的分析，可以看出，在水蒸发成为水蒸气，同时释放汽化潜热的相变过程中，发生了显热㶲和湿㶲的相互转换，显热㶲与湿㶲之间的转换系数为 $r_0 \cdot \dfrac{(T_w - T_0)}{(\omega_{wa} - \omega_0)}$，即在空气 – 水热湿交换过程中，在水温变化对应的饱和线上发生了点点转换，转换系数即取决于转换过程发生时的水温和该水温下的饱和空气含湿量相对参考状态的相对状态之比。因此，显热㶲和湿㶲之间的转换并没有损失，仅是由于饱和线的非线性，使得饱和线上不同点的转换系数不同。

由式（7 – 15）、式（7 – 16）的微元传递过程还可以看出，空气 – 水之间的热湿交换过程，导致两项㶲耗散，即 $\delta \Delta J_{s,loss}$ 和 $\delta \Delta J_{d,loss}$，其原因就是存在温差的传热过程和存在湿差的传质过程，并且两项㶲耗散均为正数。

由此，通过对空气 – 水热湿交换过程的㶲分析，可以清晰地解释上一节所述的空气 – 水热湿交换的物理过程，相互独立又相互耦合的可逆的转换过程、存在耗散的传热过程、存在耗散的传质过程；并且，通过㶲分析，定量地表示了传热过程和传质过程的耗散，以及热湿转换过程的显热㶲和湿度㶲之间的转换系数。由此通过㶲，建立了空气 – 水热湿转换的热学理论模型。

这里，还有必要提一下显热㶲和湿㶲定义时所用的参考点对空气－水热湿交换过程的影响。通过空气－水热湿转换过程的理论模型可以看出：

（1）传热过程和传质过程的㶲耗散与参考点无关；

（2）热湿转换过程，参考点影响热湿转换过程的显热㶲与湿㶲之间转换系数的大小，并且参考点和过程中流体状态的相对关系，决定了是显热㶲转换为湿㶲，还是湿㶲转换为显热㶲。

对于参考点影响转换系数，实际上很好理解，因为发生在饱和湿空气膜与水的界面上的热湿转换过程，是热力学过程，其遵循的是饱和线的关系，即克拉伯龙方程，其本身就和温度的绝对值有关，即和温标相关，而定义了参考点，实际上是定义的一种温标。对于参考点影响显热㶲和湿㶲相互转换的方向，实质上是看问题的不同角度，其并不影响对空气－水热湿交换过程的分析。并且，从下一节对于利用热湿转换讨论的整个系统的㶲平衡可以看出，在讨论系统的㶲平衡时，显热㶲和湿㶲相互转换的方向对结果分析没有任何的影响。

3. 空气－水热湿交换过程的能量平衡与㶲平衡

对比能量平衡和显热㶲的平衡关系，如式（7－20）、式（7－21）所示：

$$- G_a \cdot c_{pa} \cdot \mathrm{d}T_a + G_w \cdot c_{pw} \cdot \mathrm{d}T_w = - \mathrm{d}Q_L \tag{7－20}$$

$$- \mathrm{d}J_{sa} + \mathrm{d}J_{sw} = - k_s \mathrm{d}A \cdot (T_w - T_a)^2 - (T_w - T_0) \cdot \mathrm{d}Q_L \tag{7－21}$$

对比质量平衡和湿㶲的平衡关系，如式（7－22）、式（7－23）所示：

$$- G_a \cdot c_{pa} \cdot d\omega_a = \frac{\mathrm{d}Q_L}{r_0} \tag{7－22}$$

$$- \mathrm{d}J_{da} = - k_d \mathrm{d}A \cdot (\omega_{wa} - \omega_a)^2 + (\omega_{wa} - \omega_0) \cdot \frac{\mathrm{d}Q_L}{r_0} \tag{7－23}$$

由式（7－20）、式（7－21）可以看出，对于能量平衡过程，系统总显热的变化等于相变过程的潜热，式（7 – 20）表示了总的能量平衡，但由于温差导致的耗散在能量平衡方程中是体现不出来的；而对于显热㶲平衡方程，可以发现，系统总显热㶲的变化，一部分转化为潜热㶲，一部分被耗散掉，而耗散的原因就是由于温差导致的显热传递。同理，通过式（7 – 22）和式（7 – 23）的对比同样可以得到，式（7 – 22）的质量平衡方程仅能反映过程的质量平衡，但无法反映传质过程由于存在湿差而导致的损失，而式（7 – 23）所示的湿㶲平衡方程，可以清晰地定量描述由于传递过程存在湿差而导致的㶲耗散，并且给出了存在㶲耗散的情况下，由潜热㶲转换过来的湿㶲和过程的湿㶲变化、湿㶲耗散之间的平衡关系。

4. 空气 – 水热湿交换过程中的总㶲平衡

由式（7 – 15）、式（7 – 16），将方程的右侧约去 $\mathrm{d}Q_\mathrm{L}$，则可以得到：

$$- \alpha \cdot \mathrm{d}J_\mathrm{da} - \mathrm{d}J_\mathrm{sa} + \mathrm{d}J_\mathrm{sw} = - \alpha \cdot k_\mathrm{d}\mathrm{d}A \cdot (\omega_\mathrm{wa} - \omega_\mathrm{a})^2 - k_\mathrm{s}\mathrm{d}A \cdot (T_\mathrm{w} - T_\mathrm{a})^2$$

$$(7 - 24)$$

由上式可以看出：对于微元的空气 – 水热湿交换过程，过程中空气和水的总显热㶲变化、等效湿㶲变化（湿㶲变化与显热㶲 – 湿㶲之间转换系数的乘积）之和，与过程总的㶲耗散相等，其中总的㶲耗散为过程的显热㶲耗散与等效湿㶲耗散（湿㶲耗散与显热㶲 – 湿㶲之间转换系数的乘积）之和。由此，建立了空气 – 水热湿交换微元传热传质过程的总㶲平衡方程。

5. 空气 – 水热湿交换整个过程的㶲平衡

上面讨论的均是空气 – 水热湿交换的微元过程，对于整个空气 – 水热湿交换过程，对式（7 – 15）、式（7 – 16）、式（7 – 24）分别积分，可以得到整个过程的显热㶲平衡、湿㶲平衡、总㶲平衡关系，分别为：

$$\int_0^A (- \mathrm{d}J_\mathrm{sa} + \mathrm{d}J_\mathrm{sw}) = \int_0^A - k_\mathrm{s}\mathrm{d}A \cdot (T_\mathrm{w} - T_\mathrm{a})^2 - \int_0^A (T_\mathrm{w} - T_0) \cdot \mathrm{d}Q_\mathrm{L}$$

$$(7 - 25)$$

$$\int_0^A - \mathrm{d}J_{\mathrm{da}} = \int_0^A - k_{\mathrm{d}}\mathrm{d}A \cdot (\omega_{\mathrm{wa}} - \omega_{\mathrm{a}})^2 + \int_0^A (\omega_{\mathrm{wa}} - \omega_0) \cdot \frac{\mathrm{d}Q_{\mathrm{L}}}{r_0}$$

$$(7-26)$$

$$\int_0^A (- \alpha \cdot \mathrm{d}J_{\mathrm{da}} - \mathrm{d}J_{\mathrm{sa}} + \mathrm{d}J_{\mathrm{sw}}) = -\int_0^A \alpha \cdot k_{\mathrm{d}}\mathrm{d}A \cdot (\omega_{\mathrm{wa}} - \omega_{\mathrm{a}})^2 - \int_0^A k_{\mathrm{s}}\mathrm{d}A \cdot$$

$$(T_{\mathrm{w}} - T_{\mathrm{a}})^2 \qquad (7-27)$$

式（7-27）表示的是整个过程总的显热㶲平衡原理，其中整个过程由显热㶲转换成的总的潜热㶲为 $\Delta J_{\mathrm{sL,tr}}$ ，这部分潜热㶲转换成的湿㶲为 $\Delta J_{\mathrm{d,tr}}$ ，如式（7-28）、式（7-29）所示：

$$\Delta J_{\mathrm{sL,tr}} = -\int_0^A (T_{\mathrm{w}} - T_0) \cdot \mathrm{d}Q_{\mathrm{L}} \qquad (7-28)$$

$$\Delta J_{\mathrm{d,tr}} = \int_0^A (\omega_{\mathrm{wa}} - \omega_0) \cdot \frac{\mathrm{d}Q_{\mathrm{L}}}{r_0} \qquad (7-29)$$

由式（7-28）、式（7-29）可知，空气-水热湿交换过程在饱和线上发生了热和湿之间的点点转换，由于饱和线的非线性，导致饱和线上每一点显热㶲和湿㶲之间的转换系数都不相同，整个过程显热㶲和湿㶲之间的转换系数为式（7-28）和式（7-29）之间的比值，取决于整个热湿转换过程在饱和线上的位置。当空气-水热湿交换过程所处的饱和线可以假设为线性时，整个过程的显热㶲和湿㶲之间的转换系数可以近似为常数。

7.2.2　典型热湿交换过程的分析

基于上述空气-水热湿交换过程的热学分析，下面对几个典型的空气-水热湿交换过程进行分析，认识几个典型案例中显热㶲、湿㶲的相互转换关系，并分析过程空气-水的进口相对状态、有限的传热传质面积对过程显热㶲耗散和湿㶲耗散的影响关系。

1. 空气-水沿等焓线的热湿交换过程

如图7-5所示，空气进口状态为 A 点，空气和水之间进行绝热的热湿交换过程，空气被等焓加湿，假设空气 – 水之间的传热传质面积足够大，则空气的出口状态可到达 B 点，即等焓线与饱和线的交点，近似为进口空气的湿球状态；而水一直保持在 B 点。进口空气的露点状态为 C 点。

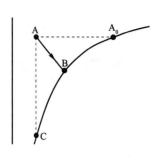

图 7 – 5　空气 – 水沿等焓线的热湿交换过程

选择㶲分析的参考点，为进口空气 A 对应的饱和状态 A_0 点 (T_A, ω_{A0})。首先，将图 7 – 5 所示的空气 – 水等焓热湿交换过程表示在 $T – Q$ 图和 $\omega – W$ 图上，如图 7 – 6 所示。对于空气 – 水等焓热湿交换过程，过程空气侧显热变化与潜热量相等，即 $Q_S = Q_L$。

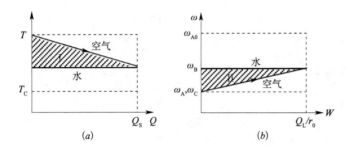

图 7 – 6　空气 – 水等焓热湿交换过程

(a) $T – Q$ 图；(b) $\omega – W$ 图

根据定义的参考点，对空气 – 水等焓热湿交换过程分析的结果如表 7 – 1 所示，并将用来转换的㶲、㶲耗散、湿㶲等效的显热㶲等表示在图 7 – 7 上。

空气 – 水等焓热湿交换过程的㶲分析结果　　　　表 7 – 1

	显热㶲分析		湿㶲分析
空气侧显热㶲变化（出 – 进）	$1/2 \cdot G_a c_{pa} \cdot (T_B - T_A) \cdot (T_B - T_A)$ 面积Ⅲ	空气侧湿㶲变化（出 – 进）	$1/2 \cdot G_a \cdot (\omega_B - \omega_A) \cdot (\omega_B + \omega_A - 2\omega_{A_s})$ － 面积Ⅷ
水侧显热㶲变化（出 – 进）	0	水侧湿㶲变化	—
显热传递㶲耗散	$-Q_S \cdot (T_A - T_B)/2$ － 面积Ⅰ	传质过程㶲耗散	$-Q_L/r_0 \cdot (\omega_B - \omega_A)/2$ － 面积Ⅱ
相变过程湿㶲转换成的显热㶲	$-Q_L \cdot (T_B - T_A)$ 面积Ⅳ	相变过程用来转换的湿㶲	$Q_L/r_0 \cdot (\omega_B - \omega_{A_s})$ － 面积Ⅶ

续表

显热㶲分析		湿㶲分析	
显热㶲平衡	面积 Ⅲ ＝ － 面积 Ⅰ ＋ 面积 Ⅵ	湿㶲平衡	－ 面积 Ⅷ ＝ － 面积 Ⅱ － 面积 Ⅶ
总㶲平衡分析			
空气侧等效湿㶲变化	$1/2 \cdot G_a \cdot (\omega_B - \omega_A) \cdot (\omega_B + \omega_A - 2\omega_{A_s}) \cdot r_0 \cdot (T_B - T_A)/(\omega_B - \omega_{A_s})$ － 面积 Ⅵ		
传质过程等效湿㶲耗散	$- Q_L/r_0 \cdot (\omega_B - \omega_A)/2 \cdot r_0 \cdot (T_B - T_A)/(\omega_B - \omega_{A_s})$ － 面积 Ⅴ		
总㶲平衡	－ 面积 Ⅵ ＋ 面积 Ⅲ ＝ － 面积 Ⅰ － 面积 Ⅴ		

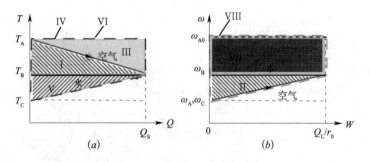

图 7-7　空气－水等焓热湿交换过程㶲平衡关系
(a) $T-Q$ 图；(b) $\omega-W$ 图

通过上述分析可知，对于空气－水等焓热湿交换过程，空气－水之间的显热传递和传质过程均存在显热㶲耗散和湿㶲耗散，这使得最终空气侧湿㶲的减少，并不能全部转换为显热㶲的增加，损失的部分即为传递过程的显热㶲耗散和湿㶲耗散。并且，由于空气－水之间的热湿转换过程和品位相关，以显热㶲和湿㶲的相互转换作为中间桥梁得到空气－水热湿交换过程的总㶲平衡关系时，由图 7-7（a）可知，显热㶲耗散、湿㶲耗散、空气侧显热㶲变化，在 $T-Q$ 上有了明确的位置关系，这使得对于存在热湿转换环节的过程，㶲耗散有了一定的品位特征。而正是如此，使得与空气显热㶲的增加对应的空气的最低温度只能达到湿球温度 B 点，并不能达到空气－水热湿过程可能实现的最低温度——空气的露点温度 C 点，因为空气－水之间传质过程的㶲耗散发生在 ω_C 和 ω_B 之间，其等效的显热㶲耗

散的品位在露点 C 和湿球 B 之间。由此，也可以从㶲的角度得到空气－水等焓热湿交换过程空气仅能达到室外湿球温度的本质原因，是因为传质过程损失了室外含湿量品位下的湿㶲，等效于损失了露点品位下的显热㶲。

2. 空气－水沿饱和线直接接触的蒸发冷却过程

当空气处在饱和线上时，如图 7－8 所示，D 点为空气进口状态，E 点为水的进口状态，空气和水之间进行逆流的直接接触的热湿交换。若 D 点与 E 点在饱和线上的距离较近，则 D－E 之间的饱和线可近似为直线。此时，若空气和水的热容量匹配，即热容量比为1，并且当空气－水之间的传热传质面积无限大时，最终空气和水的状态可以互置，即空气的出口状态到达 E 点，水的出口状态到 D 点。此时空气侧的热容量为 c_{pea}，空气－水的热容量比如式（7－30）～式（7－32）所示：

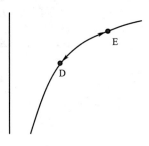

图 7－8　饱和湿空气与水之间的热湿交换过程

$$c_{p,ea} = \frac{\mathrm{d}h_{ea}}{\mathrm{d}t_{ea}} = \frac{h_E - h_D}{T_E - T_D} = c_{pa} + r_0 \cdot \frac{\Delta\omega}{\Delta T} \qquad (7-30)$$

$$m = \frac{G_a \cdot c_{p,ea}}{G_w \cdot c_{pw}} \qquad (7-31)$$

$$m = 1 \qquad (7-32)$$

取水的进口状态 E 为整个过程㶲分析的参考点。将空气和水之间的热湿交换过程在 $T-Q$ 图和 $\omega-W$ 图上表示，如图 7－9 所示。同理，对饱和湿空气与水之间的热湿交换过程进行㶲分析，结果如表 7－2 所示，并将㶲平衡关系表示在图 7－10 上。

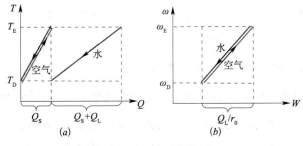

图 7-9　饱和湿空气与水之间的热湿交换过程

（a）$T-Q$ 图；（b）$\omega-W$ 图

饱和湿空气 – 水热湿交换过程的㶲分析结果　　　　　表 7 – 2

显热㶲分析		湿㶲分析	
空气侧显热㶲变化（出 – 进）	$1/2 \cdot G_a c_{pa} \cdot (T_E - T_D) \cdot (T_D - T_E)$ – 面积 I	空气侧湿㶲变化（出 – 进）	$1/2 \cdot G_a \cdot (\omega_E - \omega_D) \cdot (\omega_D - \omega_E)$ – 面积 IV
水侧显热㶲变化（出 – 进）	$1/2 \cdot G_w c_{pw} \cdot (T_D - T_E) \cdot (T_D - T_E)$ 面积 II	水侧湿㶲变化	—
显热传递㶲耗散	0	传质过程㶲耗散	0
相变过程湿㶲转换成的显热㶲	$1/2 \cdot Q_L \cdot (T_E - T_D)$ 面积 III	相变过程用来转换的湿㶲	$-1/2 \cdot Q_L/r_0 \cdot (\omega_E - \omega_D)$ – 面积 IV
显热㶲平衡	– 面积 I + 面积 II = 面积 III	湿㶲平衡	– 面积 IV = 0 – 面积 IV
总㶲平衡分析			
空气侧等效湿㶲变化	$1/2 \cdot G_a \cdot (\omega_E - \omega_D) \cdot (\omega_D - \omega_E) \cdot r_0 \cdot (T_E - T_D)/(\omega_E - \omega_D)$ – 面积 III		
传质过程等效湿㶲耗散	0		
总㶲平衡	– 面积 I – 面积 III + 面积 II = 0		

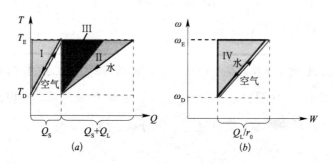

图 7 – 10　沿饱和线的空气 – 水热湿交换过程㶲平衡关系

$(a)\ T - Q$ 图；$(b)\ \omega - W$ 图

　　由表 7 – 2 和图 7 – 10 可知，当空气处在饱和线上与水进行热湿交换，若满足空气与水之间热容量比为 1，并且空气与水热湿交换的传热传质面积无限大时，整个过程空气和水之间传热和传质过程的㶲耗散为零，过程没有传递损失，空气与水可以进行近似可逆的热湿交换。在水表面饱和湿空气膜与水之间的相变过程中，空气付出湿㶲，转换为潜热㶲，最终使得过程总的显热㶲增加。由于没有㶲耗散，空气与水之间实现了状态互置，最终水温能达到进口空气温度（即系统的最低温度和湿度状态，进口空气露点温度），空气能达到进口水温对应的饱和状态（即系统的最高温度和湿度状态），不存在品位的浪费。

3. 焓湿图上任意一点的进口空气与水的热湿交换过程

上述沿等焓线和沿饱和线的空气－水热湿交换过程，是空气－水热湿交换过程的两类特例，对焓湿图上任意一点的空气与水进行的热湿交换过程，且空气－水之间的传热传质面积有限，对过程进行㶲分析如下，空气－水的进、出口状态如图 7－11 所示。空气进口状态为 O 点，出口状态为 E 点，水的进口状态为 F 点，出口状态为 G 点。

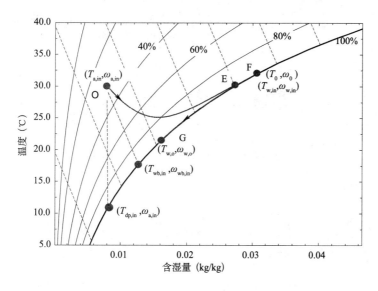

图 7－11　任意空气状态与水之间的热湿交换过程

假设空气与水之间满足流量匹配关系，即空气与水的热容量比为 1，并且假设饱和线线性。以下的分析将㶲的参考点定义为水侧进口温度 F 点。将实际空气－水的热湿交换过程表示在 $T－Q$ 图和 $\omega－W$ 图上，如图 7－12 所示。空气与水之间一般处理过程的㶲分析结果如表 7－3 所示。

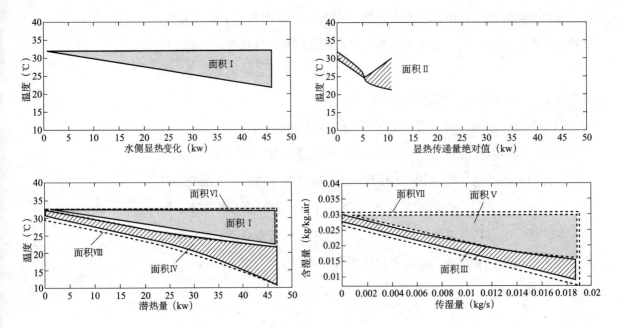

图 7 – 12　熵湿图上空气和水之间热湿交换的一般过程

湿空气 – 水热湿交换一般过程的烟分析结果　　　　　　　表 7 – 3

显热烟分析		湿烟分析	
空气侧显热烟变化（出 – 进）	0（由于空气进、出口温度相等）	空气侧湿烟变化（出 – 进）	– 面积Ⅶ
水侧显热烟变化（出 – 进）	面积Ⅰ	水侧湿烟变化	—
显热传递烟耗散	– 面积Ⅱ	传质过程烟耗散	– 面积Ⅲ
相变过程湿烟转换成的显热烟	面积Ⅵ	相变过程用来转换的湿烟	– 面积Ⅴ
显热烟平衡	面积Ⅰ = 面积Ⅵ – 面积Ⅱ	湿烟平衡	– 面积Ⅶ = – 面积Ⅴ – 面积Ⅲ
总烟平衡分析			
空气侧湿烟变化等效的显热烟	– 面积Ⅷ		
传质过程湿烟耗散等效的显热烟耗散	– 面积Ⅳ		
总烟平衡	面积Ⅰ – 面积Ⅷ = – 面积Ⅳ – 面积Ⅱ		

7.3　热湿交换过程的匹配特性

由上述对空气－水热湿交换过程的㶲分析可见，空气的入口状态不在饱和线上时，无论空气和水之间的流量比多大、空气－水之间的热湿交换面积多大，空气和水之间的热湿交换过程都会存在不可避免的显热㶲耗散和湿㶲耗散；当空气的入口状态处在饱和线上时，若空气和水之间满足流量匹配（空气和水的热容量比 $m = 1$）时，且当空气和水之间的热湿交换面积无限大时，空气和水之间的热湿交换过程的显热㶲耗散和湿㶲耗散均为零。由此，将空气的入口状态处在饱和线上与水进行热湿交换称之为空气和水的入口参数完全匹配的热湿交换过程，将由于空气的入口状态不处在饱和线上从而不得以与水进行热湿交换而产生的㶲耗散称之为由于空气和水的入口参数不匹配导致的㶲耗散。

由此，热湿交换过程的耗散来自于三个方面：由于流量不匹配导致的㶲耗散、由于入口参数不匹配导致的㶲耗散、由于面积有限导致的㶲耗散。同样采用热阻来表示上述㶲耗散对热湿交换过程的影响。热湿交换过程的等效传递热阻 R_H，可通过热湿交换过程的显热㶲耗散与湿㶲耗散来定义，并且，由于热湿交换过程的传热与传质过程相互影响相互耦合，R_H 通过显热㶲耗散与和湿㶲耗散等效的显热㶲耗散之和，即式（7 – 27）右侧所示的总㶲耗散而得到，如式（7 – 33）所示：

$$R_H = \frac{\int_0^{A_t} \alpha k_d (\omega_{wa} - \omega_a)^2 \mathrm{d}A + \int_0^{A_t} k_s (T_w - T_a)^2 \mathrm{d}A}{Q^2} \qquad (7-33)$$

$$Q = Q_w \qquad (7-34)$$

其中 Q_w 为整个过程水侧的热量。之所以这样取热量传递量 Q，是因为根据空气－水热湿交换过程的基本物理模型，如式（7 – 4）～式（7 – 6）所示，由于假设空气－水之间传质所需吸收或释放的汽化潜热全部来自于水，因此水侧的热量变化代表了空气和水之间显热传递与质量传递的量的总和。当入口水温高于入口空气的湿球温度时，根据系统热湿交换能力的不同，显热传递方向会在整个过程中出现变化，而质传递过程却不会变化，显热传递和质量传递相互耦合传递的结果可以由水侧热量变化来表示；而当入口水温低于入口空气的湿球温度时，传质方向会在整个过程中发生变化，而显热传递方向却不会变化，同样整个过程显热传递与质量传递的总的结果可以用水侧冷量来表示。α 为显热㶲与湿㶲之间的转换系数，如式（7-19）所示，是发生热湿转换时水的温度的函数。假设在空气-水热湿交换过程中水温变化不大，所处的饱和线假设为线性时，α 在整个热湿交换过程中为常数，因此，式（7-33）也可以近似写成：

$$R_{\mathrm{H}} = \frac{\alpha \Delta J_{\mathrm{d,loss}} + \Delta J_{\mathrm{s,loss}}}{Q_{\mathrm{w}}^2} \qquad (7-35)$$

其中，$\Delta J_{\mathrm{d,loss}}$ 表示整个过程的传质㶲耗散，$\Delta J_{\mathrm{s,loss}}$ 表示整个过程的传热㶲耗散。

由于 R_{H} 是由于入口参数不匹配、流量不匹配和热湿交换面积有限所造成，可以把它进一步分解为不匹配热阻 $R_{\mathrm{H,m}}$ 与热湿交换面积有限热阻 $R_{\mathrm{H,f}}$ 之和：

$$R_{\mathrm{H}} = R_{\mathrm{H,m}} + R_{\mathrm{H,f}} \qquad (7-36)$$

其中 $R_{\mathrm{H,m}}$ 为由于流量不匹配和入口参数不匹配所导致的㶲耗散对应的等效热阻，也就是即使热湿交换面积无限大时仍然存在的热阻。这可如式（7-37）所定义：

$$R_{\mathrm{H,m}} = \lim_{kA \to \infty} R_{\mathrm{H}} \qquad (7-37)$$

$R_{\mathrm{H,f}}$ 可由整个热湿交换过程的总热阻与不匹配热阻之差得到，如式（7-38）所示：

$$R_{\mathrm{H,f}} = R_{\mathrm{H}} - R_{\mathrm{H,m}} \qquad (7-38)$$

为了进一步认识参数不匹配热阻，下面分别针对流量匹配和流量不匹配两类过程进行讨论。

7.3.1　逆流的热湿交换过程

1. 流量匹配的热湿交换过程

流量匹配实质上只是对空气进口在饱和线上与水进行热湿交换，且为逆流的热湿交换的过程才有对于真实的传递过程清晰的物理意义，此时流量匹配表示的是传热过程的驱动力——传热温差和传质过程的驱动力——传质的含湿量差在整个过程中都近似均匀（饱和线近似为线性时为均匀），此时可以定义空气和水之间匹配的流量，如式（7-31）、式（7-32）所示。当空气的入口状态不在饱和线上时，对于任意过程，此时仍沿用式（7-32）所示的流量匹配关系，即仍沿用空气入口在饱和线上与水进行热湿交换所得到的流量匹配关系，此时流量匹配对应的是水表面饱和空气的焓与空气的焓之间的焓差在传递过程中处处均匀，这时水表面饱和空气的焓与空气之间的焓差在这里是一个等效的全热传递的驱动力，不能表征真实的传热和传质过程。但是沿用饱和线过程得到的流量匹配关系来定义任意过程的流量匹配，当空气和水之间的传热传质面积无限大时，仅存在由于空气和水入口参数不匹配导致的㶲耗散，即流量不匹配与入口参数不匹配是相互影响的，仅能统一给出其影响，而不可能分开分析。为了便于分析，对于空气-水之间进行热湿交换的一般过程，仍然沿用式（7-32）所示的流量匹配关系来表征流量匹配。

这时，在满足式（7-32）所示的流量匹配关系时，对于一般的逆流空气-水热湿交换过程，整个过程空气和水出口参数的解析解如式（7-39）~式（7-41）所示，其中 $NTU = \dfrac{k_s A}{G_a c_{pa}}$。空气的出口温度、出口含湿量和水的出口温度分别为：

$$T_{a,o} = T_{w,in} + \frac{1}{1+NTU} \cdot (T_{sa,in} - T_{w,in}) - \frac{1}{e^{NTU}} \cdot (T_{sa,in} - T_{a,in})$$

$$(7-39)$$

$$\omega_{a,o} = \omega_{w,in} + \frac{1}{1 + NTU} \cdot (\omega_{sa,in} - \omega_{w,in}) - \frac{1}{e^{NTU}} \cdot (\omega_{sa,in} - \omega_{a,in})$$

$$(7-40)$$

$$T_{w,o} = T_{w,in} + \frac{NTU}{1 + NTU}(T_{sa,in} - T_{w,in}) \qquad (7-41)$$

整个过程发生的显热传递量 Q_f、传质量 W_f、水侧的热量（即全热量）Q_w 分别为：

$$Q_f = G_a c_{pa} \Big[T_{w,in} + \frac{1}{1 + NTU} \cdot (T_{sa,in} - T_{w,in}) - \frac{1}{e^{NTU}} \cdot (T_{sa,in} - T_{a,in}) - T_{a,in} \Big]$$

$$(7-42)$$

$$W_f = G_a \cdot \Big[\frac{NTU}{1 + NTU} \cdot (\omega_{w,in} - \omega_{sa,in}) + \frac{e^{NTU} - 1}{e^{NTU}} \cdot (\omega_{sa,in} - \omega_{a,in}) \Big]$$

$$(7-43)$$

$$Q_w = G_w c_{pw} \frac{NTU}{1 + NTU}(T_{sa,in} - T_{w,in}) \qquad (7-44)$$

整个过程的显热㶲耗散、湿㶲耗散、总㶲耗散（显热㶲耗散与湿㶲等效的显热㶲耗散之和）在整个过程的解析解如式（7-45）~式（7-47）所示：

$$\Delta J_{s,loss} = G_a \cdot c_{pa} \cdot \frac{NTU}{(1 + NTU)^2} \cdot (T_{sa,in} - T_{w,in})^2 + \frac{G_a \cdot c_{pa}}{2} \cdot \frac{e^{2NTU} - 1}{e^{2NTU}} \cdot$$

$$(T_{sa,in} - T_{a,in})^2 - 2 \cdot G_a \cdot c_{pa} \cdot \frac{e^{NTU} - 1}{e^{NTU}} \cdot \frac{1}{1 + NTU} \cdot (T_{sa,in} - T_{a,in}) \cdot$$

$$(T_{sa,in} - T_{w,in}) \qquad (7-45)$$

$$\Delta J_{w,loss} = G_a \cdot \frac{NTU}{(1 + NTU)^2} \cdot (\omega_{sa,in} - \omega_{w,in})^2 + \frac{G_a}{2} \cdot \frac{e^{2NTU} - 1}{e^{2NTU}} \cdot (\omega_{sa,in} - \omega_{a,in})^2 -$$

$$2 \cdot G_a \cdot \frac{e^{NTU} - 1}{e^{NTU}} \cdot \frac{1}{1 + NTU} \cdot (\omega_{sa,in} - \omega_{a,in}) \cdot (\omega_{sa,in} - \omega_{w,in})$$

$$(7-46)$$

$$\alpha\Delta J_{d,loss} + \Delta J_{s,loss} = G_a c_{p,ea} \frac{NTU}{(1+NTU)^2}(T_{sa,in} - T_{w,in})^2 + \frac{G_a c_{pea}}{2} \cdot$$

$$\frac{c_{pa}}{r_0 a} \cdot \frac{e^{2NTU}-1}{e^{2NTU}}(T_{a,in} - T_{sa,in})^2 \qquad (7-47)$$

根据式（7-35）总热阻的定义，整个过程的总热阻为：

$$R_H = \frac{1}{k_s(c_{p,ea}/c_{pa})A} + \frac{1}{2} \cdot \frac{1}{G_a c_{p,ea}} \cdot \frac{c_{pa}}{r_0 a} \cdot \frac{(1+NTU)^2}{NTU^2} \cdot \frac{e^{2NTU}-1}{e^{2NTU}} \cdot$$

$$\frac{(T_{a,in} - T_{sa,in})^2}{(T_{w,in} - T_{sa,in})^2} \qquad (7-48)$$

根据不匹配热阻 $R_{H,m}$ 的定义得到：

$$R_{H,m} = \lim_{kA\to\infty} R_H = \frac{1}{2} \cdot \frac{1}{G_a c_{pea}} \cdot \frac{c_{pa}}{r_0 a} \cdot \frac{(T_{a,in} - T_{sa,in})^2}{(T_{w,in} - T_{sa,in})^2} \qquad (7-49)$$

此时由于满足流量匹配，式（7-49）所示的不匹配热阻就是参数不匹配热阻。面积有限的热阻 $R_{H,f}$ 如式（7-50）所示：

$$R_{H,f} = R_H - R_{H,m} = \frac{1}{k_s(c_{p,ea}/c_{pa})A} +$$

$$\frac{1}{2} \cdot \frac{1}{G_a c_{p,ea}} \cdot \frac{c_{pa}}{r_0 a} \cdot \frac{(T_{a,in} - T_{sa,in})^2}{(T_{w,in} - T_{sa,in})^2} \cdot \left[\frac{(1+NTU)^2}{NTU^2} \cdot \frac{e^{2NTU}-1}{e^{2NTU}} - 1 \right]$$

$$(7-50)$$

对应第一部分的三类典型过程：等焓过程、饱和线过程和一般过程，根据式（7-49）、式（7-50），三类过程的不匹配热阻和面积有限热阻的分别讨论如下：

（1）等焓过程

对于空气和水直接接触的等焓喷雾过程，$T_{w,in} = T_{sa,in}$，则有：

$$R_{H,m} \longrightarrow \infty \qquad (7-51)$$

由式（7-51）可知，对于任意的空气-水直接接触的等焓喷雾过程，其参数不匹配热阻为无穷大。即沿等焓线的空气-水热湿交换过程是参数极不匹配的热湿交换过程。

由式（7-50），对于等焓喷雾过程，此时面积有限的热阻为：

$$R_{H,f} \longrightarrow \infty \qquad (7-52)$$

主要是由于定义水侧冷量为计算热阻时的热量，此时显热传递的热量和潜热传递的热量对于水的热量变化的作用正好完全相反，导致水侧热量变化为零，从而得到面积有限的热阻也为无穷大。

（2）饱和线过程

对于空气在饱和线上与水直接接触进行热湿交换的过程，假设饱和线线性，则满足 $\omega_{a,in} = a T_{a,in} + b$，则有：

$$R_{H,m} = 0 \qquad (7-53)$$

即当空气在饱和线上与水进行热湿交换时，满足参数匹配，此时参数不匹配热阻为零。面积有限的热阻 $R_{H,f}$ 如式（7-54）所示：

$$R_{H,f} = \frac{1}{k_s(c_{p,ea}/c_{pa})A} \qquad (7-54)$$

这种情况下，由于流量和入口参数完全匹配，因此传热传质热阻与传热传质面积成反比。取此时的热阻为 R^*，是完全匹配条件下的热阻，则有：

$$R^* = \frac{1}{k_s(c_{p,ea}/c_{pa})A} \qquad (7-55)$$

此时热湿交换过程的传热过程与传质过程完全相似，整个过程的特性与逆流的、流量匹配的单参数的显热传递过程完全相同。

（3）一般过程

对于空气和水直接接触进行热湿交换的逆流的任意过程，其参数不匹配热阻如式（7-49）所示。由式（7-49）可知，此时若进口空气的湿球温度 $t_{sa,in}$ 不变，进口水温 $t_{w,in}$ 不变，则空气越远离饱和线，过程的参数不匹配热阻 $R_{H,m}$ 越大，如图7-13所示。

而面积有限的热阻 $R_{H,f}$ 如式（7-50）所示，也无法再进行进一步的简化，将式（7-50）写成式（7-56）的形式：

$$R_{H,f} = R^* f(R_{H,m}, NTU) \quad (7-56)$$

其中：

$$f(R_{H,m}, NTU) = 1 + a_{NTU} R_{H,m} \quad (7-57)$$

$$\frac{a_{NTU}}{G_a c_{p,ea}} = NTU\left[\frac{(1+NTU)^2}{NTU^2} \cdot \frac{e^{2NTU}-1}{e^{2NTU}} - 1\right] \quad (7-58)$$

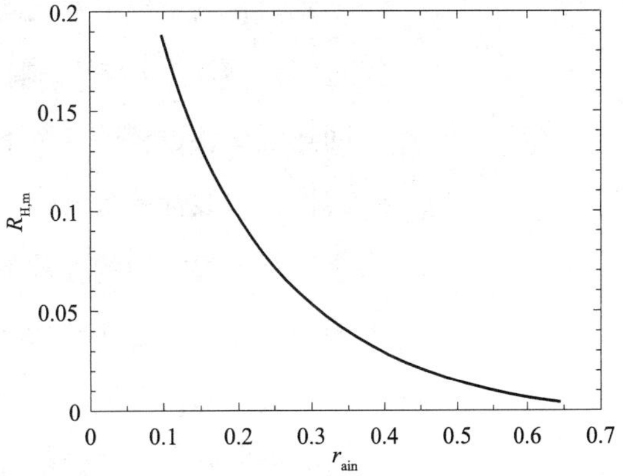

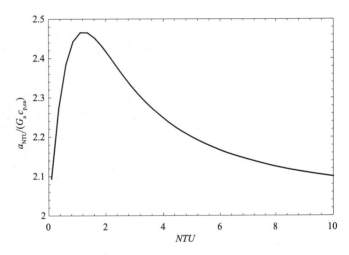

图 7-13　参数不匹配热阻随入口空气相对湿度的变化

系数 $a_{NTU}/G_a c_{p,ea}$ 随 NTU 的变化如图 7-14 所示。可以看出，式（7-57）中 $R_{H,m}$ 的系数 a_{NTU} 随 NTU 的变化永远大于零，因此当 NTU 一定时，$R_{H,m}$ 越大，$f(R_{H,m}, NTU)$ 越大，即参数不匹配热阻越大，面积有限的热阻越大，这和单一的显热传递过程不同，主要是因为参数不匹配热阻越大，显热传递和质量传递之间的相互影响越大，总传热量越小，即使参数不匹配过程有较大的㶲耗散，其

图 7-14　$a_{NTU}/G_a c_{p,ea}$ 随 NTU 的变化规律

并不能有效地被总传递过程所利用。系数 a_{NTU} 随 NTU 的变化存在拐点，在 NTU 较小时（$NTU=1.6$ 附近）存在最大值，此时不匹配热阻 $R_{H,m}$ 对面积有限热阻 $R_{H,f}$ 的影响强度最大。

图 7-15 给出了焓湿图上空气和水热湿交换的等参数不匹配线。可以看出，空气-水直接接触热湿交换过程的等进口参数不匹配线为一簇近似线性的线，这簇线一端的极限端点为水温进口状态（水温进口状态永远达

不到，否则空气－水之间的热湿交换过程传热、传质量均为零，热湿交换过程并不发生），另一端点为空气入口状态。越接近饱和线，空气－水之间热湿交换过程的参数不匹配热阻越小，并且等参数不匹配线开始变得非线性，非线性趋势与饱和线相似。当空气入口状态在饱和线上时，空气与水进行热湿交换的参数不匹配热阻为零，当空气入口状态与水入口状态表面的饱和空气处在等焓状态时，空气与水进行热湿交换的参数不匹配热阻无穷大，即饱和线为参数不匹配热阻为零的等参数不匹配热阻线，与水进口表面饱和空气等焓的等焓线为参数不匹配热阻为无穷大的等参数不匹配热阻线。

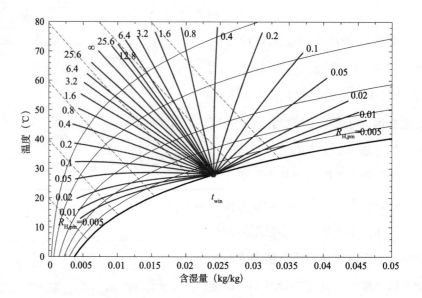

图 7－15　等参数不匹配热阻线

2. 流量不匹配的热湿交换过程

当空气和水的热湿交换过程并不满足式（7－32）所示的流量匹配关系时，首先推导得到热湿交换过程的解析解，水的出口温度、空气的出口温度和出口含湿量分别如式（7－59）～式（7－61）所示，其中 $m = \dfrac{G_a c_{p,ea}}{G_w c_{pw}}$。

$$T_{w,0} = \frac{m(1 - e^{NTU(m-1)})}{1 - me^{NTU(m-1)}} T_{sa,in} + \frac{1 - m}{1 - me^{NTU(m-1)}} T_{w,in} \qquad (7-59)$$

$$T_{a,0} = \frac{1 - e^{NTU(m-1)}}{1 - me^{NTU(m-1)}} T_{w,in} + \left[\frac{e^{NTU(m-1)}(c_{pa} - mc_{p,ea}) + r_0 a}{c_{pa}(1 - me^{NTU(m-1)})} \right.$$

$$\left. - e^{-NTU} - \frac{r_0 a}{c_{pa}} \right] T_{sa,in} + e^{-NTU} T_{a,in} \qquad (7-60)$$

$$\omega_{a,0} = e^{-NTU} \omega_{a,in} + \left(1 - e^{-NTU} - \frac{1 - e^{NTU(m-1)}}{1 - me^{NTU(m-1)}}\right) \omega_{sa,in} + \frac{1 - e^{NTU(m-1)}}{1 - me^{NTU(m-1)}} \omega_{w,in}$$

$$(7-61)$$

过程的总潜热传递量 Q_L、全热传递量 Q_w 分别为：

$$Q_L = G_a r_0 \left[(\omega_{sa,in} - \omega_{a,in})(1 - e^{-NTU}) + (\omega_{a,win} - \omega_{sa,in}) \frac{1 - e^{NTU(m-1)}}{1 - me^{NTU(m-1)}} \right]$$

$$(7-62)$$

$$Q_w = G_a c_{p,ea} \frac{1 - e^{NTU(m-1)}}{1 - me^{NTU(m-1)}} (T_{w,in} - T_{sa,in}) \qquad (7-63)$$

整个过程的总㶲耗散为：

$$\Delta J_{s,loss} + \alpha \Delta J_{d,loss} = \frac{Q_w^2}{2} \frac{m-1}{G_a c_{p,ea}} \cdot \frac{e^{NTU(m-1)} + 1}{e^{NTU(m-1)} - 1}$$

$$+ \frac{G_a c_{p,ea}}{2} \frac{c_{pa}}{r_0 a} (T_{ain} - T_{sain})^2 (1 - e^{-2NTU})$$

$$(7-64)$$

整个过程的总热阻为：

$$R_H = \frac{1}{2} \left(\frac{1}{G_w c_{pw}} - \frac{1}{G_a c_{p,ea}} \right) \cdot \frac{e^{NTU(m-1)} + 1}{e^{NTU(m-1)} - 1} + \frac{1}{2} \cdot \frac{1}{G_a c_{p,ea}} \cdot \frac{c_{pa}}{r_0 a}$$

$$\cdot \frac{(1 - m \cdot e^{NTU(m-1)})^2 (1 - e^{-2NTU})}{(1 - e^{NTU(m-1)})^2} \cdot \frac{(T_{a,in} - T_{sa,in})^2}{(T_{w,in} - T_{sa,in})^2} \quad (7-65)$$

根据不匹配热阻 $R_{H,m}$ 的定义得到当 $m > 1$ 时，$R_{H,m}$ 和 $R_{H,f}$ 分别为：

$$R_{H,m} = \frac{1}{2} \left(\frac{1}{G_w c_{pw}} - \frac{1}{G_a c_{p,ea}} \right) + \frac{1}{2} \cdot \frac{G_a c_{p,ea}}{(G_w c_{pw})^2} \cdot \frac{c_{pa}}{r_0 a} \cdot \frac{(T_{a,in} - T_{sa,in})^2}{(T_{w,in} - T_{sa,in})^2}$$

$$(7-66)$$

$$R_{\rm H,f} = \frac{1}{2}\Big(\frac{1}{G_{\rm w}c_{\rm pw}} - \frac{1}{G_{\rm a}c_{\rm p,ea}}\Big) \cdot \frac{2}{{\rm e}^{NTU(m-1)}-1} + \frac{1}{2} \cdot \frac{G_{\rm a}c_{\rm p,ea}}{(G_{\rm w}c_{\rm pw})^2} \cdot \frac{c_{\rm pa}}{r_0 a} \cdot$$

$$\Big[\frac{(1-m{\rm e}^{NTU(m-1)})^2(1-{\rm e}^{-2NTU})}{m^2(1-{\rm e}^{NTU(m-1)})^2} - 1\Big]\frac{(T_{\rm a,in}-T_{\rm sa,in})^2}{(T_{\rm w,in}-T_{\rm sa,in})^2} \qquad (7-67)$$

当 $m<1$ 时，$R_{\rm H,m}$ 和 $R_{\rm H,f}$ 分别为：

$$R_{\rm H,m} = \frac{1}{2}\Big(\frac{1}{G_{\rm a}c_{\rm pea}} - \frac{1}{G_{\rm w}c_{\rm pw}}\Big) + \frac{1}{2}\frac{1}{G_{\rm a}c_{\rm pea}}\frac{c_{\rm pa}}{r_0 a}\frac{(T_{\rm a,in}-T_{\rm sa,in})^2}{(T_{\rm w,in}-T_{\rm sa,in})^2} \quad (7-68)$$

$$R_{\rm H,f} = \frac{1}{2}\Big(\frac{1}{G_{\rm a}c_{\rm pea}} - \frac{1}{G_{\rm w}c_{\rm pw}}\Big) \cdot \frac{2{\rm e}^{NTU(m-1)}}{1-{\rm e}^{NTU(m-1)}} + \frac{1}{2} \cdot \frac{1}{G_{\rm a}c_{\rm p,ea}} \cdot \frac{c_{\rm pa}}{r_0 a} \cdot$$

$$\Big[\frac{(1-m{\rm e}^{NTU(m-1)})^2(1-{\rm e}^{-2NTU})}{(1-{\rm e}^{NTU(m-1)})^2} - 1\Big]\frac{(T_{\rm a,in}-T_{\rm sa,in})^2}{(T_{\rm w,in}-T_{\rm sa,in})^2} \quad (7-69)$$

此时由于并不满足流量匹配，因此式（7-66）、式（7-68）所示的不匹配热阻是参数不匹配热阻与流量不匹配热阻之和。由式（7-66）、式（7-68）可知，流量不匹配热阻清晰地从总的不匹配热阻中区分开来，为式（7-66）、式（7-68）右侧第一部分，且其表达式与显热传递过程相同，而式（7-66）、式（7-68）的第二部分即为热湿交换过程的参数不匹配热阻，其主要取决于空气和水的入口状态，并且受流量不匹配特性的影响。由式（7-66）、式（7-68）可见，流量不匹配热阻和参数不匹配热阻为加和关系，即两类不匹配特性在热阻定义下，具备可加性。

对于面积有限的热阻，由式（7-67）与式（7-69）所示，可见，面积有限的热阻也分为两部分，第一部分仅与流量匹配特性和面积有关，第二部分与参数匹配特性和面积有关，可将其写成如下形式：

$$R_{\rm H,f} = g(R_{\rm H,fm}, k_{\rm s}A) + f(R_{\rm H,pm}, k_{\rm s}A) \qquad (7-70)$$

其中 $R_{\rm H,fm}$ 为由于流量不匹配导致的不匹配热阻，如式（7-66）与式（7-68）的右侧第一部分，$R_{\rm H,pm}$ 为由于参数不匹配导致的不匹配热阻，如式（7-66）与式（7-68）的右侧第二部分所示。

（1）当 $m>1$ 时，$R_{\rm H,fm} = \frac{1}{2}\Big(\frac{1}{G_{\rm w}c_{\rm pw}} - \frac{1}{G_{\rm a}c_{\rm p,ea}}\Big)$，$R_{\rm H,pm} = \frac{1}{2} \cdot \frac{G_{\rm a}c_{\rm p,ea}}{(G_{\rm w}c_{\rm pw})^2} \cdot \frac{c_{\rm pa}}{r_0 a} \cdot$

$$\frac{(T_{a,in} - T_{sa,in})^2}{(T_{w,in} - T_{sa,in})^2}$$

（2）当 $m < 1$ 时，$R_{H,fm} = \frac{1}{2}(\frac{1}{G_a c_{pea}} - \frac{1}{G_w c_{pw}})$，$R_{H,pm} = \frac{1}{2} \cdot \frac{1}{G_a c_{pea}} \cdot \frac{c_{pa}}{r_0 a} \cdot$

$$\frac{(T_{a,in} - T_{sa,in})^2}{(T_{w,in} - T_{sa,in})^2}$$

当 $m < 1$ 时，按照式（7-70）重新写式（7-69）如下：

$$R_{H,f} = R_{H,fm} \frac{2e^{(m-1)k_s A/(G_a c_{pa})}}{1 - e^{(m-1)k_s A/(G_a c_{pa})}} + R_{H,pm}$$

$$(\frac{(1 - me^{(m-1)k_s A/(G_a c_{pa})})^2 (1 - e^{-2k_s A/(G_a c_{pa})})}{(1 - e^{(m-1)k_s A/(G_a c_{pa})})^2} - 1)$$

$$(7-71)$$

对比式（7-71）和式（7-70），当 $m < 1$ 时，可得：

$$g(R_{H,fm}, k_s A) = R_{H,fm} \frac{2e^{(m-1)k_s A/(G_a c_{pa})}}{1 - e^{(m-1)k_s A/(G_a c_{pa})}} \tag{7-72}$$

$$f(R_{H,pm}, k_s A) = R_{H,pm}(\frac{(1 - me^{(m-1)k_s A/(G_a c_{pa})})^2 (1 - e^{-2k_s A/(G_a c_{pa})})}{(1 - e^{(m-1)k_s A/(G_a c_{pa})})^2} - 1)$$

$$(7-73)$$

如图 7-16 所示，式（7-71）的右侧第一项 g（$R_{H,fm}$，$k_s A$）随着 $R_{H,fm}$ 的增加而减小，即流量不匹配的热阻对面积有限的热阻起削弱作用，流量不匹配热阻越大，面积有限的热阻越小，与显热传递过程的特性完全一致。而如图 7-17 所示，对于式（7-71）的第二项，$f(R_{H,pm}$，$k_s A$）随 $R_{H,pm}$ 的增加而增加，因此，$R_{H,pm}$ 越大，与参数匹配相关的面积有限的热阻越大，即参数不匹配热阻对面积有限的热阻是起加强的作用，参数不匹配热阻越大，面积有限的热阻越大，与上述讨论的流量匹配的逆流热湿交换过程规律一致。由此可以看出，流量不匹配和参数不匹配虽然都为不匹配的现象，都导致传递过程出现不可避免的㶲耗散，可二者的特性并不相同，流量不匹配可以增加传递过程的驱动力而削弱面积有限的热阻，而参数不匹配实质上是传热和传质过程的相互影响，这种相互影响导致的㶲耗散成为无效的㶲耗散，无法转换为传递过程的驱动力而减小面积有限的热阻。

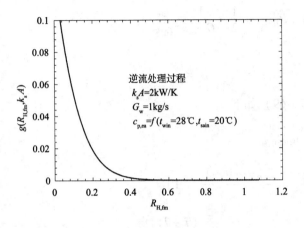
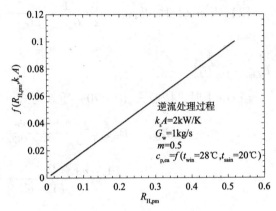

图 7 – 16　$g(R_{H,fm}, k_sA)$ 随 $R_{H,fm}$ 的变化（$m<1$）　　图 7 – 17　$f(R_{H,pm}, k_sA)$ 随 $R_{H,pm}$ 的变化（$m<1$）

当 $m>1$ 时的分析得到的结论相同，如下分析所述。

当 $m>1$ 时，

$$R_{H,f} = R_{H,fm} \cdot \frac{2}{e^{2k_sA(c_{p,ea}/c_{pa})R_{H,fm}} - 1} + R_{H,pm} \cdot$$

$$\left[\frac{1}{m^2} \cdot \frac{(1 - me^{(m-1)k_sA/(G_ac_{pa})})^2(1 - e^{-2k_sA/(G_ac_{pa})})}{(1 - e^{(m-1)k_sA/(G_ac_{pa})})^2} - 1 \right] \qquad (7 - 74)$$

对比式（7 – 70）和式（7 – 74），得到：

$$g(R_{H,fm}, k_sA) = R_{H,fm} \frac{2}{e^{2k_sA(c_{p,ea}/c_{pa})R_{H,fm}} - 1} \qquad (7 - 75)$$

$$f(R_{H,pm}, k_sA) = R_{H,pm} \cdot \left[\frac{1}{m^2} \cdot \frac{(1 - me^{(m-1)k_sA/(G_ac_{pa})})^2(1 - e^{-2k_sA/(G_ac_{pa})})}{(1 - e^{(m-1)k_sA/(G_ac_{pa})})^2} - 1 \right]$$

$$(7 - 76)$$

图 7 – 18 给出了 $g(R_{H,fm}, k_sA)$ 随 $R_{H,fm}$ 的变化情况，其中变化 $R_{H,fm}$ 时，给定水的流量 $G_w = 1$kg/s，变化空气的流量 G_a 使得 $R_{H,fm}$ 发生变化。图 7 – 19 给出了 $f(R_{H,pm}, k_sA)$ 随 $R_{H,pm}$ 的变化，其中改变 $R_{H,pm}$ 时仅是通过改变空气和水的入口相对状态而来改变的，此时给定了 k_sA 和空气的流量与水的流量。由图 7 – 19 所示，当 $m>1$ 时，面积有限的热阻的第一项 g

$(R_{H,fm}$，$k_s A)$ 随着 $R_{H,fm}$ 的增加而减小，而第二项 $f(R_{H,pm}$，$k_s A)$ 随 $R_{H,pm}$ 的增加而增加，与 $m<1$ 时工况的规律一致。而由式（7-71）与式（7-74）的右侧第二项所示，无论 $m>1$ 或 $m<1$，空气和水的流量比 m 也会影响由参数不匹配决定的面积有限的热阻部分。

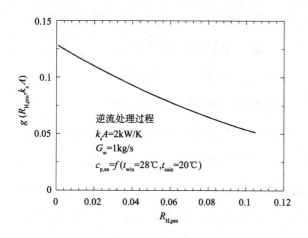

图 7-18 $g(R_{H,fm}$，$k_s A)$ 随 $R_{H,fm}$ 的变化（$m>1$）

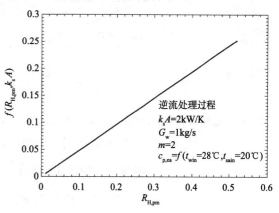

图 7-19 $f(R_{H,pm}$，$k_s A)$ 随 $R_{H,pm}$ 的变化（$m>1$）

图 7-20 给出了当 $m<1$ 时，随着 m 的变化，主要由参数不匹配决定的面积有限的热阻部分的变化。可以看出，当 $m<1$ 时，随着 m 的减小，此时固定水的流量，即随着空气流量的减小，流量不匹配热阻 $R_{H,fm}$ 增加，参数不匹配热阻 $R_{H,pm}$ 也增加，面积有限的总热阻 $R_{H,f}$ 减小，并且面积有限的两部分热阻，由流量不匹配热阻决定的部分 $g(R_{H,fm}$，$k_s A)$ 减小，由参数不匹配热阻决定的部分 $f(R_{H,pm}$，$k_s A)$ 也减小。即当 $m<1$ 时，流量不匹配对面积有限的热阻起削弱的作用。

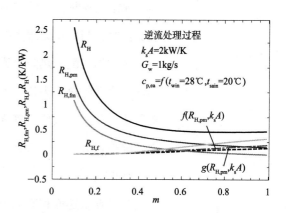

图 7-20 总的面积有限的热阻 $R_{H,f}$ 随 m 的变化（$m<1$）

图 7-21 给出了当 $m>1$ 时面积有限的热阻随 m 的变化情况。可以看出，当 $m>1$ 时，增加 m，此时由于固定了水的流量，即增加空气流量，

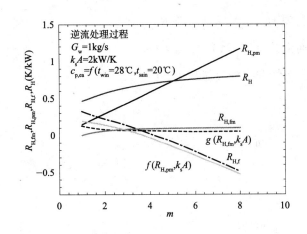

图 7-21　总的面积有限的热阻 $R_{\mathrm{H,f}}$ 随 m 的变化（$m > 1$）

流量不匹配热阻 $R_{\mathrm{H,fm}}$ 增加，参数不匹配热阻 $R_{\mathrm{H,pm}}$ 呈线性增加，$R_{\mathrm{H,pm}}$ 增加的斜率远大于流量不匹配热阻 $R_{\mathrm{H,fm}}$ 的随 m 增加的斜率，总的面积有限的热阻 $R_{\mathrm{H,f}}$ 减小，且总的面积有限的热阻中，分别由流量不匹配和参数不匹配决定的两部分热阻 $g(R_{\mathrm{H,fm}}, k_{\mathrm{s}}A)$，$f(R_{\mathrm{H,pm}}, k_{\mathrm{s}}A)$ 均减小，且由参数不匹配热阻决定的面积有限的热阻 $f(R_{\mathrm{H,pm}}, k_{\mathrm{s}}A)$ 减小得速度远高于流量不匹配决定的部分。并且当 m 增加到一定程度时，总的面积有限的热阻 $R_{\mathrm{H,f}}$ 减小到负值，此时由流量不匹配决定的面积有限的热阻部分 $g(R_{\mathrm{H,fm}}, k_{\mathrm{s}}A)$ 仍为正，而参数不匹配决定的部分 $f(R_{\mathrm{H,pm}}, k_{\mathrm{s}}A)$ 已经为负。出现这种现象的主要原因是，当 m 增加时，即空气流量增加时，空气的状态变化幅度很小，当空气流量达到无限大这种极限情况时，空气的状态基本不变，此时水与空气进行热湿交换时，当面积无限大时，必然会存在空气和水之间的传热与传质的反向，参数不匹配的热阻急剧增加，甚至高于面积有限时的总热阻，从而使得面积有限的热阻为负。这点对于顺流的过程有类似的现象，如下面的分析所述。并且，只要空气入口状态不在饱和线上，即空气和水之间的参数不匹配热阻大于零，就会出现上述现象，并且参数不匹配热阻越大，上述现象会更加明显。

为解释上述面积有限的热阻为负的现象，取 $m = 6$ 时的工况，看热湿交换过程的各项热阻随过程 $k_{\mathrm{s}}A$ 的变化，如图 7-22 所示。当风与水的热容量比较大时，即风多水少且相差较大时，随着 $k_{\mathrm{s}}A$ 的增加，整个过程的热阻 R_{H} 先减小后增加，这主要是面积增加导致㶲耗散减小从而致使热阻减小和有效的传热量减小导致热阻增加这对矛盾共同作用的结果。当空气和水入口参数不匹配时，并且空气流量较大水流量较小时，随着换热面积的增加，空气和水之间的传热过程和传质过程会出现反向，导致有效的总传热量 Q_w 减少，使得热阻变大，并且面积越大，反向过程占的比例越大，有效的 Q_w 越小，热阻增加得更剧烈。因此，当面积较小时，随着面积的增加，总热阻 R_H 减小，此时面积的增加导致㶲耗散的减小从而导致热阻减小为主要矛盾，因此表现为随着面积的增加热阻减小；而随着面积的进一步增加，空气和水之间传热和传质的反向导致有效的总传热量减小成为主要矛盾，从而导致总热阻变大。由于面积无限大时总热阻 R_H 等于参数不匹配热阻 R_{pm} 和流量不匹配热阻 R_{fm} 之和，因此，面积较小时的总热阻 R_H 较小的状态，面积有限的热阻 R_f 会出现负值。图 7 - 23 给出了图 7 - 22 所示 k_sA 从较小变大时，空气 - 水热湿交换过程在焓湿图的过程线，从图中也可以看出，随着 k_sA 的增加，空气 - 水传热传质的反向的程度越来越剧烈。

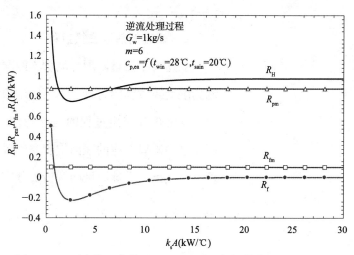

图 7 - 22　逆流热湿交换过程 $m=6$ 时，各部分热阻随 k_sA 的变化

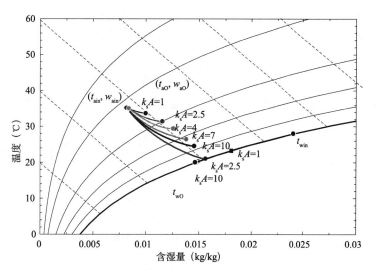

图 7 - 23　空气 - 水热湿交换过程在焓湿图上的表示

7.3.2 顺流的热湿交换过程

上述关于流量匹配与流量不匹配的热湿交换过程的讨论，均是针对逆流热湿交换过程的讨论。下面给出顺流的热湿交换过程的分析，以便更深刻地理解热湿交换过程的匹配特性。顺流的热湿交换过程，水的出口温度、水的出口对应的表面饱和空气含湿量、空气出口温度、空气出口含湿量、空气出口湿球温度的解析解分别如式（7-77）~式（7-81）所示。

$$T_{w,0} = \frac{1}{m+1}T_{w,in} + \frac{m}{m+1}T_{sa,in} + \frac{m}{m+1}(T_{w,in} - T_{sa,in})e^{-NTU(m+1)}$$

$$(7-77)$$

$$\omega_{w,0} = a\left(\frac{1}{m+1}T_{w,in} + \frac{m}{m+1}T_{sa,in} + \frac{m}{m+1}(T_{w,in} - T_{sa,in})e^{-NTU(m+1)}\right) + b$$

$$(7-78)$$

$$T_{a,0} = \frac{1}{m+1}(T_{w,in} - T_{sa,in})(1 - e^{(-NTU(m+1))}) - \frac{r_0}{c_{pa}}(\omega_{a,in} - \omega_{sa,in})e^{-NTU} + T_{sa,in}$$

$$(7-79)$$

$$\omega_{a,0} = a\frac{1}{m+1}(T_{sa,in} - T_{w,in})e^{(-NTU(m+1))} + (\omega_{a,in} - \omega_{sa,in})e^{-NTU} + a$$

$$\left(\frac{1}{m+1}T_{w,in} + \frac{m}{m+1}T_{sa,in}\right) + b \qquad (7-80)$$

$$T_{sa,0} = \frac{1}{m+1}(1 - e^{-NTU(m+1)})(T_{w,in} - T_{sa,in}) + T_{sa,in} \qquad (7-81)$$

过程的水侧热量（总热量）为：

$$Q_w = G_a c_{p,ea}\frac{1}{m+1}(1 - e^{-NTU(m+1)})(T_{w,in} - T_{sa,in}) \qquad (7-82)$$

过程的显热㶲耗散和湿㶲耗散分别为：

$$\Delta J_{s,loss} = \frac{1}{2}G_a \cdot c_{pa}\frac{1}{m+1} \cdot (1 - e^{-2NTU(m+1)})(T_{w,in} - T_{sa,in})^2 + \frac{1}{2}G_a c_{pa}$$

$$(1 - e^{-2NTU})(T_{a,in} - T_{sa,in})^2 -$$

$$2G_a c_{pa} \frac{1}{m+2} (1 - \mathrm{e}^{-NTU(m+2)}) (T_{w,in} - T_{sa,in}) (T_{a,in} - T_{sa,in})$$

$$(7-83)$$

$$\Delta J_{w,loss} = \frac{1}{2} G_a \frac{1}{m+1} \cdot (1 - \mathrm{e}^{-2NTU(m+1)}) (\omega_{w,in} - \omega_{sa,in})^2 + \frac{1}{2} G_a$$

$$(1 - \mathrm{e}^{-2NTU}) (\omega_{a,in} - \omega_{sa,in})^2 + 2G_a \frac{1}{m+2} (1 - \mathrm{e}^{-NTU(m+2)})$$

$$(\omega_{w,in} - \omega_{sa,in}) (\omega_{sa,in} - \omega_{a,in}) \qquad (7-84)$$

过程的总㶲耗散为:

$$\Delta J_{s,loss} + \alpha \Delta J_{d,loss} = \frac{1}{2} Q_w^2 \frac{m+1}{G_a c_{p,ea}} \cdot \frac{1 + \mathrm{e}^{-NTU(m+1)}}{1 - \mathrm{e}^{-NTU(m+1)}} + \frac{1}{2} G_a c_{p,ea} \frac{c_{pa}}{r_0 a}$$

$$(1 - \mathrm{e}^{-2NTU}) (T_{sa,in} - T_{a,in})^2 \qquad (7-85)$$

过程的总的热阻为:

$$R_H = \frac{1}{2} \left(\frac{1}{G_a c_{p,ea}} + \frac{1}{G_w c_{pw}} \right) \frac{1 + \mathrm{e}^{-NTU(m+1)}}{1 - \mathrm{e}^{-NTU(m+1)}} + \frac{1}{2} \left(\frac{1}{G_a c_{p,ea}} + \frac{1}{G_w c_{pw}} \right)^2 G_a c_{p,ea} \frac{c_{pa}}{r_0 a}$$

$$\frac{(1 - \mathrm{e}^{-2NTU})}{(1 - \mathrm{e}^{-NTU(m+1)})^2} \frac{(T_{sa,in} - T_{a,in})^2}{(T_{w,in} - T_{sa,in})^2} \qquad (7-86)$$

过程的不匹配热阻为:

$$R_{H,m} = \frac{1}{2} \left(\frac{1}{G_a c_{p,ea}} + \frac{1}{G_w c_{pw}} \right) + \frac{1}{2} \left(\frac{1}{G_a c_{p,ea}} + \frac{1}{G_w c_{pw}} \right)^2 G_a c_{pea} \frac{c_{pa}}{r_0 a} \frac{(T_{sa,in} - T_{a,in})^2}{(T_{w,in} - T_{sa,in})^2}$$

$$(7-87)$$

对于顺流的热湿交换过程, 不存在流量匹配的概念, 由式 (7-87) 可知, 顺流热湿交换过程的不匹配热阻由两部分组成, 第一部分是流型不匹配热阻 $R_{H,fm}$, 第二部分是参数不匹配热阻 $R_{H,pm}$, 即:

$$R_{H,fm} = \frac{1}{2} \left(\frac{1}{G_a c_{p,ea}} + \frac{1}{G_w c_{pw}} \right),$$

$$R_{H,pm} = \frac{1}{2} \left(\frac{1}{G_a c_{p,ea}} + \frac{1}{G_w c_{pw}} \right)^2 G_a c_{pea} \frac{c_{pa}}{r_0 a} \frac{(T_{sa,in} - T_{a,in})^2}{(T_{w,in} - T_{sa,in})^2}$$

$$(7-88)$$

对比式（7-87）与式（7-66）、式（7-68），参数不匹配热阻由于入口参数变化对热阻的影响与逆流热湿交换过程的规律很相似。由式（7-87）可知，与逆流热湿交换过程一致，参数不匹配热阻 $R_{\mathrm{H,pm}}$ 永远为正，即参数不匹配对任何流型的热湿交换过程都起抑制的作用。

对于顺流的热湿交换过程，面积有限的热阻为：

$$R_{\mathrm{H,f}} = \frac{1}{2}\Big(\frac{1}{G_{\mathrm{a}}c_{\mathrm{p,ea}}} + \frac{1}{G_{\mathrm{w}}c_{\mathrm{pw}}}\Big)\frac{2\mathrm{e}^{-NTU(m+1)}}{1 - \mathrm{e}^{-NTU(m+1)}} + \frac{1}{2}\Big(\frac{1}{G_{\mathrm{a}}c_{\mathrm{p,ea}}} + \frac{1}{G_{\mathrm{w}}c_{\mathrm{pw}}}\Big)^2$$

$$G_{\mathrm{a}}c_{\mathrm{pea}}\frac{c_{\mathrm{pa}}}{r_0 a}\frac{(T_{\mathrm{sa,in}} - T_{\mathrm{a,in}})^2}{(T_{\mathrm{w,in}} - T_{\mathrm{sa,in}})^2}\Big[\frac{(1 - \mathrm{e}^{-2NTU})}{(1 - \mathrm{e}^{-NTU(m+1)})^2} - 1\Big] \qquad (7-89)$$

仍然将面积有限的热阻写成不匹配热阻的函数的形式，如式（7-90）所示：

$$R_{\mathrm{H,f}} = g(R_{\mathrm{H,fm}}, k_{\mathrm{s}}A) + f(R_{\mathrm{H,pm}}, k_{\mathrm{s}}A) \qquad (7-90)$$

改写式（7-89），得到：

$$R_{\mathrm{H,f}} = R_{\mathrm{H,fm}}\frac{2\mathrm{e}^{-k_{\mathrm{s}}A(c_{\mathrm{p,ea}}/c_{\mathrm{pa}})R_{\mathrm{H,fm}}}}{1 - \mathrm{e}^{-k_{\mathrm{s}}A(c_{\mathrm{p,ea}}/c_{\mathrm{pa}})R_{\mathrm{H,fm}}}} + R_{\mathrm{H,pm}}\Big(\frac{(1 - \mathrm{e}^{-2k_{\mathrm{s}}A/(G_{\mathrm{a}}c_{\mathrm{pa}})})}{(1 - \mathrm{e}^{-k_{\mathrm{s}}A(c_{\mathrm{p,ea}}/c_{\mathrm{pa}})R_{\mathrm{H,fm}}})^2} - 1\Big)$$

$$(7-91)$$

则有：

$$g(R_{\mathrm{H,fm}}, k_{\mathrm{s}}A) = R_{\mathrm{H,fm}}\frac{2\mathrm{e}^{-k_{\mathrm{s}}A(c_{\mathrm{p,ea}}/c_{\mathrm{pa}})R_{\mathrm{H,fm}}}}{1 - \mathrm{e}^{-k_{\mathrm{s}}A(c_{\mathrm{p,ea}}/c_{\mathrm{pa}})R_{\mathrm{H,fm}}}} \qquad (7-92)$$

$$f(R_{\mathrm{H,pm}}, k_{\mathrm{s}}A) = R_{\mathrm{H,pm}}\Big(\frac{(1 - \mathrm{e}^{-2k_{\mathrm{s}}A/(G_{\mathrm{a}}c_{\mathrm{pa}})})}{(1 - \mathrm{e}^{-k_{\mathrm{s}}A(c_{\mathrm{p,ea}}/c_{\mathrm{pa}})R_{\mathrm{H,fm}}})^2} - 1\Big) \qquad (7-93)$$

图7-24给出了 $g(R_{\mathrm{H,fm}}, k_{\mathrm{s}}A)$ 随 $R_{\mathrm{H,fm}}$ 的变化情况。可以看出：式（7-90）的右侧第一项与流量不匹配特性相关的面积有限的热阻，$g(R_{\mathrm{H,fm}}, k_{\mathrm{s}}A)$ 随着 $R_{\mathrm{H,fm}}$ 的增加而减小，即流型不匹配热阻对面积有限的热阻是削弱的作用，这与显热传递过程的特性完全一致。

图 7-25 给出了 $f(R_{H,pm}, k_sA)$ 随 $R_{H,pm}$ 的变化，其中改变 $R_{H,pm}$ 时仅是通过改变空气和水的入口相对状态而来改变的，此时给定了 k_sA 和空气的流量和水的流量。对于式（7-90）的右侧第二项，$f(R_{H,pm}, k_sA)$ 随着 $R_{H,pm}$ 的增加而增加，即 $R_{H,pm}$ 越大，与参数匹配相关的面积有限的热阻越大，即参数不匹配热阻对面积有限的热阻是起加强的作用，参数不匹配热阻越大，面积有限的热阻越大，与上述讨论的逆流热湿交换过程规律一致。即对于顺流的热湿交换过程，由于参数不匹配导致的㶲耗散对于传递总热量来说仍然是无效的㶲耗散。

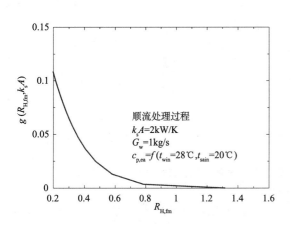

图 7-24　顺流热湿交换过程 $g(R_{H,fm}, k_sA)$ 随 $R_{H,fm}$ 的变化

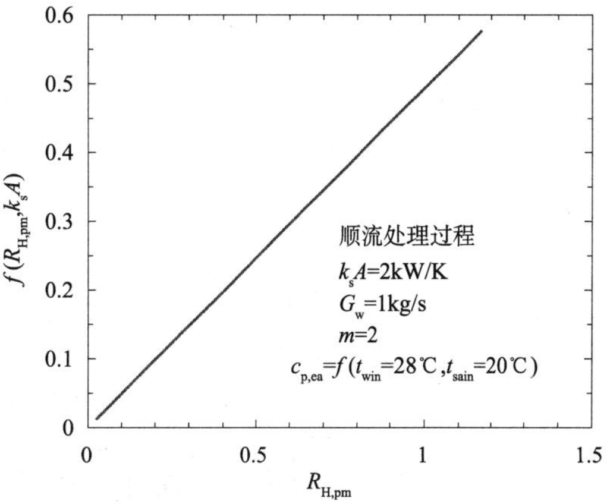

图 7-25　顺流热湿交换过程 $f(R_{H,pm}, k_sA)$ 随 $R_{H,pm}$ 的变化

与逆流热湿交换过程类似，对于顺流热湿交换过程，空气和水进行热湿交换过程的流量比同时影响流量不匹配热阻、参数不匹配热阻、总的面积有限热阻以及面积有限热阻中分别受流量不匹配特性、参数不匹配特性所影响的两项的系数。图 7-26 给出了顺流热湿交换过程各部分热阻随 m 的变化。可以看出，随着 m 的增加，即固定水的流量后，随着空气流量的增加，流量不匹配热阻 $R_{H,fm}$ 减小，而参数不匹配热阻 $R_{H,pm}$ 先减小后增加，

而面积有限的热阻 $R_{H,f}$ 先增加后减小，当 m 较大时，即参数不匹配热阻增加到一定程度，总的面积有限热阻 $R_{H,f}$ 可能出现负值。而面积有限的热阻中的两项，主要受流量不匹配影响的第一项 $g(R_{H,fm}, k_sA)$ 随着空气流量的增加而增加，而主要受参数不匹配影响的第二项 $f(R_{H,pm}, k_sA)$ 随着 m 的增加也就是空气流量的增加先增加后减小，当 m 较大时减小到负值，最终导致 m 增加到一定程度总的面积有限热阻 $R_{H,f}$ 为负。

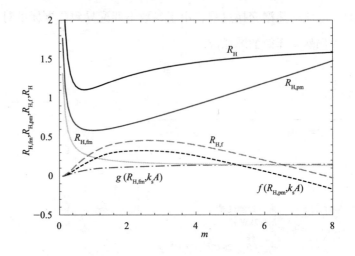

图 7－26   顺流热湿交换过程总的面积有限的热阻 $R_{H,f}$ 随 m 的变化

显热传递时的不匹配形成温差三角形，一方面导致传热效率出现极限，不再随 k_sA 增加，另一方面这个三角形也起到了传热作用，所以扣除不匹配热阻后，面积有限热阻随不匹配的增大而减小。

热湿过程参数的不匹配不仅构成开始阶段的温差三角与湿差三角，还会造成热量或湿的无效传递（过程中出现传递方向的转变），这使得㶲耗散增大而有效的 Q_w 却减小，热阻也增大。所以入口参数不匹配导致的前者影响大于后者影响，则入口不匹配增加，面积热阻就会降低，反之，如果后者的影响大于前者的影响，则入口参数不匹配会增大面积有限的影响。当流量比 m 足够大时，顺流与逆流几乎无区别了，于是也会出接近逆流时的结果。

7.4　热湿处理过程的案例分析

以下选取典型案例来对湿空气热湿处理过程进行分析，利用匹配特性及热湿处理过程的损失分析来改善处理性能，以期为流程构建提供指导。

7.4.1　空气加湿器

空气加湿器是一种常见的利用空气－水热湿传递过程来满足空气处理需求的装置。按加热对象的不同，加湿器可分为两类，工作原理分别如图 7－27（a）和（b）所示，两种加湿流程均由一个加热器和一个空气－水直接接触的喷淋塔构成，其中流程 I 的加热对象为进口空气，流程 II 的加热对象则为水。加湿过程是以将空气加湿到某一含湿量水平为目标，加热对象的不同会导致两种处理流程的空气处理过程存在显著差异，图 7－28 给出了两种流程的空气处理过程示意：流程 I 中空气由状态 A 被加热器加热至状态 B 后再进入喷淋塔，与水进行热湿交换后被处理至状态 C，加热器热水进、出口状态分别为 H_1、H_2；流程 II 中加热器将喷淋水由 W_1 加热至 W_2，状态 A 的空气与喷淋水热湿交换后被处理至状态 C。

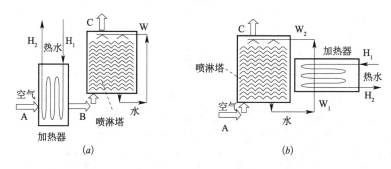

图 7－27　不同空气加湿处理流程工作原理

（a）流程 I：加热空气；（b）流程 II：加热水

从图 7－28 可以看出，这两种空气加湿流程的主要差异在于：

（1）在加热空气的流程 I 中，空气在喷淋填料塔中为等焓的处理过

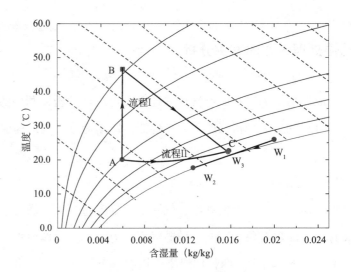

图 7 - 28 不同加热方式时的空气加湿处理过程

程，在此过程中存在着较大的"参数不匹配"损失。

（2）在加热水的流程Ⅱ中，在喷淋塔中空气与水的热湿交换过程偏离等焓线、更接近饱和线，在相同情况下参数不匹配损失明显小于流程Ⅰ。

以下分别对两种流程的处理性能进行对比分析。为便于分析，给出具体案例如下：进风温度 20℃，6g/kg，进风流量 1kg/s；要求送风参数 23.2℃，16.6g/kg。为了实现相同的送风参数，两种流程需要投入的 KA 如表 7 - 4 所示。

两种空气加湿处理流程的性能比较　　　　　　　　　表 7 - 4

处理流程	加热器				喷淋塔				热水进口温度（℃）
	KA (kW/℃)	R_H	$R_{H,m}$	$R_{H,f}$	KA (kW/℃)	R_H	$R_{H,m}$	$R_{H,f}$	
流程Ⅰ	2.0	0.5	0	0.5	3.6	0.76	0.72	0.04	60.0
流程Ⅱ	2.0	0.5	0	0.5	2.0	0.24	0.03	0.21	39.5

流程Ⅰ和流程Ⅱ的全过程在 $T - Q$ 图上表示分别见图 7 - 29 和图 7 - 30。对于流程Ⅰ，其全过程的热阻包括热水加热空气的显热传递过程的热阻和空气与水直接接触喷淋的热湿交换过程的热阻。而对于流程Ⅱ，其全

过程的热阻包括热水加热喷淋水的热阻和空气与热水直接接触喷淋热湿交换过程的热阻。对于流程Ⅰ和流程Ⅱ，由表 7 - 4 可知，流程Ⅰ热水加热空气的换热器的 KA 与流程Ⅱ热水加热喷淋水的换热器的 KA 相等，并且两个显热换热器均满足流量匹配，因此，两个显热传递过程的热阻相等。而对比图 7 - 29 和图 7 - 30 可以明显看出，流程Ⅰ的空气－水热湿交换过程存在着显著的入口参数不匹配损失，从而导致这一过程有着较大的不匹配热阻。由于流程Ⅰ空气－水热湿交换过程的主要目的为向空气加湿，此时计算空气－水热湿交换过程的热阻时所用的热量为空气加湿量所对应的潜热量，因此其参数不匹配热阻并不为等焓过程的无限大，具体数值如表 7 - 4 所示。

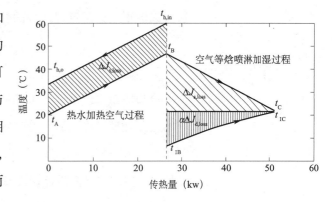

图 7 - 29　空气加湿流程Ⅰ在 $T - Q$ 图上的表示

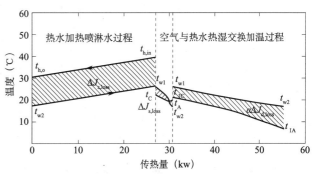

图 7 - 30　空气加湿流程Ⅱ在 $T - Q$ 图上的表示

　　对于流程Ⅱ同样采用潜热量计算空气－水热湿交换过程的热阻，则流程Ⅰ和流程Ⅱ的空气－水热湿交换过程的热阻对比由表 7 - 4 给出。可以发现，流程Ⅰ的热阻明显高于流程Ⅱ，主要的差别在于参数不匹配热阻（此时空气－水热湿交换过程满足流量不匹配，总的不匹配热阻即为参数不匹配热阻），流程Ⅰ的参数不匹配热阻为 0.72，而流程Ⅱ的参数不匹配热阻为 0.03。不匹配热阻差别的最终结果，导致即便流程Ⅰ的空气－水热湿交换过程的 KA 比流程Ⅱ空气－水热湿交换过程的 KA 大 1.8 倍，流程Ⅰ所需的热源温度仍比流程Ⅱ高约 20℃，导致流程Ⅰ的加湿过程比流程Ⅱ的加湿过程的能耗大幅度增加。因此，应选择匹配的流程Ⅱ——将热量投入给热水的方式为空气加湿。由此案例分析可见，利用不匹配热阻的分析方法可以清晰地分辨流程结构的好坏。

7.4.2　冷却塔

冷却塔是空调系统中常见的冷却装置，其主要任务是利用空气与水之间的热湿处理过程来满足冷却水的降温需求，其工作原理如图7-31（a）所示。室外空气 A 与进口冷却水 C 逆流接触，完成热湿处理过程后成为排风 B，冷却水降温后流出冷却塔。

对于气候较为干燥的地区（如我国西北地区），夏季室外空气含湿量水平较低、远远偏离饱和状态，如图7-32所示，此时若仍利用流程 I 进行处理，由本章热湿处理过程的匹配特性分析可知，此时空气与水之间热湿传递过程的不匹配损失较大。为了减少此处理过程中的不匹配损失，可利用如图7-31（b）所示的流程 II 来对冷却水进行处理。在流程 II 中，室外空气 A 先经过表冷器预冷至 A′后再流入填料塔中，A′状态的空气与由填料塔顶部喷淋而下的水直接接触，经过热湿处理后空气（B′）排出，由填料塔底部流出的冷却水部分进入表冷器中对空气进行预冷。与流程 I 相比，流程 II 中湿空气与水的热湿处理过程更接近饱和线。

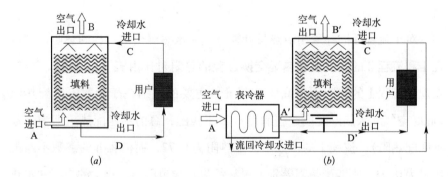

图7-31　不同形式冷却塔中的空气-水热湿处理过程

（a）流程 I ；（b）流程 II

下面具体比较流程 I 和流程 II，比较的情景与方法为：①两种流程进口空气流量相等，进口空气状态相同；②排除同样的热量；③两种流程填

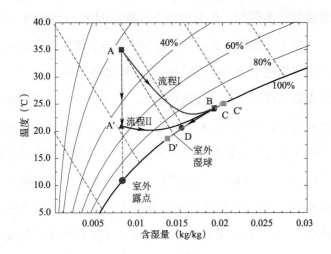

图 7 – 32　不同冷却水处理流程在焓湿图上的表示

料塔的 k_sA 相等；且输出给用户的流量相等。由于要求排热量相等，且进口的空气状态和流量都相等，则两种流程的排风焓值相等，由图 7 – 32 所示，由于两种流程最终的排风状态都接近饱和线，因此两种流程的排风状态基本重合（如图 7 – 32 中 B 点所示）。

　　具体案例为：空气进口流量 1kg/s，空气进口温度 35℃，含湿量 8g/kg；用户侧水量 0.89kg/s；要求两种流程的排热量均为 16.45kW。流程 Ⅰ 和流程 Ⅱ 的填料塔的 k_sA 均为 5.15kW/℃。流程 Ⅱ 增加了空气和水的表冷器，假设表冷器的 KA 为 5kW/℃，表冷器水流量为 0.26kg/s。表 7 – 5 给出了两种流程填料塔过程的热阻分析和两种流程的出水温度对比结果。

不同冷却塔处理流程的性能对比　　　　　　　　　　　　表 7 – 5

处理流程	填料塔热阻分析				供水温度 (℃)	用户回水温度 (℃)	填料塔喷淋温度 (℃)
	R_H	$R_{H,fm}$	$R_{H,pm}$	$R_{H,f}$			
流程 Ⅰ	0.60	0	0.37	0.23	20.6	25.0	25.0
流程 Ⅱ	0.09	0.04	0.02	0.03	18.7	23.1	25.1

　　由表 7 – 5 可知，流程 Ⅰ 的填料塔热湿交换过程的总热阻 R_H 与流程 Ⅱ 的总热阻相比显著增加，主要有两方面的原因：一是流程 Ⅰ 填料塔的热湿

交换过程的参数很不匹配，导致参数不匹配热阻 $R_{\mathrm{H,pm}}$ 流程 I 相比流程 II 显著增加；二是由于流程 I 的填料塔的制冷量是表冷器的冷量与用户冷量之和，流程 II 比流程 I 的填料塔总制冷量高出将近 1 倍，流程 I 由于空气和水之间无效的传热，最终传热量较大，但有效的制冷量很小，最终导致流程 I 和流程 II 在相同的 $k_{\mathrm{s}}A$ 下，面积有限的热阻流程 I 比流程 II 也显著增加。流程 I 和流程 II 热阻差异的最终结果，导致流程 I 最终送往用户的冷水的品位：供水 20.6℃，回水 25℃；而流程 II 最终送往用户的冷水的品位：供水 18.7℃，回水 23.1℃。流程 II 向外供冷的冷水的品位比流程 I 整体降低约 2℃，流程 II 的供水还降低到了进风的湿球温度之下。因此，从流程 I、II 的处理效果来看，当室外气候干燥时，流程 I 中空气与水直接接触过程的不匹配特性显著；流程 II 中通过设置表冷器实现了间接蒸发冷却的冷却塔处理过程，能够有效改善空气与水处理过程的匹配特性，减少空气与水之间由于入口参数不匹配导致的损失，减少传热传质过程中无效的传热量，最终获得更低的冷却水出水温度。

第8章 建筑热湿环境营造过程热学分析原则

建筑热湿环境营造过程包含有从室内产热、产湿源出发的热湿采集过程、围护结构被动式传输过程、供暖空调系统主动式传输过程等多个环节，本书第4~7章分别针对建筑热湿环境营造过程中主要环节的特性进行了热学分析，研究了各环节性能的变化规律，深入剖析了各环节传递㶲耗散的产生原因。从相应的损失原因及关键影响因素出发，利用热学分析方法得出了改善各环节热学特性的有效途径，为提高建筑热湿环境营造过程各组成环节的性能奠定了理论基础。在各环节特性分析的基础上，本章将给出对建筑热湿环境营造过程进行系统分析时需要遵循的基本原则，从热学分析视角对系统整体特性进行刻画，以期全面认识该营造过程的热学特性。

8.1 建筑热湿环境营造过程整体性能分析

由第2.2节的分析，建筑热湿环境的营造过程可用室内外传热驱动温差 ΔT、室内外传质驱动湿差 $\Delta \omega$（图2-6和图2-8）来刻画、描述其围护结构被动式系统与主动式供暖空调系统的任务以及相互关系。在建筑热湿环境营造过程中：

（1）尽量增大被动式围护结构的可调节范围，使其能够适应室内外驱动温差 ΔT、驱动湿差 $\Delta\omega$ 较大范围的变化，能够通过调节通风量、改变围护结构性能等途径，使得在不同驱动温差 ΔT 和驱动湿差 $\Delta\omega$ 下，准确地排除室内产生的热量与水分，从而减少对于主动式供暖空调系统的依赖。

（2）对于主动式供暖空调系统而言，当以化石燃料燃烧方式获得热量时，系统中有足够的驱动温差完成热量的传输过程。而对于各种形式的热泵（制冷系统）、工业余热、太阳能等利用过程中，热量传输过程所需的温差 ΔT 或湿差 $\Delta\omega$ 则显著影响着自然冷热源的使用以及主动式冷热源的能效水平；减少中间各环节的损失，可以有效地实现"高温供冷、低温供热"，提高供暖空调系统的整体性能。

8.1.1　增大被动式围护结构的可调节范围

如果要求室内排除的热量（主要是人和设备的发热、透过外窗的太阳辐射，其变化与外温变化基本无关，而主要是由房间的使用方式和太阳状况决定）变化不大，则只有通过改变围护结构的传热能力（$UA + c_{\mathrm{p}}G$）来使其传热量与要求排除的热量匹配。一般情况下，UA 较难变化；如果门窗不能开启，$c_{\mathrm{p}}G$ 仅是由围护结构的渗透漏风构成，则它的变化主要与室内外空气流动形成的风压决定，也变化不大。这样，依靠围护结构传热就很难在全年各个季节都担当起准确地排除热量的任务，弥补冬季的过量排热和/或夏季的排热不足只能通过消耗能源由主动式系统来解决。

目前所提倡的建筑保温，实际就是减小综合传热系数 U。当外窗不能开启，建筑没有有效的自然通风手段时，$c_{\mathrm{p}}G$ 基本为常数。这时改善保温可以降低围护结构的传热能力（$UA + c_{\mathrm{p}}G$），减少在室内外温差很大时的过量排热，从而减少甚至避免冬季通过空调供暖。但这样做在室内外驱动温差（$T_{\mathrm{r}} - T_0$）变小时，就不能有效地排除室内热量，从而需要空调制冷系统排除剩余的热量，也会造成大的能源消耗。所以，在这种情况下就有合理配置围护结构保温水平的问题。

改善围护结构性能以降低对供暖空调系统的依赖，重要的途径是使其综合传热能力能够根据需求变化，这样可以根据需要排除室内热量，根据可利用的室内外驱动温差状况调节通过围护结构的传热量，使其在尽可能多的时间段内恰当地完成排除热量的任务，从而在全年时间范围内减少对于主动式供暖空调系统的需求。如图 2－6 所示，如果①综合热阻 $1/(UA + c_p G)$ 能够在驱动温差最大时（最冷的冬季）恰好排除室内热源的热量，②而且综合热阻 $1/(UA + c_p G)$ 的相对变化范围能够达到图中要求的范围，就可以完全省去主动式空调系统，实现零能耗；而当室外温度高于室内要求温度时，驱动温差与排热要求反向，此时需要开启空调系统，无法实现零能耗。

最简单地改变 $(UA + c_p G)$ 的方法就是改变通风量。通过合理的开窗方式实现足够的自然通风，可以使综合热阻 $1/(UA + c_p G)$ 足够小，而关闭外窗后又能使得热阻 $1/(UA + c_p G)$ 足够大，从而满足在冬季室内外出现最大温差时的保温要求。实际上为了满足室内空气质量的要求，维持室内足够的新风换气量，不能通过房间的密闭任意减少 $c_p G$。通过排风热回收装置回收排风中的热量可以使等效的通风换气量小于实际的新风量，从而在满足室内新风需求的条件下加大等效热阻 $1/(UA + c_p G)$。而对最大的 $1/(UA + c_p G)$ 的要求又取决于室内外最大的驱动温差与室内热源发热量之比。曾建龙的博士论文[127]对围护结构传热性能、通风换气的可调性以及室内发热量之间的关系有详尽的分析。

8.1.2　减小主动式空调系统内部各环节的损失

主动式供暖空调系统是在一定驱动力（温差）下进行的室内热源与室外适宜热源/热汇间热量、水分的"搬运"过程，驱动力被中间各个环节消耗。从改善系统性能、降低总的驱动力需求角度来看，应当对各环节消耗的温差比例进行分析，以便明确对减少驱动力消耗作用最显著的环节，由此出发得到大幅减少温差消耗的有效途径。

选择适宜的室外热源/热汇也是建筑热湿环境营造过程的重要环节。第 2.4 节给出了各种热源、热汇的温度水平与特点。对于建筑的供冷过程，根据建筑特点及气候状况，尽可能选择温度较低的热汇可有效减少主动式系统所需的驱动温差。例如在干燥地区（新疆），夏季室外空气温度虽然较高（达到 35℃ 左右），但湿度较低，利用直接蒸发冷却（对应室外空气的湿球温度）或间接蒸发冷却（对应室外空气的露点温度）可获得较低的热汇温度。如在新疆乌鲁木齐（夏季室外设计温度 34.1℃、含湿量 8.5g/kg、湿球与露点温度分别为 18.5℃、7.5℃），采用间接蒸发冷却方式可制备出 12 ~ 16℃ 左右的冷水，这样室温与制备出的冷水之间有 9 ~ 13℃ 的驱动温差，已可以满足建筑降温过程中各个环节所需消耗的温差，不再需要压缩制冷机组制备冷水，而是通过间接蒸发冷却方法获得冷水[145]，从而实现显著的节能效果。

当室外热源、热汇与室内需求环境参数确定的情况下，在建筑热湿环境营造的大部分环节涉及热量输送、湿度输送，此时主要驱动力是温差、湿度差，㶲耗散成为有效描述上述环节中损失的量化参数。本书第 4 ~ 7 章采用了㶲耗散热学参数，量化描述了室内末端装置在热湿采集过程的损失情况、换热流体在显热换热器与热湿处理装置中传热传质过程的损失情况、在周期性蓄热过程的损失情况，并基于㶲耗散定义出传递过程的热阻，可清晰判断出系统各个环节中热阻较大的环节，可以得到系统性能是受换热能力不够制约，还是受换热（热湿交换）流体不匹配（包括流量不匹配、入口参数不匹配等）制约，从而指引系统性能提升与努力的方向。

整个建筑热湿环境营造过程热学分析的出发点为：从各个环节的内部损失入手并量化描述各个环节的损失情况，通过各个部件性能的改进从而提高整体系统的性能。前面章节的研究脉络及思路可用图 8 - 1 来表示。与传统的流程设计、系统整体分析方法不同，"热学分析方法"从温差消耗的成因出发研究减少温差消耗的方法、探寻降低总驱动力（温差）消耗的途径，为改善系统性能、降低能耗提供指导。"热学分析方法"可以说是从新的视角、新的理念认识分析问题，并非新的计算方法，但可更系统地认识建筑热湿环境营造过程，启发新的分析思路，探索新的营造途径。

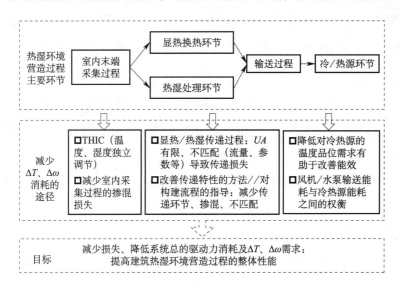

图 8-1　从各环节出发改善系统传递特性的主要措施

8.2　减少系统各环节损失的分析原则

从系统中各个环节的特性来看，减少各个传递过程的损失有助于改善单个环节的性能。这种单个环节的优化是对局部性能的优化，而系统性能的优化则是以改善整体性能为目标。系统性能的改善需从各个环节出发，针对室内采集、传输、冷/热源等性能进行综合考虑，即局部优化与整体优化之间并不矛盾，两者之间的关系是相辅相成、互相促进的，如图 8-2 所示。

系统整体性能的评价指标主要包括总烟耗散 $\Delta E_{\mathrm{n,sys}}$、消耗的总驱动温差 ΔT_{sys}、系统能效 COP_{sys} 等，从改善系统性能的角度出发，对各指标提出的要求为：减小传递损失、减少总的驱动力消耗、降低所需冷/热源温度

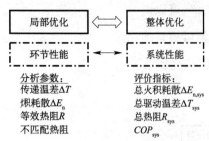

图 8 - 2　系统局部优化与整体性能优化间的关系

品位等。系统各环节的分析参数包括传递温差 ΔT、㶲耗散 ΔE_n、等效热阻 R、传递过程的不匹配热阻等，从这些参数及其影响因素出发能够得到改善各环节性能的有效措施。

从减少系统传递损失、改善各环节性能的视角出发，室内采集、热量传递、热湿处理、冷/热源能耗等单个环节的优化与整体系统损失的减小一致，减少各个环节的温差消耗，也有助于降低排热、排湿过程的总驱动力需求。需要注意的是，输配环节对系统性能的影响需充分考虑，在进行系统性能分析时应平衡输配环节和冷/热源环节的能耗。通过减少各环节的驱动力 ΔT、$\Delta \omega$ 消耗，能够降低整个系统的驱动力需求，也有利于降低对系统冷/热源的温度品位需求，实现"高温供冷、低温供热"，从而改善整个建筑热湿环境营造过程的能效水平。

在建筑及围护结构设计的基础上，主动式空调系统的流程构建方面，从前述各章室内热湿采集、显热传递及热湿传递等传递环节的共通特性出发，以下给出主动式空调系统中流程构建、系统设计中的一些分析原则。

8.2.1　原则 1：减少冷热抵消（干湿抵消）

为了满足室内一定的热量、水分排除需求，建筑热湿环境营造过程中通过多个环节来完成热量、水分的传递任务。当系统需求排除的热量 Q、水分量 m_w 即传递目标一定时，首先要避免增加处理过程的热量传递、水分传递的量，即避免不必要的冷热抵消、干湿抵消。

案例（1）：空调降温除湿过程中的冷热抵消

以冷凝除湿过程为例，为了满足湿度处理的需求，空调系统中空气冷凝除湿处理后的温度较低，某些场合需要设置再热过程来满足送风温度需求。这是最常见的造成冷热抵消、增加处理过程中传递热量的案例，图 8 - 3 给出了采用冷凝除湿方式处理空气后进行再热的处理过程以及在 $T\text{-}Q$ 图上的表示。该过程中冷凝除湿处理过程的传热量为 Q_1，空气再热

过程的加热量为 Q_2，该空气处理过程实际需求的传递热量为 $Q_1 - Q_2$，而实际处理过程中发生的传递热量则为 $Q_1 + Q_2$。与目标需求的传递热量相比，冷凝除湿后进行再热的处理过程显著增加了传递热量（由 $Q_1 - Q_2$ 增加至 $Q_1 + Q_2$），热量传递过程的㶲耗散也大幅增加。尽管上述再热过程的热量可来自热泵循环的冷凝热等免费热源，但处理过程的㶲耗散仍要高于目标需求的㶲耗散。因此，再热过程增加了处理过程传递的热量，导致了显著的冷热抵消，带来了不必要的热量传递过程，为了满足除湿需求而大幅增加了传递过程的㶲耗散。可通过在表冷器前后各加一个换热器，利用所加换热器内部流体循环实现对进入表冷器前空气的预冷和流出表冷器空气的加热等措施（见图 8 - 4），来避免冷热抵消造成的能源浪费。

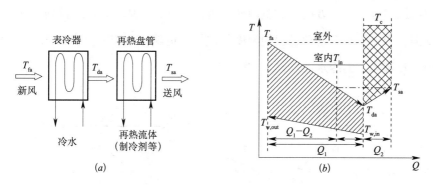

图 8 - 3　空气冷凝除湿后进行再热处理的过程分析

（ a ）再热处理流程；（ b ）处理过程损失

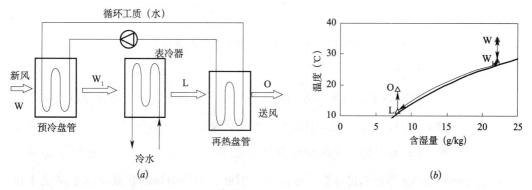

图 8 - 4　改进后的空气冷凝除湿流程

（ a ）系统工作原理；（ b ）空气处理过程

案例（2）：干燥地区空气处理过程中的干湿抵消

除了上述冷凝除湿过程设置再热会导致显著的冷热抵消外，一些湿空气处理过程中除湿后再加湿也会导致不必要的干湿抵消。以干燥地区（乌鲁木齐）的空气处理过程为例，图 8-5 给出了采用风机盘管＋新风形式的某办公建筑空调系统，其中新风首先经过一级间接蒸发冷却降温，再经过一级直接蒸发冷却降温加湿；室内回风进入风机盘管，利用制冷机制备的 7℃ 冷水来对空气进行除湿。新风侧的处理过程为室外新风 $O \rightarrow O_1 \rightarrow$ 送风 S_1，风机盘管对室内回风的处理过程为回风 $R \rightarrow$ 送风 S_2。从图中给出的空气处理过程来看，新风侧总体上为降温加湿过程，回风侧为降温除湿过程（进入风机盘管的冷水温度为 7℃）。在上述空气处理过程中，一方面对新风加湿，另一方面又对室内回风进行除湿，造成了加湿、除湿的相互抵消，增加了整个处理过程的湿度传递量，也就导致需要付出的㶲耗散增加，建筑需求的冷水温度仅为 7℃。

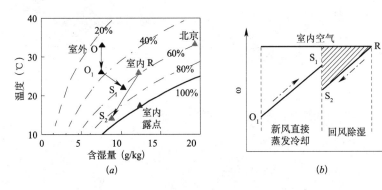

图 8-5 干燥地区某办公建筑空调系统空气处理过程

（a）空气处理过程；（b）处理过程 $\omega - m_\mathrm{w}$ 图

而实际上，乌鲁木齐的室外空气本身比较干燥，室外含湿量通常不超过 8.5g/kg。办公建筑中仅考虑人员产湿（约为 100g/h）、人均新风量按照 30m^3/h 设计、室内设计含湿量水平约为 12g/kg 时，当送风含湿量为 9.2g/kg 即可满足建筑排湿需求。因此，室外新风的含湿量水平是低于排除室内产湿所需的送风含湿量水平，可采用如图 8-6 所示的处理过程，室外新风通过间接蒸发冷却方式进行处理（温度降低、含湿量不发生变化），室内风机盘管仅为降温、不除湿的处理过程，这样可以很好地避免上述新风加湿、室内回风除湿造成的抵消，建筑所需求的冷水温度可提高至 15～18℃左右，从而可以大幅度提高冷源侧的能源利用效率。

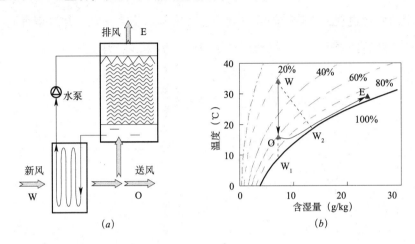

图 8-6　干燥地区推荐的空气处理过程

（a）间接蒸发冷却新风处理过程原理；（b）空气处理过程

案例（3）：固体转轮除湿流程中的干湿抵消

以图 8-7（a）所示的转轮除湿处理流程（Ventilation 循环）为例，其对新风进行除湿，利用室内回风进行再生。该装置包含一个除湿转轮、一个换热器（用于回风与新风之间的热回收）、两个直接蒸发冷却的喷淋塔（分别设置在新风出口处和回风进口处），以及一个加热器用于对再生空气进行加热。该装置的空气处理过程如图 8-7（b）所示，新风首先经过转轮进行除湿（O→O_1），为了降低除湿后的空气温度，采用换热器和直接蒸发冷却器来对其降温（O_1→O_2→O_3）。而为了增强换热器侧新风与回风间显热回收的能量差，回风先经过直接蒸发冷却装置的处理后再与转轮除湿后的新风换热，之后为满足再生需求回风继续被外部加热器加热（R→R_1→R_2）。在上述处理流程中，直接蒸发冷却过程中空气温度的降低是以其含湿量的升高为代价的，该处理循环中同时存在转轮对新风除湿的处理过程与直接蒸发冷却器对新风的降温加湿过程。因而，在满足一定的送风含湿量需求时，尽管直接蒸发冷却过程、换热器侧的空气热回收过程对降低送风温度有一定作用，但转轮对新风的除湿与直接蒸发冷却过程对新风的加湿导致了一定程度的干湿抵消。与降温相比，对空气除湿是更加困难的处理过程，上述转轮除湿处理流程中利用直接蒸发冷却过程来满足空气除湿后的降温需求，同时增加了对转轮的除湿能力需求，并对转轮的再生温度提出了更高要求。涂壤的博士论文[152]详细分析了上述流程所存在的干湿抵消问题以及推荐的改进处理流程。

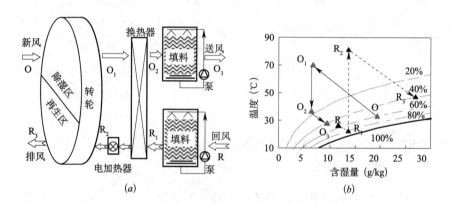

图 8-7　转轮除湿空气处理流程（Ventilation 循环）

（a）处理装置原理；（b）空气处理过程

8.2.2　原则 2：减少传递环节

建筑热湿环境营造过程中热量、水分的排除过程需要投入一定的总驱动力，即付出一定的㶲耗散来完成，总驱动力由内部各环节消耗。从单个传递过程的驱动力特性来看，显热传递过程的驱动力为温差 ΔT，水分传递过程的驱动力为湿差 $\Delta\omega$，各个传递环节均需要消耗一定的驱动力来满足传递需求。减少传递环节，也就减少了可能产生驱动力（温差）消耗的环节，有助于减少整个系统的传递驱动力或㶲耗散需求。

案例（1）：制冷循环过程

在一定的室内热源、室外热汇条件下，主动式空调系统中制冷循环实质上是提供了热量、水分传递过程的驱动力，减少传递环节有助于减少温差消耗环节、降低对制冷循环工作温差的需求，从而改善制冷循环性能。以图8-8（a）给出的空气处理过程为例，空气先与冷水换热满足送风需求，冷水再将热量传递给制冷循环的制冷剂，该处理过程包含两个热量传递环节——空气→冷水→制冷剂。通过取消冷水循环，可实现空气与制冷剂直接换热，相应的热量传递过程如图8-8（b）所示，该过程仅包含单个热量传递环节——空气→制冷剂，与图8-8（a）借助冷水进行热量传递的处理方式相比，空气与制冷剂直接换热的方式减少了传递环节，有助于降低整个热量传递过程的㶲耗散。因此，通过减少传递环节，可以降低总的驱动力消耗，有利于实现制冷循环中蒸发温度T_{evap}的提高。

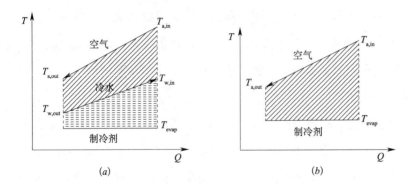

图8-8　传递环节对处理过程的影响

（a）处理过程Ⅰ；（b）处理过程Ⅱ

案例（2）：室内热量的排热过程

在室内热量采集过程中，通过采用辐射末端、借助辐射方式可直接与室内热源换热，部分热量直接通过辐射换热方式排除，而对流末端方式则需要先将热源的热量传递到室内空气，再经由送风排除，两种末端方式在热量采集过程的差异表征如图8-33所示。辐射末端方式与对流送风末端方式所需的热量采集环节对比如图8-9所示，与将热源产热量先统一掺混到室内空气后再由送风统一带走的对流换热末端相比，辐射末端的热量采集方式减少了热量传递环节，部分热量可通过辐射方式直接被辐射末端带走，有助于减少热量采集过程的㶲耗散。

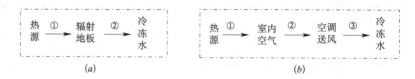

图 8-9 不同末端方式的热量采集环节

（a）辐射末端方式；（b）对流末端方式

案例（3）：蓄冷过程

从第 5.4.5 节中冰蓄冷与水蓄冷方式的性能比较中可以看出，冰蓄冷方式通常需要采用乙二醇作为载冷剂，而由于蓄冰、融冰过程中冰与水之间的相变过程可视为恒温特性，使得冰蓄冷过程的蓄冷、供冷过程中的热量传递环节较多，显著多于仅利用冷水作为载冷剂的水蓄冷方式。在一定的冷水温度需求下，通过减少传递环节，水蓄冷方式能够大幅减少热量传递过程的㶲耗散，提高了冷源环节的制冷循环蒸发温度水平，具有更优的热量传递性能。

综上所述，在建筑热湿环境营造过程的各个环节中，通过减少传递环节，有助于减少驱动力消耗、降低总的传递㶲耗散，提高传递过程性能。需要注意的是，并非所有流程的环节越少，性能就越优。例如，集中空调系统中制冷机组冷凝器侧通常采用风冷冷却和水冷冷却两种方式，与水冷冷却相比，风冷冷却方式具有更少的换热环节，但需要注意的是，两种方式选取的排热热汇不同：前者为室外干球温度，后者则为室外湿球温度（甚至露点温度）。因而，尽管风冷冷却方式的换热环节少，但所选取的排热热汇温度通常显著高于后者；尽管后者多一个换热环节，但由于所选取的排热热汇温度水平低，使得实际工作的制冷循环冷凝温度通常显著低于前者。

8.2.3 原则3：减少掺混损失

掺混过程尽管并不带来热量、质量的损失，却发生了热量或质量传递，增加了整个处理过程的传递损失。空调系统中不同环节的掺混过程均会带来损失，例如两股不同温度的冷水混合、送风与室内空气间的混合等，室内采集过程、传输过程等环节中存在的掺混损失，导致对冷/热源环节传递驱动力的需求增加。减少不必要的掺混过程，有助于降低整个空调系统的传递损失（㶲耗散），从而提高空调系统的整体性能。

案例（1）：办公楼等公共建筑的空调过程

在办公等民用建筑中，除了排除围护结构传热、室内显热产热外，还需要排除人员产湿。建筑热湿环境营造过程中，除湿过程与单纯排除显热过程相比，两者可选取的处理方式、对冷源的温度品位要求等存在显著差异。现有空调系统中普遍采用冷凝除湿的方式来同时满足建筑降温、除湿需求，而冷凝除湿方式要求冷源的温度需低于所处理空气的露点温度，而降温过程需求的冷源温度则只需要低于所处理空气的干球温度。这样，为了同时实现降温和除湿的处理任务，冷水温度需根据除湿过程的需求来确定，也就使得需求的冷水温度通常在 7℃ 左右。因此，在常规空调系统中由于降温与除湿过程的耦合（热湿掺混），提高了对冷源温度品位的需求，限制了冷水温度的提高。而在温度、湿度独立控制（THIC）空调系统中，室内温度调节与湿度调节过程分别进行，温度调节过程所需的冷源温度即可大幅提高，如图 4 - 20 所示，从而有助于提高空调系统的整体性能，在《温湿度独立控制空调系统（第二版）》一书中对该系统的设计及应用情况[103]有详细的论述。

案例（2）：数据中心的排热过程

与普通民用建筑相比，数据机房的主要特点是显热发热量大、几乎不存在排湿需求，其空调系统的主要任务即为排除机柜中电子芯片等设备产生的显热。现阶段这种场合的机柜排热多是采取统一送风、统一回风的末端热量排除方式，这种方式带来室内热量采集过程的冷热掺混。图 8 - 10 给出了某机房的实测结果[94]，进入机柜的空气温度与地板送风温度存在较大差异，由于掺混损失，为了保证机柜服务器的正常工作，对排热过程中的冷水运行参数（温度品位）提出了较高需求，需求的冷源温度为9℃。通过在机柜就地冷却等技术措施，可以有效减少冷热气流的掺混损失，有助于提高机柜排热过程需求的冷水温度。在此案例中需求的冷源温度提升至15℃，可大幅提高利用自然冷源排热的时间，并提高机械制冷系统的性能。

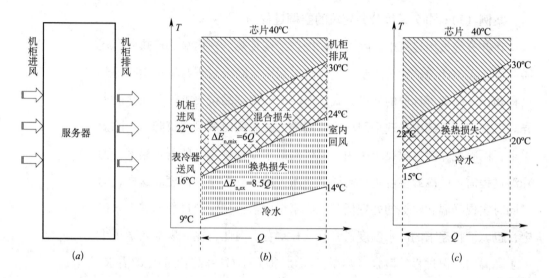

图 8-10　掺混损失对数据中心机柜排热过程的影响

（a）排热示意；（b）掺混过程影响；（c）取消掺混的作用

案例（3）：部分负荷的调节过程

热量传递过程中的冷热掺混过程同样会带来损失，这些掺混损失也会影响系统性能，并使得系统对冷/热源温度品位的需求提高。例如在部分负荷工况时，不同温度冷水的混合过程会导致掺混损失，这就增加了处理过程的总损失；若能取消掺混，就可以减少损失、降低对冷源的温度品位需求，并最终体现为蒸发温度的提高和冷源能效的改善。图 8-11（a）给出了冷水机组侧利用旁通进行调节时的处理过程[106]，其中部分冷水回水 t_r 流经冷水机组蒸发器侧降温至 $t_{s,1}$，部分冷水回水（t_r）流经旁通管与从冷水机组蒸发器侧流出的冷水（$t_{s,1}$）混合至冷水供水 t_s，该处理过程中冷水温度变化的 $T-Q$ 图如图 8-11（b）所示。由于冷水供水由冷水回水与制冷机组出水混合而成，使得该处理过程存在掺混损失 $\Delta E_{\mathrm{n,dis}}$，为了保证冷水供水温度的需求，使得冷水机组蒸发器侧出水温度受到限制，提高了对冷机蒸发温度的品位需求。单纯考虑传热性能时，若能取消冷水混合过程，就能有效避免掺混损失，进而减少整个冷水降温过程的㶲耗散。当该过程中不存在掺混损失时，冷水机组蒸发器侧的出水即为系统需求的供水，不再需要与回水混合，此时冷水机组的蒸发温度也能获得相应提高，如图 8 – 11（b）所示，取消掺混后，冷机蒸发温度可以从 t_{e} 提升至 $t_{\mathrm{e,1}}$。

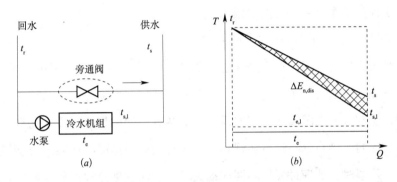

图 8 – 11　掺混过程及掺混损失对处理过程的影响

（a）冷水掺混过程；（b）掺混过程的影响

8.2.4　原则 4：改善匹配特性

主动式空调系统是由若干个换热器、热湿传递部件等组成的。对于换热装置、热湿传递装置而言，传递过程的损失除了有限的传递能力 UA 所导致之外，换热过程与热湿传递过程的不匹配（采用流量不匹配热阻 $R_{\mathrm{h}}^{(\mathrm{flow})}$ 等进行量化衡量）也是造成损失的重要因素。不匹配损失的主要成因包括流型、流量不匹配、入口参数不匹配（对于热湿传递过程）等，在系统或流程构建中应当重视减少不匹配造成的损失，改善整个传递过程的匹配特性。

案例（1）：大温差水系统的冷机串联方式

从第 5.4.4 节中冷水大温差运行的处理过程可以看出，采用单级制冷循环满足冷水降温需求时，制冷系统蒸发器中冷水与制冷剂等的换热过程存在显著的不匹配和换热㶲耗散。与单级处理流程相比，分级方式利用两级或多级处理过程来满足同样的处理需求，在投入相同的传递能力时，分级处理方式能够有效改善处理过程的驱动力分布均匀性。通过设置分级冷机来满足冷水的处理需求，冷水与制冷剂换热过程的驱动力分布更加均匀，通过分级能够显著降低传递过程的流量不匹配热阻 $R_\mathrm{h}^{(\mathrm{flow})}$，也即冷水与制冷剂间的换热过程匹配性可以得到显著改善，传递㶲耗散大幅减小，有助于提高整个制冷循环的能效水平。

案例（2）：新风的串联处理方式

当采用冷凝除湿方式对新风进行处理时，从附录 B 的分析可以看出，由于室外新风通常处于不饱和状态，若利用单一温度的冷水来对新风进行处理，受空气干工况段与湿工况段等效比热容不同的影响，冷水与空气间换热过程的驱动力分布难以实现均匀，仅利用单一温度的冷媒来对新风进行冷凝除湿时，处理过程的不匹配损失较大。从改善处理过程匹配特性的分析出发，可以采用两股不同温度的冷水或冷媒来对空气进行处理，即利用一股高温冷媒来对新风进行预冷处理，再利用一股低温冷媒来将预冷后的新风进一步处理至需求的状态。其中高温冷媒对新风预冷处理阶段主要集中在新风的干工况区，高温冷媒可为温湿度独立控制系统中的高温冷水、高温制冷剂等（温度范围通常在 15～20℃）；低温冷媒可为低温冷水或制冷剂等（温度通常为 7℃左右）。图 8 - 12 给出了一种可行形式，分级处理方式能够有效改善匹配性、使冷水或制冷剂与空气间传递过程的驱动力分布更加均匀，减少㶲耗散，并有助于提高性能。

案例（3）：溶液除湿流程的设计

从改善处理过程匹配特性、减少不匹配损失的分析出发，也可对复杂的空气热湿处理流程给出指导。此处以采用吸湿溶液的空气湿度处理流程为例，对比分析采用加热进口空气与加热进口溶液两种不同再生方式[106]时，整个溶液除湿空气处理装置的性能。图 8 - 13 所示的溶液除湿系统中

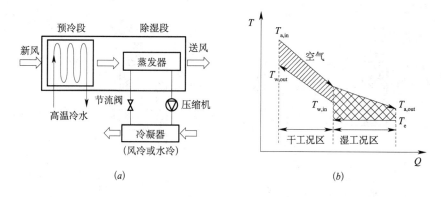

图 8 - 12　利用高温冷源预冷与独立冷源除湿的新风处理过程

(a) 处理过程原理；(b) 处理过程 $T - Q$ 图

内置热泵循环：热泵蒸发器的冷量用于冷却进入除湿器的溶液，通过冷却溶液以提高溶液的吸湿能力；热泵冷凝器的排热来满足溶液浓缩再生的热量需求。在流程 I 中冷凝器的热量用于加热进入再生器的空气，在流程 II 中冷凝器用于加热进入再生器的溶液。为了减少溶液循环导致的冷热抵消，在除湿器和再生器循环流动的溶液之间设置有热回收装置，从除湿器流出的低温稀溶液在进入再生器之前被从再生器流出的高温浓溶液预热后再进入再生器，从再生器流出的高温浓溶液则被预冷后再进入除湿器。

图 8 - 14 给出了该工况下两种流程的空气处理过程。在流程 I 中再生空气被冷凝器加热后有较大温升，再生器中空气近似沿等焓线变化，传递过程存在显著的不匹配损失，需求的冷凝温度高达 78.8℃。流程 II 的再生处理过程与流程 I 相比更贴近空气的等相对湿度线，大幅减少了处理过程的不匹配损失，需求的冷凝温仅为 51.1℃。因此，在构建溶液除湿 - 再生处理循环时，应该使除湿过程与再生过程尽量贴近空气等相对湿度线进行，避免出现如流程 I 所示的接近等焓线的处理过程。

综上所述，从上述不同案例的分析结果可以看出，改善处理过程的匹配特性有助于减少建筑热湿环境营造过程中各处理环节的不匹配损失，提高相应环节、流程的处理性能。当系统或处理流程中存在显著的不匹配环节时，采用分级等方式能够有效降低处理过程中的不匹配损失，有助于提

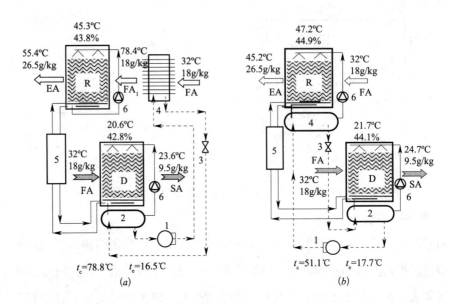

图8-13　不同再生加热方式的溶液除湿工作原理

(a) 溶液除湿流程Ⅰ；(b) 溶液除湿流程Ⅱ

D-除湿器；R-再生器；1-压缩机；2-蒸发器；3-节流阀；4-冷凝器；5-溶液-溶液换热器；6-溶液泵

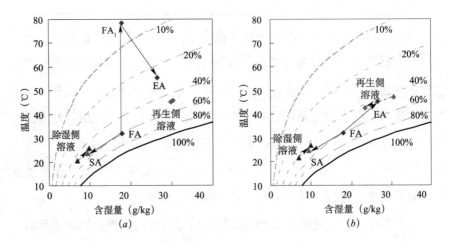

图8-14　不同溶液除湿流程的空气处理过程

(a) 溶液除湿流程Ⅰ；(b) 溶液除湿流程Ⅱ

高整个处理过程的性能。

8.3　综合分析案例

8.3.1　案例Ⅰ：数据机房的室内环境营造

1. 数据机房热环境营造的基本过程

作为一种具有特殊功能的建筑类型，数据机房与办公等民用建筑有显著不同，其室内显热负荷密度高（热量来源于机柜服务器设备产热，高达 $500 \sim 3000 \mathrm{W/m^2}$），几乎无湿负荷，空调排热系统需全年 8760h 不间断连续运行，如图 8 - 15 所示。图 8 - 16（a）给出了某大型数据机房各部分电耗组成比例，可以看出服务器等电子设备的电耗比例最大，但此部分电耗是数据机房用能的基本组成，受设备容量、访问量等影响，实际运行中该部分能耗很难降低；降低空调能耗是实现数据机房节能高效运行的关键。空调排热系统的基本任务是通过一系列的措施将室内热量排出，从而维持服务器芯片表面温度在其允许的工作范围内。

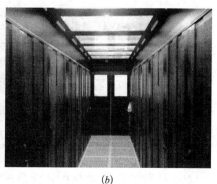

（a）　　　　　　　　　　　　　　　　（b）

图 8 - 15　典型数据机房与冷通道照片

（a）机房全景；（b）封闭的冷通道

机房热环境营造过程包含的主要环节如图 8 - 17 所示，该过程可视为在一定的温差驱动下，将热量从室内搬运到室外的过程。若机房内热源

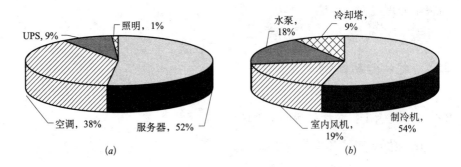

图 8-16 典型数据机房的用能情况（水冷方式）

（a）数据机房总能耗组成；（b）数据机房空调系统能耗组成

（服务器芯片）的工作温度为 T_{chip}，选取的室外热汇温度为 T_0，则此时相应的室内热环境营造过程即驱动热量 Q 传递的总温差 $\Delta T_d = T_{chip} - T_0$，此温差 ΔT_d 表征了其热量排除过程全部可用的传热驱动力。根据选取的室外热汇方式，T_0 可有不同的取值：若使用室外空气直接排除热量，T_0 代表室外空气干球温度；若采用冷却塔直接蒸发冷却方式排除热量，T_0 代表室外空气湿球温度；若使用间接蒸发冷却方式来排除热量，T_0 代表室外空气露点温度。

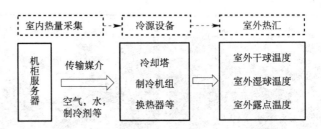

图 8-17 数据机房热环境营造过程的主要环节

对于排除一定热量 Q 的该营造过程，室内热源与室外热汇间排热过程可利用或可供消耗的㶲耗散 $\Delta E_{n,dis} = Q \cdot \Delta T_d$。在热量传递的各个环节（如室内采集、中间传输等），由于各种不可逆因素（如有限传递能力、不匹配导致的换热损失、不同温度流体混合导致的掺混损失等）的存在，都会消耗掉一部分温差 ΔT_i（或㶲耗散 $\Delta E_{n,i}$），各环节消耗的总温差 ΔT_{total}

（或总㶲耗散 $\Delta E_{\text{n,total}}$）可表示为 $\Delta T_{\text{total}} = \sum \Delta T_i$

（$\Delta E_{\text{n,total}} = \sum \Delta E_{\text{n,dis},i}$）；根据㶲耗散定义的等

效热阻，此时系统总热阻等于各环节热阻之

和，即 $R_{\text{total}} = \sum R_i$。图 8-18 给出了从服务

器到室外热汇（湿球温度）的典型排热过程

在 $T-Q$ 图的表征，在该过程中，包含从服

务器芯片→机柜送排风→精密空调送回风→

冷水→室外热汇的多个热量采集、传递环节，

消耗的总温差、排热过程的总热阻及总㶲耗

散即为各环节所消耗温差、热阻及㶲耗散之

和。温差、热阻及㶲耗散的分析结果一致，

通过各种途径减少该过程的消耗温差、热阻

及㶲耗散，有助于提高排热过程所需的冷源温度。

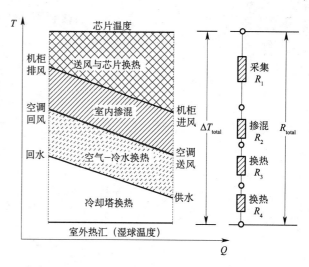

图 8-18 机房热环境营造过程的典型 $T-Q$ 图表征（利用室外自然冷源）

对于从服务器芯片（热源）到室外热汇之间的热量采集过程，该过程

的总㶲耗散和总的热阻分别为：

$$\Delta E_{\text{n,total}} = \Delta E_{\text{n,送风-芯片}} + \Delta E_{\text{n,掺混}} + \Delta E_{\text{n,表冷器}} + \Delta E_{\text{n,冷却塔}} \qquad (8-1)$$

$$R_{\text{total}} = \frac{\Delta E_{\text{n,total}}}{Q^2} = R_1 + R_2 + R_3 + R_4 \qquad (8-2)$$

其中 R_1、R_2、R_3、R_4 分别为芯片与送风换热的热阻、室内冷热气流

掺混的热阻、精密空调表冷器侧空气与水的换热热阻以及冷却塔侧的

热阻。

整个排热过程各环节消耗的总温差 ΔT_{total} 为：

$$\Delta T_{\text{total}} = R_{\text{total}} \cdot Q = \frac{\Delta E_{\text{n,total}}}{Q} \qquad (8-3)$$

因此，减少排热过程中各个环节的损失，有利于减少排热过程所需消

耗的总温差 ΔT_{total}。当可利用的驱动温差 $\Delta T_d \geq \Delta T_{\text{total}}$ 时，直接利用室外自

然冷源即可实现整个热量的排除过程。而当室外热汇温度过高时（$\Delta T_d <$

ΔT_{total}），难以直接利用室外热汇作为自然冷源排热，此时就需要投入机械制冷循环来作为冷源。图 8 – 19 给出了利用机械制冷循环排热过程在 T – Q 图的表示，包含室内侧服务器芯片→机柜送排风→精密空调送回风→冷水→蒸发器以及室外侧从冷凝温度→冷却水→室外湿球温度之间的热量传递过程。机械制冷循环（热泵）提供的温差（$\Delta T_{\text{HP}} = T_{\text{evap}} - T_{\text{cond}}$）为：

$$\Delta T_{\text{HP}} = \Delta T_{\text{室内}} + \Delta T_{\text{室外}} - \Delta T_{\text{d}} \tag{8 – 4}$$

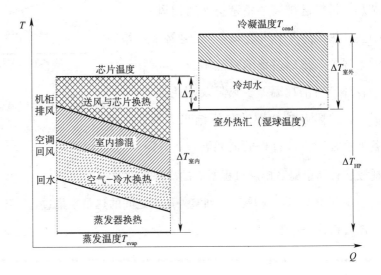

图 8 – 19 　机房热环境营造过程的典型 T – Q 图表征（利用制冷机）

根据室内外驱动温差 ΔT_{d}（或可供消耗的㶲耗散 $\Delta E_{\text{n,d}}$）与实际过程中消耗的温差 ΔT_{total}（或总㶲耗散 $\Delta E_{\text{n,total}}$）之间的关系，机房热环境营造过程可分为如下两种情况：

（1）若机房热量排除过程中实际消耗的温差 ΔT_{total} 小于可用温差 ΔT_{d}，说明现有的传热驱动力（或可供消耗的㶲耗散）足以克服所有传热环节的阻力完成热量的搬运，此时就不需要引入机械制冷循环来提供驱动温差（或驱动㶲耗散），即可实现在可用温差 ΔT_{d}（或㶲耗散 $\Delta E_{\text{n,d}}$）下将热量 Q 搬运到室外的任务。该热量排除过程仅通过热量采集、传递即可实现，并不涉及热功转换过程。

（2）当所有传热环节消耗的总温差 ΔT_{total} 大于可用温差 ΔT_d 时，说明现有传热温差（或可资利用的㶲耗散）不足以满足热量排除过程中传热动力的消耗（或者说不足以克服传热阻力），这时就必须通过某种方式补充一定的驱动温差（或㶲耗散）。通常情况下可利用制冷（热泵）循环来补充提供驱动热量传递的传热温差 ΔT_{HP}，即通过输入机械功、借助热功转换过程来营造热量传递温差、帮助系统完成热量 Q 的搬运。

因此，当系统选取的室外排热热汇一定时，尽量减少热量排除过程中的温差消耗（或㶲耗散的消耗），就成为改善机房热环境营造过程性能的根本。当总的传热驱动力消耗越小，意味着搬运相同的热量需要的温差（或㶲耗散）越小。此时排热过程就可以更多的利用自然冷源，从而不需要投入机械制冷循环来补充热量传递动力，减少制冷机运行时间，甚至完全依靠室外自然冷源完成热量搬运。即使当排热过程的驱动温差（或驱动㶲耗散）不足而需要开启制冷机时，通过一定的措施来减少各环节的温差消耗，也有助于提高排热过程需求的冷源温度，从而有助于制冷机效率的提高，降低整个排热过程的功耗。若要实现上述目标，应当从减少传递环节和掺混损失、改善系统各环节的匹配特性等方面出发，寻求有效措施来减少室内热量采集、热量传递等各环节消耗的温差 ΔT_i 或㶲耗散 $\Delta E_{n,dis,i}$。

2. 室内热量采集过程的掺混损失

室内热量采集过程是数据机房热环境营造过程的最基本组成，也是改善排热过程性能的最关键环节，其任务是利用循环空气等媒介将机柜服务器等产生的热量带走，以满足电子设备的正常工作需求。由图 8-18 和图 8-19 可以看出，最为理想的室内热量采集过程是：采集过程中没有冷热空气掺混。此时，机柜的进风温度 = 精密空调机组的送风温度，机柜的出风温度 = 精密空调机组的回风温度。在维持同样的服务器工作环境（同样芯片温度）下，机房排热系统所需的冷源温度可以大幅提高，有利于自然冷源的充分利用。而在实际的机房室内热量采集过程中，受到气流组织分布状况不理想、机柜服务器发热量不均等因素的影响，存在冷空气短路、热空气回流等掺混过程，可以利用㶲耗散来对机房室内热量采集过程的掺混损失进行刻画，如图 8 – 20 所示。

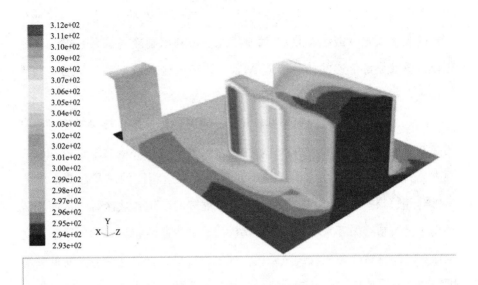

(a)

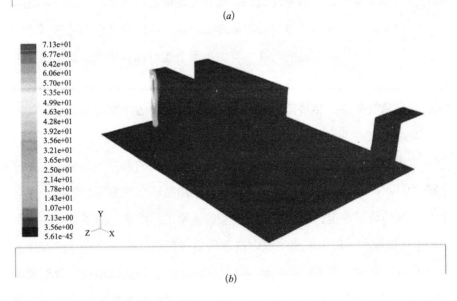

(b)

图 8 – 20   机房设备表面温度和㶲耗散分布[94]（CFD 模拟结果）

(a) 温度分布（K）；(b) 㶲耗散分布（kW·K）

图 8 – 21 以单个机柜为例给出了存在冷热气流掺混时该热量采集过程

示意，其中机房精密空调侧的送风量为 m_s，实际进入 IT 设备的风量为 m_s，冷空气短路及热空气回流的量分别为 m_b、m_r；机房精密空调处理的回风温度、送风温度分别为 T_r、T_c，机柜内 IT 设备处的进风、排风温度分别为 T_s、T_h。

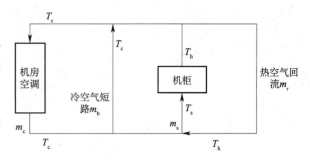

图 8-21 实际机房排热过程中的冷热气流掺混（单个机柜为例）

（1）热空气回流：热空气回流过程是指由机柜出口的一部分排风（温度为 T_h）流回至机柜进风侧，与精密空调的一部分送风（温度为 T_c）发生掺混，共同形成机柜的进风（温度为 T_s）。该掺混过程在 $T-Q$ 图上的表示如图 8-22 (a) 所示，对应的掺混过程㶲耗散 $\Delta E_{n,mix,r}$ 可用式（8-5）表示。根据冷热气流掺混过程的流量及热量关系式，此时热空气回流过程的㶲耗散 $\Delta E_{n,mix,r}$ 可用图 8-22 (b) 中由 IT 设备进排风（温度分别为 T_s、T_h）及精密空调送风（温度为 T_c）围成的阴影区域表征。

$$\Delta E_{n,mix,r} = \frac{1}{2}(T_h - T_c) \cdot Q_{mix,r} = \frac{1}{2}c_p m_r \cdot (T_h - T_c) \cdot (T_h - T_s)$$

$$= \frac{1}{2}(T_s - T_c) \cdot Q \tag{8-5}$$

（2）冷空气短路：冷空气短路过程是指由精密空调的一部分送风（温度为 T_c）旁通至机柜排风侧，与机柜出口的一部分排风（温度为 T_h）发生掺混，共同形成精密空调的进风（温度为 T_r）。该掺混过程在 $T-Q$ 图上的表示如图 8-23 (a) 所示，对应的掺混㶲耗散 $\Delta E_{n,mix,b}$ 可用式（8-6）表示。根据冷热气流掺混过程的流量及热量关系式，此时冷空气短路过程的㶲耗散 $\Delta E_{n,mix,b}$ 等于图 8-23 (b) 中由精密空调送回风（温度分别为 T_c、T_r）及机柜排风（温度为 T_h）围成的阴影区域面积。

$$\Delta E_{n,mix,b} = \frac{1}{2}(T_h - T_c) \cdot Q_{mix,b} = \frac{1}{2}c_p m_b \cdot (T_h - T_c) \cdot (T_r - T_c)$$

$$= \frac{1}{2}(T_h - T_r) \cdot Q \tag{8-6}$$

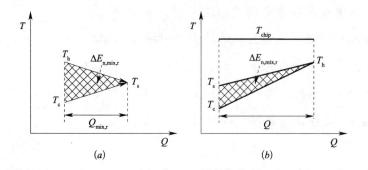

图 8 - 22   热空气回流过程的㶲耗散分析

(a) 掺混过程；(b) 掺混过程在 T - Q 图上的表示

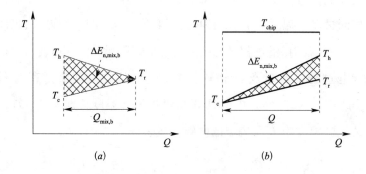

图 8 - 23   冷空气短路过程的㶲耗散分析

(a) 掺混过程；(b) 掺混过程在 T - Q 图上的表示

结合冷空气短路、热空气回流过程㶲耗散的分析，图 8 - 21 所示的实际机房排热过程在 T - Q 图上的表示如图 8 - 24 所示。对于从服务器到精密空调之间的热量采集过程，由于存在热空气回流，使得进入服务器的空气由 T_c 被加热至 T_s；由于存在冷空气短路，使得流回精密空调的空气温度由 T_h 被降至 T_r。该冷热气流掺混过程导致的总掺混㶲耗散 $\Delta E_{n,mix}$ 即为冷空气短路与热空气回流两部分㶲耗散之和，即 $\Delta E_{n,mix} = \Delta E_{n,mix,r} + \Delta E_{n,mix,b}$。由于存在冷热气流之间的掺混过程，导致室内存在无效空气流动、影响了室内气流组织状况，更重要的是导致整个热量采集过程的㶲耗散增加，在排除一定热量的基础上使得排热过程消耗的温差驱动力增加，也就使得需求的冷源温度降低。

由图 8-24 所示冷空气短路、热空气回流导致的掺混损失（㶲耗散）可以看出：冷空气短路使得进入精密空调的回风温度明显降低（从 T_h 降至 T_r），热空气回流使得所需精密空调的送风温度明显降低（从 T_s 降至 T_c），即冷空气短路、热空气回流分别显著影响精密空调的回风温度、送风温度。由第 5.4.2 节的分析可以看出，避免室内的冷热掺混，设法提高送风温度要比提高回风温度在工程上更加有价值，前者直接决定着冷源的品位，而后者可在一定程度上通过增加换热能力 UA 来改善。

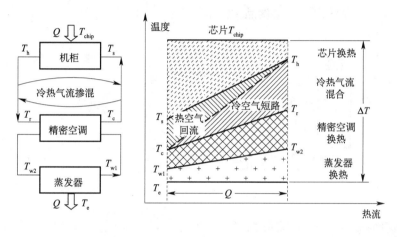

图 8-24　实际机房排热过程分析

以上仅以单个机柜为例，实际中机房各机柜的发热量不均匀（或者设备发热量一样、但送风量不均匀）时，也会增加室内热量采集过程的掺混㶲耗散。如图 8-25（a）所示，两个机柜的额定发热量均为 Q，在设计风量下机柜送风温度为 20℃，排风温度为 30℃。当实际工作过程中右侧机柜的发热量仅为 $Q/5$ 时，若仍按设计风量及送风温度进行送风，此时相应的右侧机柜排风温度仅为 22℃（右侧机柜内芯片温度低于左侧机柜），两个机柜排风混合后的温度为 26℃，该工况下的 $T-Q$ 表示如图 8-25（b）所示。这种冷热掺混过程会使得原本小风量、大温差设计的排热系统实际运行在大风量、小温差的状态。由于风量增大、温差减小（排风温度降低），同时会对风机电耗产生影响。以一处 200m² 的数据机房为例，若 IT

设备发热量为 400W/m²，则总排热量为 80kW。当机房空调系统设计送回风温差为 10℃ 时，总的循环风量需求为 24000m³/h。若机房层高为 3m，则对应的换气次数为 40h⁻¹。以风机效率为 0.5、循环压降为 300Pa 计算，此时相应的风机电耗为 4kW。当实际运行中出现机柜发热量降低时，若仍按设计状态风量运行，此时送回风温差小于 10℃，但风机电耗却并未降低。因此，不同温度的排风混合也会导致掺混㶲耗散，就会降低整个机房侧的送回风温差，导致整个热量采集过程处于大风量、小温差运行状态，也提高了对系统冷源的温度品位需求。

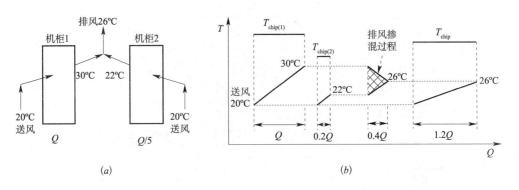

图 8-25   芯片的发热量不均匀引起的掺混损失
(a) 机柜排热过程示意；(b) 处理过程的 T-Q 图表示

因此，上述冷空气短路、热空气回流、排风温度不均等问题，都会带来冷热气流的掺混问题，并由此导致显著的掺混㶲耗散，增加了热量采集过程的温差驱动力消耗和整个排热过程的㶲耗散。这类掺混过程的存在提高了对热环境营造过程中所需冷源温度品位需求，也就限制了自然冷源的可利用时间。改善室内热量采集过程、减少或避免掺混㶲耗散对提高数据机房室内热环境营造过程的性能具有重要意义。

3. 改善营造过程性能的措施

（1）室内热量采集过程：减少掺混

现有的数据机房室内排热过程多采用空气作为排热媒介，通过大循环风量、高换气次数来满足排热需求，但这种方式通常也会带来较为显著的冷热掺混及风机循环能耗较高的不足。在实际数据机房中，存在冷热通道未完全隔离导致的空气混合（如图 8 – 26（a））、冷空气短路及热空气旁通等掺混过程。例如对于采用地板送风方式的大型数据机房，由于室内冷热气流间存在掺混，其地板的送风温度与实际机柜服务器的进风温度会产生显著差异[94]，例如某数据机房为保证服务器进风温度不高于 25℃、地板送风温度仅为 15℃（温差约为 10℃）。这种送风温度与机柜进口温度的显著差异使得冷源温度受到了限制。另一方面，对于采用空气循环方式来排除热量的数据机房排热过程，驱动空气循环的风机能耗在其空调系统中占有较高比例，如图 8 – 16（b）所示，若能有效减少循环风量或风机压降，将有助于降低风机能耗。

在满足排热量需求和服务器正常工作温度需求的前提下，若能避免这种冷热掺混，就可使得相应的冷源温度升高。根据减少掺混损失的分析原则，机房室内热量采集过程的改善应主要通过改善机房的室内气流组织情况来实现，可采取的措施包括分隔冷热通道［在图 8 – 26（a）所示的间隙处设置挡板阻隔冷热空气混合］、选取列间空调就近送风、采用分布式送风的局部冷却方式［见图 8 – 26（b），冷媒进入机柜内就近换热，亦可大幅降低风机能耗］等。

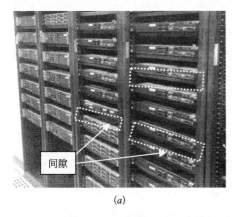
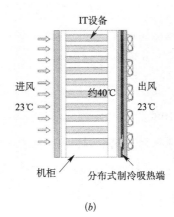

（a）　　　　　　　　　　　　　（b）

图 8 – 26　数据机房冷热掺混现状及减少掺混的措施

（a）机柜内服务器间的空隙；（b）分布式冷却方式原理

通过上述措施来改善和优化室内气流组织，可显著改进数据机房的室内热量采集过程，大幅减少冷热气流掺混导致的掺混损失，从而减少室内热量采集环节消耗的温差 ΔT_i（或㶲耗散 $\Delta E_{n,dis,i}$）。与改善换热环节匹配特性的一系列措施相结合，机房排热过程需求的冷源温度水平可得到大幅提高。现有存在显著掺混的排热方式中，需求的冷水温度通常在 10℃ 以下，通过改进室内热量采集过程及换热环节，减少掺混损失并减少换热过程的不匹配损失，可使得需求的冷水温度提高至 15～20℃ 甚至更高。这为冷源环节充分利用冷却塔等自然冷源提供了有利条件，即使选取机械冷源也可大幅提高制冷循环的效率。

（2）冷源环节：充分利用自然冷源

在冷源设备环节，数据机房热环境营造过程应当充分利用自然冷源。第 2.4 节给出了典型室外热汇的温度水平及可利用途径，数据机房排热系统通常可选取室外空气干球温度、湿球温度、露点温度等作为最终的排热热汇，相应的设备形式依次为风冷式、冷却塔、间接蒸发式冷却塔等。

根据室外热汇温度的变化情况，数据机房的空调系统可以运行在不同的模式下。当室外热汇温度水平足够低时，室内热环境营造过程可全部利用自然冷源完成。通过上述减少营造过程损失的方法，可有效减少排热过程所需的驱动温差（或㶲耗散），从而实现所需冷源温度的提高。而排热过程冷源温度的提高有助于延长自然冷源的利用时间，以北京、上海的典型气象年室外逐时气象参数[26] 为例，参见图 8 - 27（a），在全年 8760h 中，北京、上海室外湿球温度低于 5℃ 的小时数分别为 3635h、1511h，低于 10℃ 的小时数则分别为 4669h、3215h。利用冷却塔、选取室外湿球温度作为排热热汇时，若通过减少各环节的损失使得排热过程的冷水温度提高 5℃，则相应可利用的室外湿球温度也可提高 5℃，此时自然冷源的年可利用时间即可增加超过 1000h。因此，通过减少室内热量采集过程、中间热量传输环节的温差消耗及㶲耗散，尽量提高排热过程的冷源温度，有助于延长冷却塔等自然冷源应用时间，提高排热过程的能效水平。

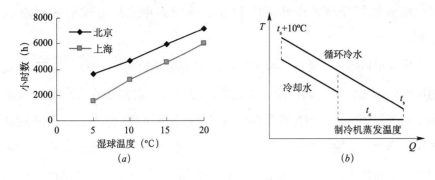

图 8 - 27　典型城市室外湿球温度分布及部分自然供冷 $T - Q$ 图表示

（a）湿球温度；（b）部分自然供冷

当自然冷源无法全部满足数据机房排热过程的需求时，仍可通过优化设计来利用其满足部分排热需求，再通过机械制冷方式补充不足的部分，从而进一步延长自然冷源的利用时间。以冷水供回水温差为10℃左右、采用冷却塔方式提供自然冷源的排热过程[170]为例，当系统运行在过渡季、冷却塔产生的冷却水无法满足全部供冷需求时，可利用冷却塔来满足部分供冷需求。如图 8 - 27（b）所示，冷水回水（约25℃）经过冷却水降温后，温度降低到约20℃，冷水再经过制冷机蒸发器进一步降温到15℃左右，即可利用自然冷源和机械冷源来共同满足冷水降温需求。通过冷水大温差运行，在过渡季利用冷却塔产生的冷却水和制冷机共同构成对冷水降温过程的分级处理，有效延长了冷却塔供冷时间，只需运行制冷机来作为自然冷源的补充、满足部分供冷需求，有助于提高系统整体能效水平。

4. 应用案例分析

在分析数据机房室内环境特点及空调系统排热任务的基础上，以上从热量排除的视角重新认识数据机房排热过程，利用第8.2节总结得到的热学指导原则对数据机房室内热环境营造过程进行分析，并给出相应的措施来减少热量排除过程中的㶲耗散及热阻，为改善实际排热过程性能提供有效途径。根据上述改善数据机房排热过程性能的措施，可以利用热管设计构建新型分布式排热系统。本节介绍北京某数据机房的改造实例[94]，对比应用热管分布式冷却系统和应用传统集中送风方式的实际能耗差异。

该数据机房位于北京，服务器等设备的排热负荷约60kW，改造前采用风冷分体式机房空调供冷。改造后，通过将分离式热管的冷端（吸热端）嵌入机柜，利用制冷剂蒸发就近吸收机柜服务器设备发热，并将热量传递到热管放热端，与冷水等换热，最终将热量搬运到室外。这样，以制冷剂为载热媒介，就可以实现在机柜内部完成对服务器设备产热的采集和传递，有效避免了机房整个空间出现的冷热气流掺混问题。在该新型分布式冷却机柜中，如图8-28（a）所示，设置了两级分离式热管换热器：置于服务器进风侧的热管换热器1将处于机房环境温度的空气冷却降温后送入机柜，带走服务器散热；置于服务器排风侧的热管换热器2将机柜排风冷却到机房环境温度后送入室内，完成排热过程。在这个过程中，进出机柜的空气温度和机房环境温度相同，消除了热量采集和传递过程对机房环境的影响。根据第5.4.3节的分析，与单级处理方式相比，两级分离式热管换热过程可有效改善换热的匹配性，流量不匹配热阻可以得到显著减小，总热阻也得到降低。

与两级热管换热器相适应，也为了充分利用自然冷源，减少制冷机运行时间，冷水系统运行在大温差模式下。低温冷水先与机柜进风侧热管换热，将机房环境温度的空气冷却到机柜进风温度，之后冷水再与机柜排风侧热管换热，将高温排风冷却到机房环境温度。这种方式既可加大冷水的循环温差，也有助于改善水与热管内制冷剂换热的匹配性、减少不匹配㶲耗散。在冷源设备环节，如图8-28（b）所示，通过将冷却塔进出水与冷机、用户侧换热器串联，可实现自然冷却和机械制冷的联合运行[156]，并根据室外参数协调不同冷源的利用，从而最大限度提高自然冷源利用率、减少机械制冷使用时间。

该数据机房原有空调系统与改造后空调系统能效情况的对比如表8-1所示，表中给出了冬季、过渡季及夏季典型时刻相近室外气候状况时的机

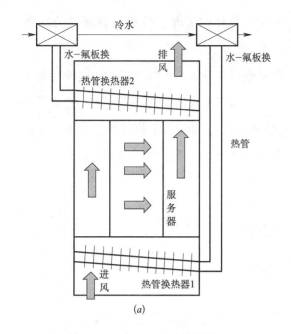
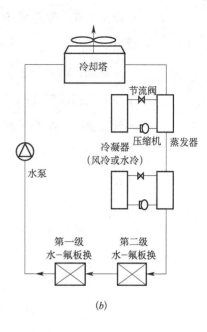

图 8 - 28　数据机房分布式冷却系统原理

(a) 分布式冷却机柜；(b) 自然 + 机械复合式冷源

房排热效果。改造前机房需全年运行机械压缩式制冷机组供冷，过渡季及冬季无法直接利用自然冷源排热；改造后则可充分利用自然冷源排热，冬季、过渡季的能效大幅提升。改造前，机柜排风温度 ≈ 机柜进风温度 + 9℃；改造后，机柜排风温度 ≈ 机柜进风温度，实现了机柜服务器设备排热量的就地排出，有效避免了室内冷热气流的掺混损失。应用新型分布式冷却排热系统后，整个数据机房排热系统的能效水平大幅提高：原有空调系统的全年运行能效比（EER = 制冷量/空调系统所有耗电设备耗电量）仅为 2.6，而改造后空调系统的全年运行 EER 提高至 5.7。能源利用效率 PUE（Power Usage Effectiveness）是评价数据机房能耗的常用指标，该指标定义为数据机房总用电量与服务器等电子设备用电量之间的比值，PUE 值越接近 1，表明机房中由服务器等电子设备消耗的能耗比例越大，而空调系统等辅助用电所占比例越小，此时该数据机房的用能效率越高。对该机房改造前后的全年运行能耗进行统计，结果表明改造前该机房的 PUE

值高于 1.6，改造后 *PUE* 值降至约 1.35，实现了排热过程能效的大幅提升。

因此，通过设置分离式热管换热器及分级冷水换热过程，这种新型分布冷却式机房排热系统可实现对服务器等发热设备的就近冷却，避免了冷热气流掺混，减小了热量排除过程所需的驱动温差和㶲耗散，实现了对自然冷源的充分利用，为实现数据机房排热过程的高效运行提供了有效途径。

改造前后机房排热过程能效对比[94]　　　　　表 8 - 1

	改造前						改造后					
	IT设备耗电（kW）	温度（℃）			空调耗电（kW）	能效 *EER*	IT设备（kW）	温度（℃）			空调耗电（kW）	*EER*
		机房	送回风	机柜进排风				机房	机柜进排风	供回水		
冬季	58	23.5	14/24	24/33	21.3	2.7	58	23.5	23.8/24.2	9.5/18	7.1	8.2
过渡季	56	24.6	15/25	24/33	22.2	2.5	58	24.6	24.9/25.3	12.5/21	14.6	4.0
夏季	58	25.0	14/25	25/34	25.6	2.3	59	23.0	23.2/23.8	9.2/19	18.3	3.2

8.3.2　案例 Ⅱ：航站楼等高大空间建筑的室内环境营造

1. 室内热湿环境特点及现有营造方式

在机场航站楼、铁路客站等高大空间建筑中（见图 8 - 29），室内净空间高达十几米甚至几十米，人员一般仅在地上 2m 以内的高度范围内活动。在此类高大空间内，出于视野和采光要求常采用较多透明围护结构，受建筑体型、围护结构材质影响，会有较多太阳辐射进入室内，围护结构壁面温度较高。图 4 - 2 给出了典型室内设备及内壁面的温度水平，图 8 - 30 给出了某航站楼实测围护结构内壁面温度的热成像照片，可以看出在高大空间建筑室内存在多种不同形式的热源，热量可以从围护结构内表面、人员设备、太阳辐射等多个热源进入室内，且不同热源的温度品位存在显著差异。

目前该类建筑多采用喷口送风的全空气方式满足室内热湿环境营造需

(a) (b)

图 8-29 典型高大空间环境

（a）航站楼高大空间；（b）航站楼高大空间人员活动区

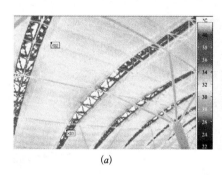

(a) (b)

图 8-30 某机场航站楼典型围护结构壁面温度（热成像照片）

（a）顶棚温度；（b）侧墙壁面温度

求，如图 8-31（a）所示，其局限性主要在于：将不同高度、不同温度品位的热量掺混到空气中后再由送风统一带走，存在显著的掺混损失；受气流组织限制，喷口高度一般在 4~5m 甚至更高，而人员仅在 2m 高度范围内活动，造成冷量浪费，夏季空调冷量消耗大，瞬态冷量一般在 150~200W/m²；冬季有时垂直温差太大，尽管耗热量很大，但人员活动区域仍温度偏低；全空气方式的风机输送能耗较高（风机压头一般在 1000Pa 左右），每平方米每年仅风机耗电就可达几十千瓦时，有些建筑中空调末端风机能耗接近甚至超过制冷机能耗，如图 8-31（b）所示。

此外，机场航站楼、铁路客站等高大空间建筑中透光围护结构应用的比例越来越大，太阳辐射可通过顶棚、侧窗等直接照射到室内壁面等围护

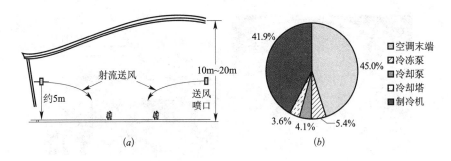

图 8 - 31　高大空间常见空调系统形式及能耗组成

（a）喷口送风方式；（b）某建筑空调系统能耗实测结果

结构表面，太阳辐射具有间歇性、瞬时强度高等特点。对于图 8 - 32 中幕墙采用遮阳系数为 0.3 透光玻璃的某航站楼候机厅，当室外太阳辐射强度为 $500 \sim 750 \mathrm{W/m^2}$ 时，地板表面实测太阳辐射强度可达到 $120 \sim 160 \mathrm{W/m^2}$。因此，如何选取合理的末端方式来应对太阳辐射对室内热环境的影响，也成为高大空间建筑室内热湿环境营造过程中需要重点考虑的问题。

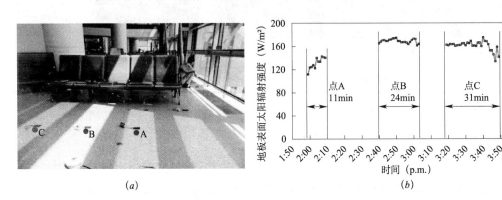

图 8 - 32　某候机厅地板表面太阳光斑和照射时间

（a）地板表面太阳光斑；（b）太阳直射的照射时间

2. 新型热湿环境营造过程解决方案

根据上一节所述航站楼等高大空间的特点，可以看出与第 8.3.1 节高显热发热密度、几乎无湿负荷的数据机房存在着显著区别，主要为：①需要综合考虑室内排除热量（温度）和排除水分（湿度）的需求；②室内热源种类众多，热源温度水平差异很大；而且高大空间层高高度大，而人员活动区（所需空调区域）仅在 2m 高度范围内。对于第①点，可采用第 4 章所述的温湿度独立控制空调方式，分别处理室内的温度和湿度，避免热湿联合采集过程带来的损失，从而为大幅提高温度控制系统的冷源温度提供有利条件。对于第②点，与室内末端采集方案及装置的设计密切相关。

（1）喷口送风方式与辐射地板方式热量采集过程对比

目前该高大空间建筑多采用全空气射流送风方式（见图 8 – 29、图 8 – 31），尽管垂直方向上也可形成分层控制（控制区域在喷口高度以下范围，一般在 4 ~ 5m 甚至更高），但室内热源的热量仍均需掺混到室内，并最终利用喷口送风将热量排除。热量采集过程中，不同热源的热量首先与所在层空气间换热，该过程存在换热损失；不同层空气间存在掺混，导致掺混损失，从而实现将热量最终传递至底部喷口送风所控制的区域；喷口送风与室内空气间存在掺混过程，通过该过程将不同热源的热量带走，完成室内热量采集过程。

图 8 – 33 给出了喷口送风方式与辐射地板供冷方式两种采集过程在 $T - Q$ 图上的对比情况。对于射流喷口送风方式，采集过程的热量传递为：室内不同热源→室内空气→射流送风→冷水，该过程的总热阻 R_h 由三部分组成：一部分是从热源到室内空气的等效热阻 R_1，可用式（4 – 8）计算，对应的㶲耗散包括了不同品位热源热量之间的掺混损失以及热源与室内空气的对流换热的损失；一部分是喷口送风与室内空间掺混过程导致的热阻 R_2，可用式（4 – 4）计算；第三部分热阻为喷口射流方式中送风与冷水之间的换热热阻 R_3。对于辐射地板供冷方式，采集过程的热量传递为：室内不同热源→辐射地板表面→冷水，该过程的总热阻 R'_h 由两部分组成：一部分是从热源到辐射地板表面的换热热阻 R'_1，可用式（4 – 15）计算；另一部分热阻是由辐射地板表面到辐射地板内冷水的传热热阻 R'_2。由此可见，辐射地板方式有效减少了热量的传递环节，有利于降低整个热量采集过程的热阻、提高所需冷源温度。此外，辐射地板末端方式还不需

要借助风机强制对流换热，有助于节省风机输送能耗[137]。

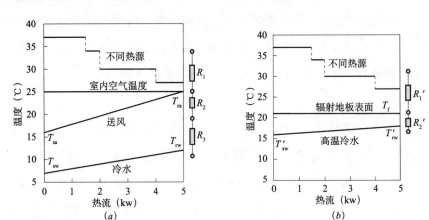

图8-33　高大空间不同室内热量采集过程的 $T-Q$ 图

（a）射流喷口送风方式；（b）辐射地板方式

同样可以分析太阳辐射的影响，参见图8-34。采用射流喷口送风方式时，透过围护结构进入室内的太阳辐射被室内表面吸收，热量通过表面与室内空气的对流换热进入室内空气中，然后经由空调系统的送风排出室内，采集过程的热量传递为：热源→室内空气→送风→冷水。而当采用辐射地板方式时，若太阳辐射可直接照射到辐射地板表面，那么热量会直接被辐射地板吸收，并最终由冷水带走，采集过程的热量传递为：热源→辐射板表面→冷水。因此，与射流喷口送风方式相比，辐射末端方式能够有效减少热量采集过程的传递环节，也有助于降低整个采集过程的热阻，此分析详见赵康的博士论文[137]。

（2）基于辐射地板的新型热湿环境营造方案

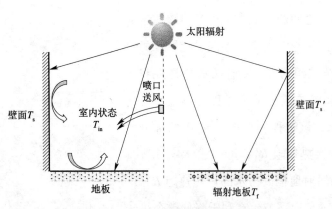

图8-34　不同末端方式对太阳辐射热量的采集过程

以上分析了室内显热的排除过程，采用辐射地板方式可以有效减少热量采集过程的传递环节，有助于降低整个热量采集过程的热阻，是适用于航站楼等高大空间建筑特点的末端方式。结合室内环境的湿度控制需求，基于辐射地板供冷可以构建出新型的温湿度独立控制空调系统[103]，实现高大空间建筑内良好的空气分层效果，如图 8-35 所示。在该系统中，夏季利用经过除湿处理后的干燥新风来带走室内全部湿负荷、实现湿度控制；在温度控制方面，综合考虑辐射地板的供冷能力和较大的热惯性，将辐射地板和干式风机盘管相配合，利用温度较高的冷水来实现室内温度控制。

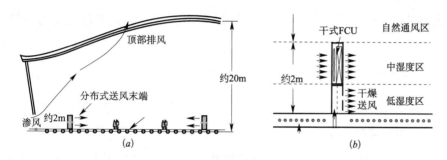

图 8-35　高大空间新型热湿环境营造方案

（a）基于辐射地板的空调方式；（b）夏季室内环境分层效果

　　在高大空间中太阳辐射和高温的围护结构在总冷负荷中占较大比例，辐射地板通过辐射的方式可直接带走太阳辐射等短波辐射热量，减少热量传递环节；冬季利用辐射地板也可有效控制室内人员活动区的温度水平，减缓室内温度分层，避免常规喷口送风方式存在的热空气上浮、近地面处温度偏低等不足，改善室内环境营造效果。在这种新型室内环境营造系统中，末端的分布式送风装置分为上下两个部分，上部为干式风机盘管，利用 15~18℃ 的高温冷水，下部为新风送风口，负责将处理后的干燥新风送入室内，满足人员对新风的需求。这样，由于干燥的空气由下部送风口送入室内，可以保证在辐射地板表面空气的含湿量相对较低，有效降低辐射地板夏季结露的风险。此外，机场航站楼、铁路客站等交通枢纽类高大空间建筑，室外渗风是一个必须要考虑的影响因素，合理引导室外渗风、避免其混入室内也是一个需要在热湿环境营造过程中着重考虑的问题。以夏季为例，高温高湿的室外渗风进入室内后，由于其密度低于室内空气，会有向上流动的趋势，因此，系统解决方案中在高大空间的顶部设置顶部排风装置，将室外渗风直接排出，避免高温高湿的渗风混入室内环境。

在此新型系统中，通过辐射地板和分布式送风装置，整个高大空间的室内环境被分为了三个部分，如图 8 - 35（b）所示：最底部人员活动区为与辐射地板表面相近的低湿度空调区域，辐射地板与分布式送风末端仅负责调节空间高度约 2m 以内的热湿环境；沿高度方向往上依次为中等湿度的空调区域和高湿度的非空调区域，有效实现了室内热湿环境的分层控制。

3. 新型解决方案的实际应用

针对高大空间夏季太阳辐射得热高、围护结构和室内热源温度较高的特点，辐射地板结合分布式送风的系统形式可以有效控制室内温湿度环境，减少室内热湿采集过程的㶲耗散和热阻，并有助于降低风机输配能耗、提高系统性能。按照此思路设计的空调系统在西安咸阳机场 T3 航站楼高大空间建筑中应用，参见图 8 - 36。夏季运行时，空调系统将处理后的干燥空气通过分布式送风末端送入室内，调节室内湿度；将高温冷水送入辐射地板和干盘管来满足室内温度调节需求，实现室内热湿环境的温湿度独立调节和分层调控。

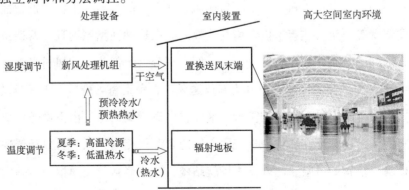

图 8 - 36   西安咸阳机场 T3 航站楼空调系统组成及末端装置

在该机场 T2 航站楼高大空间中，应用传统的喷口送风方式，送风喷口距离地面高度约为 5m，如图 8-37（a）所示，通过统一送风来进行室内热湿环境调控。图 8-37（b）对比了 T3 航站楼基于辐射地板的新型系统与 T2 航站楼喷口送风系统的室内温度沿着空间高度的变化情况。从实测结果可以看出，对于应用辐射地板和分布式送风末端的 T3 航站楼，高大空间垂直方向上温度分布存在显著的分层：2m 以下高度范围内温度较低，能够较好地控制人员活动区的温度水平；2m 以上的区域内则温度较高，即实现了人员活动区与非活动区的分别调节，有助于减少室内调节过程的掺混㶲耗散。对于采用喷口送风方式的 T2 航站楼，垂直方向上的温度分布也存在分层，但由于送风喷口高度的限制，使得喷口高度 5m 以下的区域内温度分布均较均匀，即送风需要调控喷口高度以下的全部区域；与辐射末端方式相比，增加了需要调控的区域，也就使得处理过程的㶲耗散显著增大。

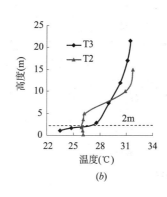

（a）　　　　　　　　　　　　　（b）

图 8-37　不同空调方案的室内垂直温度分布情况

（a）T2 航站楼喷口送风方式；（b）夏季垂直方向温度分布

另外，该机场制冷站与 T3 航站楼的距离较远（约 1km），为了能够有效降低冷水输送能耗，在其系统设计中选取了冷水大温差运行的方式（与冰蓄冷方式结合，设计供回水温差超过 10℃），以便于降低循环水流量。与冷冻水大温差运行的系统相配合，制冷站中制冷机组的设计也采用了串联、冷机分级的方式，有助于降低冷水降温处理过程的㶲耗散、改善制冷性能。图 8-38 给出了制冷站中制冷机组的分级工作原理，其中制冷机组 A1～A3 采用乙二醇作为载冷剂，可同时满足冰蓄冷制冰需求与冷水降温需求，负责对冷水降温时通过板换与冷水换热；冷机 B1～B3 及冷机 C 主要负责对从航站楼末端流回的冷冻水回水降温。夏季制冷站主要运行模式包括蓄冰和融冰两种。蓄冰模式下双工况冷机 A 制取低温乙二醇通入蓄冰槽中在盘管外蓄冰；融冰模式下冷冻水回水先经过单工况冷机 C、B 制冷，再经过冰槽融冰，满足低温（<5℃）供水需求。这种冷水分级降温过程的 $T-Q$ 图如图 8-39 所示，可有效改善冷水与制冷剂或冰（均为恒温特性）之间换热过程的匹配特性、减少该过程的不匹配损失，改善处理性能。

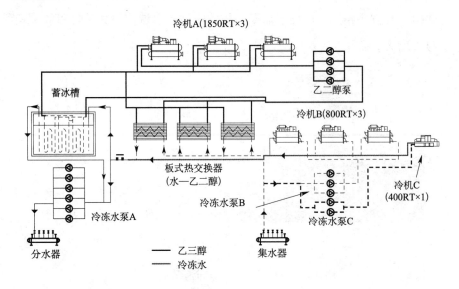

图 8-38　制冷站制冷机组分级运行原理

该机场 T3 航站楼应用的高大空间新型热湿环境营造系统实现了室内末端热湿环境的分层控制和温湿度独立调节，大幅降低了热量采集过程的㶲耗散，实际应用效果表明这种新型系统能够有效降低空调能耗。该机场 T2、T3 航站楼空调系统单位面积逐月电耗情况如图 8-40 所示，冷站能耗为冷站内冷机、循环泵及冷却塔等所有设备的能耗，航站楼末端设备则包含末端风机、水泵等设备。采用辐射末端供冷/供热方式并结合分布式送风方式实现高大空间室内热湿环境的分层调节，大幅降低了 T3 航站楼末端设备中的风机能耗。该机场 T3 航站楼空调年运行能耗约为 56.1 kWh/m²，而 T2 航站楼为 92.6kWh/m²，T3 航站楼的运行能耗降低幅度约为 39%。该机场冬季热源来自集中热网，供暖季 T3 航站楼单位建筑面积耗热量为 0.29GJ/m²（按供暖面积计算为 0.35GJ/m²），相应的 T2 航站楼单位建筑面积耗热量为 0.37 GJ/m²（按供暖面积计算为 0.45 GJ/m²），T3 航站楼的耗热量降低幅度约为 22%。因此，与 T2 航站楼相比，T3 航站楼供暖空调系统能耗大幅降低。

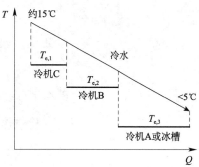

图 8-39　制冷机组分级运行过程 T-Q 图

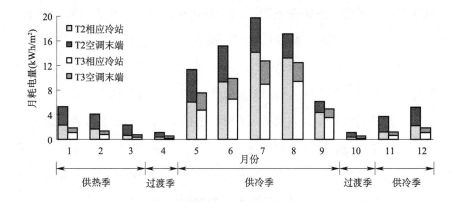

图 8-40　航站楼空调系统单位面积运行能耗对比

通过第 8.3.1 节数据机房和第 8.3.2 节高大空间建筑热湿环境营造过程的分析可以看出，热学理论研究能够为营造过程提供适宜的分析方法，在满足室内环境舒适性需求的基础上，可以依照减少传递环节、减少掺混损失、改善匹配特性等分析原则启发构建新型的建筑热湿环境营造系统解决方案，并在实际应用中取得显著的节能效果。

8.4　建筑热湿环境营造过程的历史变化与思考

8.4.1　"冷热量"与"品位"

建筑热湿环境营造过程的基本任务是满足室内适宜热湿环境的营造需求，其本质是热量、水分的传递或搬运过程。在很长一段历史时期内，受限于经济社会发展状况及科学技术水平，建筑热湿环境营造过程着重关注冷热量对该营造过程的影响，目标以满足室内温湿度参数的需求为主，致力于通过一定的技术措施为营造过程提供所需的冷热量 Q。系统架构及方案设计中重视减少投入的冷热量 Q、减少原材料等的初始投入等，较少关注运行能耗对实际热湿环境营造过程的影响，也较少从能量品位 T 或 ΔT 的角度来认识问题。例如在主动式供暖系统中，利用锅炉作为热源设备、化石燃料燃烧提供热量，热源可达到的温度水平超过 1000℃，而建筑用户室内需求控制的温度仅约为 20℃，这就表明热源温度品位与最终末端用户的温度间差异显著，有巨大的温差驱动力可以用来满足热量传递、输送需求，因而此时温度品位 T 或温差 ΔT 对系统的影响并不显著，也就缺少了改善热量传递过程、减少温差消耗的原动力。又例如第 5.4.1 节分析的蒸发器案例，当材料等换热面积的造价高昂时，不惜让冷水机组工作在较大的端差（如 5℃）下，原因即是为了减少换热面积的投入。

现阶段随着人类社会不断发展和科技水平不断进步，面对新的资源、能源形势，如何在满足基本需求的基础上实现营造过程的高效、节能是亟需解决的重要问题。图 8-41 给出了在不同历史时期、面对不同形势时，建筑热湿环境营造过程中所关注问题的变化。以前着重从满足室内参数来设计和运行供暖空调系统，现在则需要更多地从节能角度来重新审视；原材料等初始投入与后期运行能耗之间的博弈已倾向于更加重视运行过程的能效水平、降低运行能耗。对于包含多种热量、水分传递过程和热功转换过程的建筑热湿环境营造过程，传统仅关注"冷热量"的分析方法欠缺对其本质特点的刻画、忽视了"品位"的重要影响，也就无法适应当前节能减排战略的推进实施和建筑节能事业的迫切需求。因此，为了更好地描述、刻画建筑热湿环境营造过程的本质特点，适应当前建筑节能的发展需求，热湿环境营造过程需要同时关注冷热量 Q 和品位 T 的作用。

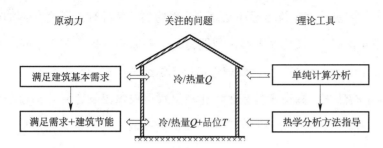

图 8-41　建筑热湿环境营造过程中关注问题的转变

冷/热量 Q 和温度品位 T（或温差 ΔT）对热湿环境营造过程均有重要影响：

（1）冷/热量 Q 是满足建筑热湿环境营造需求的重要基础，Q 不足时难以满足室内温湿度调节要求，Q 过多则会造成浪费。被动式围护结构和主动式供暖空调系统一起构成建筑热湿环境营造过程，利用被动式系统排除室内多余热量（夏季）或减少由围护结构散失的热量（冬季）均是充分发挥被动式系统作用、减少由主动式系统所承担冷热量的有效措施。对于主动式系统，通过减少其各环节不必要的传热量、减少冷热抵消等，也有助于减少整个处理过程的冷热量消耗（详见第 8.2.1 节），从而改善主动式系统的性能。

（2）温度品位 T 或温差消耗（ΔT）对建筑热湿环境营造过程的各环节性能具有重要影响，重视品位的作用与能量利用系统中"温度对口、梯级利用"的用能原则相一致，降低热量采集、传递和输送等环节的驱动力 ΔT 消耗是改善整个系统性能的有效途径。在热源、热汇间的温差驱动力足够大时，可充分利用自然冷源进行排热；只有当系统选取的源、汇温差不足时，才需要投入主动式系统补充提供驱动力。从第 2 章不同热源、热汇形式与温度之间的关系可以看出，减少热量传递过程的温差消耗、降低对冷热源的温度品位需求有助于大幅改善冷热源的能效水平，构建适宜的"高温供冷、低温供热"系统方式能够显著提高主动式空调系统的性能。

　　热学分析方法有助于同时关注"量"和"品位"的影响，当前国内外越来越重视针对建筑热湿环境营造过程的热学基础理论研究，例如国际能源署（IEA）所属建筑与社区节能协议（EBC）开展了多个 Annex 国际合作研究项目，寻求利用基础理论指导该营造过程、提高其性能。本书第3章介绍的热学参数也正是从热量和品位双重视角出发，对热力过程或热量传递过程进行理论分析和热学特性刻画的有效工具。建筑热湿环境营造过程的热学分析有助于重新审视热湿环境营造过程的本质，从热量、水分"搬运"过程的视角认识温差、湿差驱动力对被动式围护结构和主动式空调系统的影响。利用热学参数作为理论指导，通过利用 $T-Q$ 图等（曲线围成的面积即为㶲耗散）可以有效刻画系统特性，并对自然能源和低品位能源等的综合利用进行合理区分，实现了对"量"和"品位"的同时关注。热学分析有助于从损失的视角认识该营造过程，研究其关键环节（如室内采集、热量传递、热湿处理过程等）的热学特性。通过热学分析可以得到适宜的指标量化描述其损失原因及性能变化规律，明确需遵循的热学分析原则，厘清系统各部分投入对内部损失的作用机理，并着眼于通过减少内部损失来寻求改善各环节性能的有效途径。借助热学分析的理论指导，可以针对不同功能建筑、不同营造需求，分析其室内热湿环境特点，从 Q 和 T 的双重视角出发系统优化其营造过程，启发构建新的高效热湿环境营造方案。

　　因此，Q 和 T 是分别从"量"和"质"两个层面出发的分析视角，对于建筑热湿环境营造过程，应当同时关注两者的重要作用。基于热学参数的分析有助于从 Q 和 T 的双重视角重新认识和评价现有营造系统，厘清不同处理方式、系统形式、流程结构等的内在差异，启发新的营造方式和思路，切实降低建筑热湿环境营造过程的能源消耗。

8.4.2 "冷"与"热"

"热"和"热"相对应，看似对称，但建筑供冷与供热的根源不同、负荷特点差异大，因而导致实现供冷与供热相应的技术措施也有较大差异[168]，例如一项对于供热适宜的技术，用于供冷可能并不适宜，反之亦然。

根据第 2 章和第 6 章的分析，室内要求排除的热量一般变化不大，主要是人和设备的发热、透过外窗的太阳辐射等，其变化与外温变化基本无关，而主要是由房间的使用方式和太阳状况决定。当室内外驱动温差（$T_r - T_0$）较大时，通过合理设计围护结构保温及密闭性能，即可实现通过围护结构排除室内余热而不需要主动式空调系统；若围护结构保温和密闭性不佳，造成过量排热，则需要主动式系统补充不足的热量，即需要供暖。当驱动温差（$T_r - T_0$）较小时，通过围护结构向外排热不足，则需要主动式系统排除多余的热量以维持室内温度，即需要供冷；当驱动温差（$T_r - T_0$）为负数时，驱动力方向与排热方向相反，围护结构传热对于排热不利，同样需要供冷。因此：

（1）冬季驱动温差（$T_r - T_0$）大，围护结构排热过多，需要主动式系统补充不足的热量，即为冬季供暖的原因。

（2）夏季驱动温差（$T_r - T_0$）小、甚至室外温度高于室内温度，驱动力方向与排热方向相反，此时围护结构排热不足或者与室内排热要求方向相反，则需要主动式系统排出多余的热量维持室内温度，即为夏季供冷的原因。

以上分析了建筑需要供冷、供热原因的差异情况，对应建筑冷、热负荷的特点也大为不同[168]：

（1）冬季热负荷来源：围护结构传热加上渗透风影响，室内温度与室外温度的作用温差在 20~50K，围护结构是主导影响因素。峰值负荷典型数值为 50W/m^2，日值为 1kWh/m^2，季值为 80 kWh/m^2。负荷缓慢波动，各供暖建筑几乎同步变化。

（2）夏季冷负荷来源：围护结构传热加上渗透风影响，室内外作用温差在 $-10K$ 左右。除太阳辐射外，围护结构影响很小。峰值负荷典型数值为 $100W/m^2$，日值为 $0.6kWh/m^2$，季值为 $70~kWh/m^2$。负荷一天内大幅度波动，各建筑、各房间异步变化，差别极大。

冷和热对围护结构要求也存在显著差异：

（1）供暖：希望大热阻，大热惯性，外保温，连续运行。

（2）空调：当不能有效自然通风时，由于室内热量不能有效排掉，大热阻将延长空调运行期。间接空调可显著降低能耗，此时要求小惯性，内保温。大热阻对降低空调负荷的作用非常有限。

"冷"和"热"在末端方式的应用中也存在差异：例如室内末端设备采用对流送风方式时，供冷过程通常通过调节风量来满足负荷调节需求，利用冷空气下坠可形成纵向温度梯度、利于控制人员活动区的温湿度参数；供热过程中则通常通过调节风温来满足负荷调节需求，由于热空气上浮，对满足底部人员活动区的温度需求造成不利影响。当室内末端采用辐射末端时，夏季供冷过程需要考虑控制辐射末端表面的最低温度、防止出现结露，辐射末端易于实现对太阳辐射等热量的采集、减少换热环节；冬季供热时要避免辐射末端的表面温度过高，辐射地板的供热方式有助于减少对流送风方式中的热空气上浮、大幅改善热舒适性。

对于冷和热的输送，二者也有较大差异。对于末端水循环系统要求的循环流量，当供暖负荷为 $50W/m^2$，供回水温差为 $10℃$ 时，要求的水流量为 $4.3kg/m^2$。当空调负荷为 $100W/m^2$，供回水温差为 $5℃$ 时，要求的流量为 $17.2kg/m^2$，是供暖需求流量的 4 倍。对于远距离水循环输送系统，二者的差异更为显著：供暖：$130℃$ 供水，$60℃$ 回水，供回水温差为 $70℃$；空调：$5℃$ 供水，$15℃$ 回水，供回水温差为 $10℃$（已是大温差运行系统）。单位建筑面积供水量差达到 14 倍，管径差异近 4 倍。循环泵电耗转化为热量：对于供暖，仅增加 $1\% \sim 5\%$ 的热量（由电转换而来）；而对于空调，则导致损失 5% ~15% 的冷量（被水泵电耗所加热）。

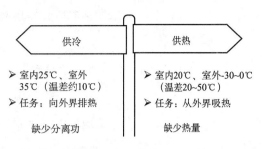

图 8 - 42　"供冷"与"供热"的不同核心问题

供冷和供热过程中可利用的冷源和热源之间也存在显著差异。供冷的实质是将室内热源、湿源等产生的多余热量、水分等排除到室外，从冷源设备来看其任务是提供从室内将热量排除的"分离功"；供热则是直接向室内输送热量，从热源设备来看是提供所需热量。例如，以电驱动的蒸汽压缩式制冷/热泵循环作为冷热源设备时，夏季供冷时要克服室内外温差（10℃左右）工作（见图 8 - 42），制冷循环的工作温差 ΔT_{HP}（冷凝温度与蒸发温度之差）通常超过 30℃，制冷循环投入的压缩机耗功变为热量最终也需排至室外热汇；冬季供热时需要克服的室内外温差通常在 20 ~50℃，热泵的工作温差显著高于夏季供冷，投入的压缩机耗功最终则作为热量的一部分提供给建筑。化石燃料（煤、天然气等）燃烧可直接作为热源、为建筑提供热量，太阳能等可再生能源也可直接用来作为供热过程的热量来源；但对于供冷过程，天然气等的燃烧、太阳能提供的热量等均不能直接为建筑供冷过程利用，必须借助吸收式制冷循环（实质是热功转换过程）、利用高品位的热量做功来实现热量的搬运、为供冷所用。

因此，"冷"和"热"在大多数情况下是不对称的，建筑的冷负荷与热负荷特性不同、作用点不同。为了营造适宜的热湿环境，以"冷"需求为主和以"热"需求为主的建筑对围护结构的性能要求不同。采用主动式系统时，"供冷"和"供热"过程的末端性能不一样，冷量输送与热量输送也具有不同的特征；从热源与冷源的性质来看，二者的任务不同、要求的技术路线也有明显差异。由于上述特性的差别，使得供冷与供热看似对称的技术形式，同一项技术分别用于供冷与供热时，可能有着迥然不同的性能。在实际建筑热湿环境营造过程中，必须抓住实质、认清本质，不可将"供冷"与"供热"简单比拟，而应当仔细辨析、区别对待，从本质出发选取适宜的技术解决方案。

8.4.3 "分散"与"集中"

在实际建筑中，面对多个房间或多个末端时，建筑热湿环境营造过程可采用集中方式或分散方式，如图 8-43 所示。集中方式通常采用统一的冷/热源设备，利用集中输送和分配系统来将空气、冷/热水等媒介输送至各用户处的末端设备，从而实现不同用户的室内热湿环境控制。分散方式则采用分散设置的冷/热源设备，通过各自的输送设备将空气、冷/热水等输送至相应的末端用户处，分别满足不同用户需求。

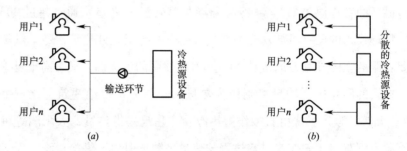

图 8-43　建筑热湿环境营造过程中的分散与集中系统形式

(a) 集中式；(b) 分散式

针对集中系统方式与分散系统方式，从不同的出发点和认识视角可以对比两种方式的各自优势。主张集中方式优于分散方式者给出的主要原因包括：集中方式规模大，效率高；由于"同时使用系数"的效益，集中方式可以减少装机总容量，降低投资；集中方式节省设备空间，并由于集中管理可提高运行管理水平。主张分散方式的理由则包括：便于自由调节用量，可灵活应对 5%、10% 的低使用率情况从而避免过量供应；可灵活应对不同品位参数的需求，分散供应避免了能量品质浪费；节省输送管道，减少输配能耗。

建筑热湿环境营造过程的形式是选取为分散式还是集中式，对系统的运行能耗具有重要影响。大量实际工程案例表明，面对众多需求不一致的末端时，采用单一的集中系统同时为这些末端提供服务所消耗的能源，远高于采用众多分散式方式各自独立时的能源消耗。典型的案例就是采用集中空调系统的住宅实际空调运行能耗要远高于采用分散空调方式[172-175]。出现这种情况的原因在于，多个相对独立的需求放在一起，这些需求在每个瞬间存在差异性，集中系统方式为满足末端差异性的需求而付出了相应的调节"代价"，分散式系统则可较好地适应不同末端需求时的调节变化。

系统中存在多个末端时，需求的变化包含两个层面：一是"质"的同步性，二是"量"的同步性。前者是从系统所需冷热源品位（温度 T 或温差 ΔT）角度出发对末端需求变化的分析，后者则是从所需冷热量 Q 视角出发的认识。当各个末端的需求不同步、变化不一致时，集中系统就必须同时满足末端的这种不一致需求。

（1）对"质"的不同需求：例如几个末端需要低温（如7℃）冷水，其余末端只需要10℃以上的冷水，集中式系统就只能"就低不就高"，统一提供7℃冷水，难以使制冷机通过提高水温而提升效率。

（2）对"量"的不同需求：当90%的末端都工作在5%负荷以下，而仅有1~2个末端需要提供100%的负荷时，集中式系统的调节就很困难，出现调节不充分而造成"过量供应"，或者为了有效的调节而付出很大的风机、水泵能耗。

所以，当多个末端负荷极不一致的变化时，分散式系统往往比集中式系统更易于满足末端需求的不同，而避免过量供应。当末端的需求严重不同步、能效高等集中式的优点就会被末端巨大差异性造成的能耗损失抵消，这就出现了一些使用情况下集中式的实际能耗远高于分散式的现象。

集中系统形式和分散系统形式的选择，取决于不同的需求。工业生产过程中由于面对大规模复制的生产对象，更偏向于大规模的"集中"方式带来的高效率、低能耗，因而多采用集中的系统形式。建筑服务系统的服务对象是针对差异性很大的单个服务对象，多个相对独立的需求放在一起，这些需求在每个瞬间存在差异性，因而不适用于工业生产的模式。

分散系统形式和集中系统形式应对需求特征的处理方式各有不同，分散的系统形式是通过分散方式，各自满足"质"与"量"的需求；集中的系统形式通过一定的调节和分配措施来完成不同末端对"质"与"量"的需求。在不同末端需求差异显著、变化不一致时，集中系统会由于调节分配方式导致一定的损失。如图 8-44 所示，集中系统中可选取的调节方式通常包括阀门、再热、三通阀等，但采用调节措施时需要付出相应的"代价"，例如减小阀门开度会增大管路阻力/压降，消耗了动力；再热方式则会增加处理过程的热量传递量，消耗了热量；利用三通阀旁通方式调节时，则会带来掺混㶲耗散（见图 8-11），消耗了品位。

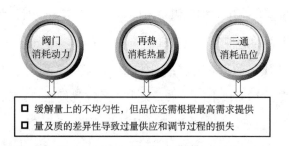

图 8-44　集中系统不同调节方式带来的影响

因此，"集中"与"分散"并非对立，而是一个连续变化的过程，是"需求"与"供应"的博弈过程。通过对各种情况下末端需求变化的同步性程度的衡量，判断是否可以采用集中式系统以及集中式与分散式在系统用能上存在的差异。当多个末端需求显著不同时，集中进行建筑热湿环境营造的方式会造成显著的调节不均、增加冷热量损失和不必要的㶲耗散，此时宜采用分散的采集方式满足各自需求。关于"集中"与"分散"的详细分析以及对不同应用对象的影响，参见周欣的博士论文[175]。

8.4.4　"材料初投资"与"运行能耗"

在 20 世纪后半叶生产力水平较为落后时，钢/煤价格比是约 35∶1，现在随着生产力的发展这一价格比例已降低到约 6∶1；这些变化需要我们

重新反思空调系统的构成形式、分析方法、运行参数，从而适应这一变化
的需要。空调系统中的初投资可以用钢材等的价格衡量，运行费用则可通
过耗电来体现，对于我国这种以火力发电为主的国家，耗电又可以与耗煤
等价。因而，空调系统初投资与运行费用之间的关系就可以通过钢材与煤
炭的价格关系来体现。在不同时期，钢煤价格比（钢价、煤炭价格的单位
均为元/t）可以用来作为比较初投资和运行费用之间关系的重要指标，通
过该价格比即可优化得到系统运行参数从而使得系统整体初投资与运行费
用之间有较好的平衡关系。图 8 – 45 给出了我国钢煤价格比（1955～2010
年）和冶金工业与煤炭工业出厂价格比（1985～2009 年）的变化情况，
可以看出在 20 世纪 50 年代，钢煤价格比接近 35∶1；在 2005 年以后，钢
煤价格比基本维持在（5～6）∶1，因而现阶段钢煤价格比已大幅降低。钢
煤价格比的大幅下降表明，初投资与运行费用之间的博弈已逐渐向运行费
用倾斜，通过适当加大初投资来获取更高的运行能效已成为提高空调系统
运行能效、降低建筑运行费用的重要手段。

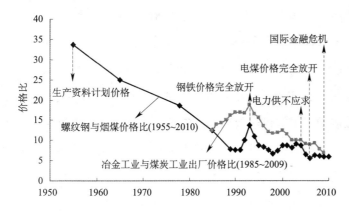

图 8 – 45　我国钢煤价格比（1955～2010）及冶金/煤炭工业价
格比（1985～2009）变化

以下通过制冷机冷水参数、供热温度变化两个代表案例进行分析。

（1）制冷机冷水参数变化。与之前相比，现有冷水机组等设备厂商通
过加大蒸发器、冷凝器等换热器投入的换热能力 UA，大幅降低了冷水机

组换热器的端差，如离心式冷水机组蒸发器侧的端差 ΔT_2（冷水出水温度与蒸发温度之差）已从原有的 $3 \sim 5 ℃$ 降低到现在的 $1℃$ 以内，甚至 $0.5℃$ 左右。这样，在满足同样的冷水供回水温度情况下，端差的减少有效地提高了蒸发温度，促进了制冷循环 COP 的大幅提升。如第 5.4.1 节所述，对于目前的离心式冷水机组换热情况（投入的换热能力 UA 较大），通过加大 UA 的投入已使得制冷循环的蒸发温度提高到很高水平，制冷循环的能效也已经接近该需求水温参数下的极限，继续依靠加大换热能力投入来降低冷源设备能耗已无太大潜力；此时应更加注意换热过程不匹配带来的影响，减小由于不匹配带来的热阻。

（2）供暖热源温度需求。长期以来，我国散热器供暖方式的设计热水供回水温度为 $95℃/70℃$，以室内设计温度 $20℃$ 为例，此时热水供回水平均温度与室内温度间的温差高达 $62.5℃$，也即热量经由散热器传输到室内过程中的驱动温差为 $62.5℃$。为何向室内输送热量的过程需要如此大的驱动温差呢？这一热水供回水参数是否合理呢？实际上，出现这种热水设计参数的原因是，20 世纪 50、60 年代，钢铁等原材料价格高昂，散热器作为消耗原材料的工业产品，其生产加工过程需要消耗大量原材料，制约换热过程性能的主要原因在于投入的换热面积不足。同时，供暖方式又以锅炉燃烧（燃煤方式为主）供热方式为主，在提供相同热量的基础上较高的供水参数需求对锅炉供热效率的影响较小。因此，为了节省钢铁等原材料即换热面积的投入，在进行散热器供暖设计时，就以散热器表面温度不烫伤人为上限来尽可能选取较高的热水供回水温度，从而加大了热水与室内间的换热驱动温差。随着现有技术的不断发展，利用热电联产集中供热方式、空气源热泵、水源热泵等方式来满足冬季供暖需求的建筑越来越多。与传统的利用集中锅炉热源方式不同，上述技术对于热源温度品位的需求更敏感。有效降低供暖需求的热源温度，实现冬季"低温供热"，可有效提升上述热源的能源利用效率。而且，随着钢铁等原材料价格相对于运行费用的降低，对于散热器、辐射地板等供暖末端方式，原有的热水供回水参数已不能适应新形势下的能源消耗与原材料间的关系，如在 GB 50736—2012、JGJ 142—2012 等标准中均规定"热水地面辐射供暖系统的供水温度不应超过 60℃，供回水温差不宜大于 10℃，供水温度宜采用 35 ~ 45℃"。通过适当增加投入的换热器面积，在满足相同供热量需求的前提下可有效降低对热水运行温度的需求。

从上述分析来看，随着钢铁等原材料价格相对于运行费用的下降，投入的换热面积等代表初投资的指标与冷热源设备能耗等表征运行费用的指标间的相互关系已发生改变：从早期为节省原材料而投入较少的换热面积，到如今发展为通过增加换热能力的投入来降低运行费用，社会经济的发展和进步使得影响换热过程性能的制约因素也在逐渐变化。

8.4.5 "冷热源能耗"与"输配能耗"

冷热源设备能耗与风机、水泵等输送能耗共同构成主动式空调系统的运行能耗；其中冷热源设备通过热功转换（热泵）、燃料燃烧等方式提供满足系统需求的冷/热量，而输送环节的任务则是借助动力将冷/热量通过传递载体输送至需求的地方。整个空调系统节能需要综合考虑冷热源与输送系统能耗。对于"高温供冷、低温供热"系统，很多学者自然想到：该系统对于充分利用自然冷源和低品位热源（余热、废热等）、提高冷热源能效有着重要作用；通过加大系统中循环流量亦可有利于实现"高温供冷、低温供热"，但对应输送系统能耗显著增加；如何将冷热源能耗与输送能耗统筹考虑、综合分析？

对于建筑热湿环境营造过程而言，常用的冷热量输送媒介为空气或者水。满足同样需求情况下，由于空气、水二者介质的密度、比热容等物性参数的差异，以水为输送媒介的水泵电耗仅为以空气为输送媒介的风机电耗的 1/5 ~ 1/10，而且输送水管路仅需较小的占地空间，因而从降低系统输送能耗的角度，推荐以水而不是空气作为输送媒介。为了满足空气品质的需求，建筑一般有最小新风量的要求，此数值为空气作为输送媒介的下限值。空调系统发展到今天，已出现了多种多样的形式，例如从美国发展起来的包括双风道、单风道在内的全空气系统，现阶段我国广泛采用的风机盘管＋新风系统，近年来欧洲逐渐兴起的辐射板＋新风系统，以及由日本推动发展的多联机＋新风系统等。对于上述多种空调系统形式，输送能耗是依次降低的：在全空气系统中，输送媒介为空气，空气循环量很大；在风机盘管＋新风系统中，输送媒介一部分为水、一部分为空气，新风量远小于全空气系统空气流量；在辐射板＋新风系统中，进一步降低了风机盘管侧室内循环空气的风机能耗；在多联机＋新风系统中，多联机内输送媒介为制冷工质。

当已确定好输送媒介后，根据式（2－16）可以得到输配系统（风机、水泵）的功耗。可以得到：输配能耗与循环流量 G 和压差 Δp 成正比关系，G 由室内需求冷热量、送回风（或供回水）温差 ΔT 决定，而 Δp 则与系统的结构设计密切相关。例如在机场、商场等大型集中设置的新风机组 Δp 在几百帕甚至上千帕，而各层、各区域分散设置的新风机组 Δp 可显著降低。加大输送媒介的循环流量（G 增加），但通过系统合理设置、优化可使得 Δp 降低，因而加大循环流量不等同于增加输配能耗，输配能耗也可降低（有赖于系统设置）。

针对输送环节，为了降低输送风机、水泵能耗，出现了越来越多的大温差循环方式，如低温送风（大温差空气循环系统）、大温差冷水循环系统等有限降低了循环流量 G，但大温差方式会相应提高末端对冷/热源温度品位的需求，不利于冷/热源的能效提升。那么，整个系统是应采用"大流量、小温差"还是"小流量、大温差"方式呢？正如本书前言所述，低温送风倡导者说低温冷源可以加大送风温差、减少风量从而降低风机能耗；温湿度独立控制提倡者则说高温冷源可以提高蒸发温度，从而提高制冷机性能系数 COP，降低制冷机电耗。这二者都只强调了问题的一个方面，对于不同研究对象（建筑类型不同、气候条件不同）中冷热源与输配系统的矛盾侧重点不同，需要统筹考虑其影响。

　　集中空调系统冷冻水运行参数通常为 7℃/12℃，冷冻水供回水温差为 5℃。近年来在一些大型建筑综合体或超高层建筑的集中空调系统中，输配系统能耗在整个空调系统能耗中占有重要比重。为了降低冷水输送能耗，大温差空调系统中的冷冻水温差通常按高于 6℃ 设计，一般可达到 8～10℃。在大温差空调水系统中，冷冻水输送温差较大，输送相同冷量时冷水流量、水泵电耗明显低于常规 5℃ 冷冻水温差的空调方式，但会降低制冷机侧蒸发温度，使得制冷机 COP 降低。因此，当输配系统能耗在整个系统中所占比重较低时，此时核心任务是提高冷源侧能效，适当的"大流量、小温差"运行，使得制冷机工作在较高的蒸发温度、提高其性能。而当输配系统能耗在整个系统中占有较大比重时，此时以降低输配系统能耗为基础，需要进一步对冷源侧的性能进行优化分析。对于此大温差供回水系统，利用单一温度的冷源进行降温时换热过程的不匹配性则凸显出来，通过对制冷换热过程分级（详见第 5.4.4 节）等措施可有效改善换热过程的匹配特性，从而提高制冷循环的整体性能。

　　在集中供热系统（输送距离通常为几千米，甚至几十千米）中，通常为节省输送能耗和受地下所敷设管网直径的影响，一次网实现大温差循环，如典型的供/回水参数 130℃/70℃，温差 60℃ 左右；二次网是直接与用户末端（各种形式的散热器、风机盘管等）联系的水循环过程，输送距离远低于一次网，二次网热水运行一般为相对较小的温差（15～25℃），远小于一次网供回水温差。这就形成了在一次网输送环节"小流量、大温差"运行，而二次网供给末端环节则相对在"大流量、小温差"模式下运行。

　　因此，"小流量、大温差"与"大流量、小温差"这两种模式之间并不冲突，前者意在减小循环流量从而降低输送能耗，而后者则针对末端换热设备，意在改善冷热源性能。需针对具体建筑类型和使用模式，进行空调系统性能的整体优化分析。

　　综上所述，对于主动式空调系统来说，换热能力投入、输配能耗和冷热源能耗等三部分是衡量整个系统投入的最主要指标，换热能力投入与初投资相关联，而输配和冷热源能耗表征着运行能耗。在实际空调系统的设计构建、运行中，需根据时代的发展和技术的变化，依据现有主动式空调系统中各环节的温度水平、换热过程的匹配特性为基础，对三者的影响进行综合分析，得到矛盾制约点，进而寻求实现系统性能提升的有效途径。

附录 A 湿空气的㶲分析

湿空气是建筑热湿环境营造过程最为重要的处理对象，湿空气的㶲由热量㶲和湿度㶲两部分组成，本节将给出热量㶲和湿度㶲的统一表达式，并对湿空气的参考状态选取进行探讨。

A.1 热量㶲与湿度㶲的统一表达式

本书第 3 章式（3-14）给出了常压情况下湿空气㶲的计算式，湿空气㶲由两部分组成：一是湿空气温度与参考状态之间由于温度差异而具有的可用能，称为热量㶲或者物理㶲 $E_{\mathrm{x,air}}^{(\mathrm{h})}$；二是湿空气含湿量与参考状态下湿空气的含湿量存在差异时而具有的可用能，称为湿度㶲或者化学㶲 $E_{\mathrm{x,air}}^{(\mathrm{m})}$。湿空气㶲的表达式为：

$$E_{\mathrm{x,air}} = E_{\mathrm{x,air}}^{(\mathrm{h})} + E_{\mathrm{x,air}}^{(\mathrm{m})} \tag{A-1}$$

$$E_{\mathrm{x,air}}^{(\mathrm{h})} = c_{\mathrm{p,m}} T_0 \Big(\frac{T}{T_0} - 1 - \ln \frac{T}{T_0} \Big) \tag{A-2}$$

$$E_{\mathrm{x,air}}^{(\mathrm{m})} = R_{\mathrm{a}} T_0 \Big((1 + 1.608\omega) \ln \frac{1 + 1.608\omega_0}{1 + 1.608\omega} + 1.608\omega \ln \frac{\omega}{\omega_0} \Big)$$

$$\tag{A-3}$$

上式中各符号的含义详见第 3.2.1 节，其中 $c_{\mathrm{p,m}}$ 为湿空气的比热（$c_{\mathrm{p,m}} = c_{\mathrm{p,a}} + \omega c_{\mathrm{p,v}}$）。

当湿空气的含湿量保持不变，仅温度发生变化时，例如从热源 T_1 向热汇 T_2（$T_2 > T_1$）排放热量过程所需要投入的最小功 W_h 可以用空气显热㶲的关系式进行计算：

$$W_h = \left.\frac{dE_{x,air}^{(h)}}{dT}\right|_{T_1} - \left.\frac{dE_{x,air}^{(h)}}{dT}\right|_{T_2} \qquad (A-4)$$

将式（A-2）中空气热量㶲的计算式带入上式，得到：

$$W_h = c_{p,m}T_0\left(\frac{1}{T_2} - \frac{1}{T_1}\right) \qquad (A-5)$$

以下分析当湿空气的温度保持不变，仅含湿量发生变化时，如图 A-1 所示，例如从湿源 ω_1 向湿汇 ω_2（$\omega_1 < \omega_2$）排湿过程所需要的最小输入功 W_m 可用空气湿度㶲的关系式进行计算：

$$W_m = \left.\frac{dE_{x,air}^{(m)}}{d\omega}\right|_{\omega_1} - \left.\frac{dE_{x,air}^{(m)}}{d\omega}\right|_{\omega_2} \qquad (A-6)$$

将式（A-3）中空气湿度㶲的计算式带入式（A-6），得到：

$$W_m = 1.608R_aT_0\left(\ln\frac{\omega_2}{1+1.608\omega_2} - \ln\frac{\omega_1}{1+1.608\omega_1}\right) \qquad (A-7)$$

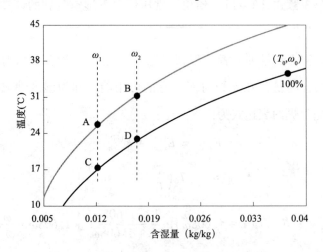

图 A-1 状态点在焓湿图上的表示

湿空气的水蒸气分压力和含湿量满足如下关系，其中 P_0 为标准大气压：

$$P_2 = \frac{1.608\omega_2}{1 + 1.608\omega_2}P_0 , \quad P_1 = \frac{1.608\omega_1}{1 + 1.608\omega_1}P_0 \qquad (A-8)$$

将上式带入式（A-7），得到用水蒸气分压力表示的最小输入功 W_m 的表达式为：

$$W_m = 1.608R_aT_0\ln\left(\frac{P_2}{P_1}\right) \qquad (A-9)$$

克劳修斯 – 克拉贝龙（*Clause – Clapeyron*）方程给出了饱和蒸汽压 (P_s) 和饱和温度 (T) 之间的关系，其中 A_s 为常数，r 为气化潜热。

$$\ln P_s = -\frac{r}{R_w}\frac{1}{T} + A_s \qquad (A-10)$$

因此，含湿量 ω_2 和含湿量 ω_1 对应的水蒸气分压力之比 P_2/P_1 可以用饱和线上的温度 T_C 和 T_D（参见图 A-1），即露点温度表示为：

$$\ln\frac{P_2}{P_1} = \frac{r}{R_w}\left(\frac{1}{T_C} - \frac{1}{T_D}\right) \qquad (A-11)$$

对于任意等相对湿度线 φ，水蒸气分压力 P_φ 和饱和蒸汽压 P_s 满足下式：

$$P_\varphi = \varphi P_s \qquad (A-12)$$

因此，含湿量 ω_2 和含湿量 ω_1 对应的水蒸气分压力之比 P_2/P_1 也可以用等相对湿度线上的温度 T_A 和 T_B（见图 A-1）表示：

$$\ln\frac{P_2}{P_1} = \frac{r}{R_w}\left(\frac{1}{T_A} - \frac{1}{T_B}\right) \qquad (A-13)$$

综上所述，湿度㶲也可以表示成与显热㶲一致的形式，湿度㶲也满足式（A-5）所示的 $1/T$ 的关系。

$$W_m = T_0\left(\frac{1}{T_A} - \frac{1}{T_B}\right)r = T_0\left(\frac{1}{T_C} - \frac{1}{T_D}\right)r \qquad (A-14)$$

A.2　湿空气㶲参考点的选取

㶲的定义为当系统由一任意状态可逆地变化到与参考状态相平衡的状

态时，理论上可以无限转换为任何其他能量形式的那部分能量（参见第3章）。在㶲的定义中有两个关键词，一个为可逆过程，即只有可逆过程才能进行能量的完全转换；另一个关键词为参考状态，采用㶲分析方法时必须明确给定一个参考状态（或称参考点、零㶲点），㶲的数值大小与参考环境的选取密切相关。在湿空气的热湿处理过程中，热量㶲参考点的选取较容易达成共识，研究者通常选取环境温度 T_0 为热量㶲的参考点。而湿度㶲参考点的选取则引起了较大争议，可以归为两大类：一类为选择不饱和的湿空气状态，即选取室外环境温度和含湿量作为㶲分析的参考点；另一类为选择室外空气温度对应的饱和湿空气状态为参考点。

图 A-2（a）给出了常用的冷凝除湿空调装置，室外空气通过表冷器降温、除湿，冷凝水通常被直接排掉。图 A-2（b）给出了采用溶液除湿的空调装置，室外空气通过溶液除湿模块降温、除湿，稀溶液采用室外空气再生，高温高湿的再生空气被排出室外。这两种空气处理过程在焓湿图上的表示见图 A-3。

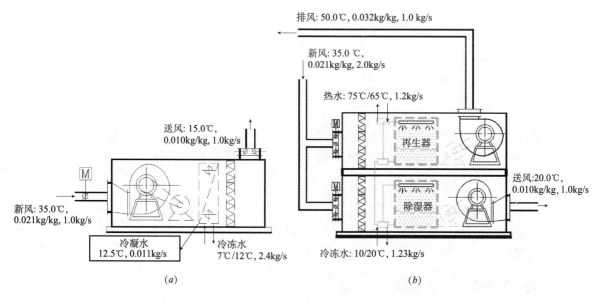

图 A-2　除湿过程示意图与运行参数

（a）冷凝除湿；（b）溶液除湿

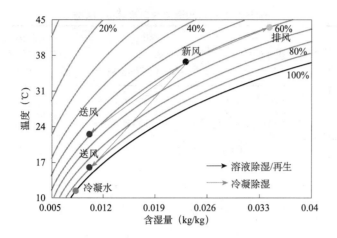

图 A－3　冷凝除湿和溶液除湿处理过程在焓湿图上的表示

　　表 A－1 给出了两种不同参考点的选取下，空气、冷凝水的㶲值，第一种选取室外空气状态为参考点（$T_0 = 35℃$，$\varphi = 60\%$，$\omega_0 = 0.0214kg/kg$），另一种选取饱和室外空气状态为参考点（$T_0 = 35℃$，$\varphi = 100\%$，$\omega_0 = 0.0365kg/kg$）。若选取室外空气状态为参考点，那么冷凝水的㶲值，以及再生排风的湿度㶲值均较高，即说明冷凝水和再生排风的湿度有较高的利用价值，这与传统空调系统的认识是相违背的。在常见的空调系统中，冷凝水的量较少，且水容易获得（例如冷却塔中的喷淋水等），把冷凝水回收利用意义不大；在溶液除湿系统中，再生排风的温度和湿度都很高，回收再生空气的热量㶲是有价值的，但在需求除湿的情况下，回收再生排风的湿度㶲意义也不大。图 A－4 给出了两种参考点选取对冷凝水的㶲值和再生排风的湿度㶲值的影响，可以发现，参考点的选取对㶲值有很大影响，不同参考点指向完全两种不同的结果。若选取室外饱和空气状态为参考点，那么此时冷凝水的㶲值很小，再生排风的湿度㶲也很小，回收冷凝水的㶲或再生排风的湿度㶲价值均很小。在除湿系统中，湿空气和水是最基本的组成部分，无法选取正确的参考点，后续的㶲分析则没有根基，甚至会得出错误的结论。

㶲参考点	状态参数	环境状态 ($T_0 = 35℃$, $\varphi = 60\%$, $\omega_0 = 0.0214\text{kg/kg}$)	饱和环境状态 ($T_0 = 35℃$, $\varphi = 100\%$, $\omega_0 = 0.0365\text{kg/kg}$)
冷凝水	12.5℃, 0.011kg/s	0.75 kW	0.03 kW
送风	0.010g/kg, 1kg/s	0.53 kW	1.85 kW
再生排风	0.032g/kg, 1kg/s	0.31 kW	0.04 kW
送风	0.010g/kg, 1kg/s	0.53 kW	1.85 kW

㶲参考点对水和湿空气湿度㶲值的影响   表 A–1

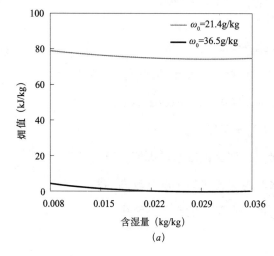
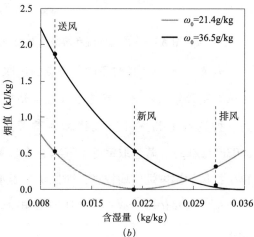

图 A-4　㶲参考点对湿度㶲值的影响

(a) 水的㶲值；(b) 湿空气的湿度㶲

在任意系统中，㶲参考点的选取应具有唯一性。若以室外状态的空气（T_{out}，ω_{out}）为参考点，由于室外空气处于非饱和态，那么可以通过往空气中喷水的方式获得室外湿球温度或者室外露点温度。此时，系统中同时存在多个不同温度的参考点，违背了参考点唯一性的原则。许多研究者指出，应选取室外空气的饱和状态（T_0，ω_0）为㶲参考点，这样的选取方法保证了系统参考点的唯一性。在这种选取方式下，回收冷凝水显热的意义不大，室外空气的显热㶲为零，而室外空气的湿度㶲大于零。例如在新疆等干燥地区采用的间接蒸发冷却方式是以室外空气的露点温度为工作极限的，利用空气与水作为媒介构建的间接蒸发冷却处理流程可以产生接近露点温度的冷水；而室外空气的含湿量（或水蒸气分压力）决定了其露点温度，室外空气越干燥，其露点温度越低，可获得的冷水温度相应越低，这就表明此时室外空气可利用的价值越大、相应的室外空气㶲值应当越高。

附录 B 表冷器冷凝除湿过程

B.1 物理模型

湿空气（简称空气）是空调系统的重要处理对象，空调系统的任务就是将空气从某一状态（温度、湿度）处理至期望的状态。湿空气可以认为是由干空气和水蒸气组成的混合气体，其中水蒸气含量很少，每千克空气只含有几克到几十克水蒸气，但水蒸气的含量对空气状态的影响却很大。在常压情况下，空气状态可由其温度和含湿量唯一确定。利用表面冷却器（以下简称表冷器）对湿空气进行冷凝除湿时，湿空气与表冷器中的冷媒（制冷工质、冷冻水等）间接接触，当湿空气的温度降温到露点温度（达到饱和状态）之后，继续对空气降温，那么空气中水蒸气会凝结出来，实现对空气的除湿处理效果；即在表冷器中同时发生了空气的降温与除湿处理过程。

在表冷器的冷凝除湿过程中，空气状态的变化如图 B-1 所示（此节分析逆流表冷器），初始空气状态为 OA，冷凝除湿后的空气状态为 SA。根据是否存在水蒸气的相变过程，空气状态变化可分为干工况区域和湿工况区域。在干工况区域，空气被降温，只有温度发生变化而含湿量（水蒸气分压力）则不发生改变，空气与冷媒之间为纯显热传递过程。在湿工况区域，空气中的水分发生相变，由气态凝结为液态析出，同时空气温度也会发生变化，因而同时存在显热传递和质量（水分）传递过程。

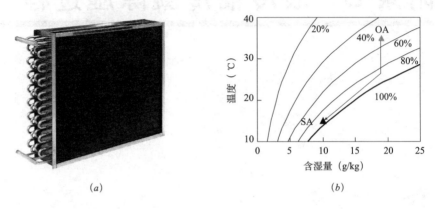

图 B-1　湿空气冷凝除湿处理过程

(a) 表冷器实物图；(b) 空气状态的变化在焓湿图上的表示

在表冷器的冷凝除湿过程中，湿空气达到饱和状态、水蒸气凝结为水时的相变过程才能发生。水的相变过程从能量平衡上描述，参见式（B-1）。其中 δQ_L 为相变吸收或放出的潜热量，δW 为水的蒸发量，r_0 为水的汽化潜热。

$$\delta Q_L = - r_0 \cdot \delta W \qquad (B-1)$$

对于逆流表冷器中的干工况区域（仅空气与冷媒的显热换热），可采用第 5.2 节的分析方法。在湿工况区域，同时存在显热传递过程和水分凝结过程，以下主要给出冷凝除湿过程中湿工况区域的分析方法。

B.2　湿工况区热湿传递过程与匹配特性分析

为了综合考虑水蒸气凝结过程释放汽化潜热与空气温度（显热）变化的作用，定义饱和湿空气的等效比热容 $c_{pa,e}$ 如式（B-2）所示，即通过饱和湿空气焓值 h_a 随温度 t_a 的变化率来反映水蒸气汽化潜热对湿空气特性的影响。

$$c_{pa,e} = \frac{dh_a}{dt_a} \qquad (B-2)$$

由图 B-2 中，$c_{pa,e}$ 随空气温度变化的关系可以看出，与干工况下湿空气的比热容 [约 1.005kJ/（kg·℃）] 相比，饱和湿空气的等效比热容 $c_{pa,e}$ 显著增大。同时，焓湿图中 100% 等相对湿度线的斜率随温度的升高而逐渐减小，即饱和湿空气单位温度变化对应的含湿量变化逐渐增大，使得饱和湿空气的等效比热容也逐渐增大。以下将利用饱和湿空气的等效比热容来分析冷凝除湿过程中湿工况区域的特性。

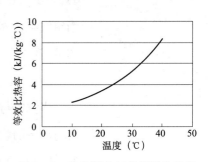

图 B-2　饱和湿空气的等效比热容 $c_{pa,e}$

当饱和湿空气温度由 t_A 变化到 t_B 时，该过程中饱和湿空气的等效比热容 $c_{pa,e}$ 可由式（B-3）计算，其中 $h_{a,A}$、$h_{a,B}$ 分别为 t_A、t_B 温度时饱和湿空气的焓值。

$$c_{pa,e} = \frac{h_{a,A} - h_{a,B}}{t_A - t_B} \qquad (B-3)$$

根据饱和湿空气的等效比热容 $c_{pa,e}$，湿工况区域中空气与冷媒热湿交换过程的传递单元数 NTU_d 可利用式（B-4）计算[141]，其中 U_d 为湿工况区域空气与冷媒间的总换热系数，A_d 为湿工况区域换热面积，$\dot{m}_a$ 为湿空气质量流量。

$$NTU_d = \frac{U_d A_d}{c_{pa,e} \cdot \dot{m}_a} \qquad (B-4)$$

与干工况区域相比，湿工况区域饱和湿空气的等效比热容显著高于干工况区域的空气比热容 c_{pa}，而 U_d 与干工况区域换热系数 U 相比也显著增大。通常情况下，表冷器内部对流换热热阻（水或制冷剂）及管壁导热热阻比例较小，主要热阻集中在空气侧。若可忽略表冷器内部对流换热热阻和管壁热阻，湿工况区域的传递单元数 NTU_d 可改写为式（B-5），即湿工况区域的 NTU_d 与干工况区域的 NTU 具有相同的计算式[141]。

$$NTU_d = \frac{U A_d}{c_{pa} \cdot \dot{m}_a} \qquad (B-5)$$

湿工况区域流量匹配的条件为两股流体的比热容量相等，如式（B-6）所示。在一小段范围内，饱和湿空气的等效比热容 $c_{pa,e}$ 可视为定值。当空气与冷水满足流量匹配条件时，该过程在 $T-Q$ 图上的表示参见图 B-3（c）。

$$\dot{m}_a c_{pa,e} = \dot{m}_w c_{p,w} \tag{B-6}$$

当空气与冷水满足流量匹配条件，且传递过程的 NTU_d 无穷大时，空气与冷水的状态变化如图 B-3（a）所示，图 B-3（b）给出了该过程在 $T-Q$ 图上的表示，其中下标 in、out 分别表示进出口流体，此时空气与冷水传递过程的热阻为 0。

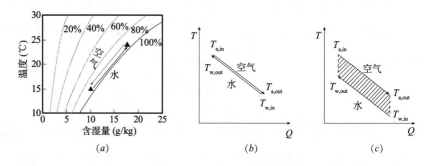

图 B-3　采用冷水的湿空气冷凝除湿处理过程（流量匹配）

（a）空气、水状态变化；（b）NTU_d 无穷大；（c）有限传热传质能力

B.3　冷凝除湿过程性能分析

B.3.1　以冷冻水为冷媒

根据对冷凝除湿干工况和湿工况处理区域的分析，对于空气在湿工况区域与冷水的换热过程，空气可视为等效比热容为 $c_{pa,e}$ 的流体。通过对干工况（空气比热容为 c_{pa}）和湿工况区域分别进行分析，可以得到整个冷凝除湿处理过程的㶲耗散分析结果。以湿工况区域中空气与冷水满足流量匹配条件［式（B-6）］为例，当传递过程的传递能力 NTU 无穷大时，

空气与冷水的状态变化如图 B-4（a）所示，可以看出由于湿工况区中空气等效比热容明显大于干工况时的空气比热容，干工况区中空气 T 随热量 Q 变化的斜率要明显大于湿工况区；由于干工况区中空气与冷水不满足流量匹配条件，此时干工况区空气与冷水换热过程存在由流量不匹配造成的㶲耗散。进一步地，当传递能力为有限值时，图 B-4（b）给出了空气、水状态在 $T-Q$ 图上的表示，可以看出此过程中的㶲耗散由传递能力有限和流量不匹配两部分原因造成：湿工况区的㶲耗散仅由传递能力有限造成，而干工况区的㶲耗散则由流量不匹配和传递能力有限共同造成。

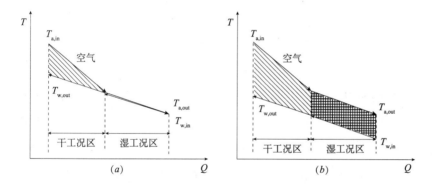

图 B-4　采用冷水的冷凝除湿过程整体分析

（a）传递能力无穷大；（b）有限传递能力

由于干工况区与湿工况区空气可视为不同比热容的两股流体，利用冷水进行冷凝除湿的过程总是存在流量不匹配造成的㶲耗散。此外，冷凝除湿后的空气状态通常接近饱和，在满足送风含湿量需求的情况下温度偏低，有些情况下需对送风进行再热才能满足较好的舒适性需求。为了改善冷凝除湿处理过程的匹配特性、减少再热过程的能量消耗，利用冷凝除湿后的空气对进口空气预冷是一种有效的处理方式，参见图 B-5。进口空气（a_1）与冷凝除湿后的空气（a_3）通过回热器进行换热，进风 a_1 被预冷至 a_2 状态（经过合理设计，可接近或达到饱和状态）后继续与冷水进行换热，经过冷凝除湿后湿空气达到 a_3 状态，流经回热器被进风加热至 a_4 状态完成整个处理过程。从该处理过程中空气状态在焓湿图上的表示来看，通过设置回热器，可以有效实现对进风 a_1 的预冷和对除湿后空气 a_3 的再热，冷凝除湿过程也尽量贴近湿空气饱和线进行。

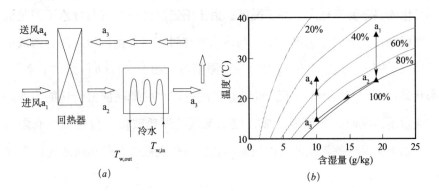

图 B-5　带有回热器的冷凝除湿空气处理过程

（a）处理过程原理；（b）空气、冷水变化的 T-Q 图

当传递能力为有限值时，图 B-6（a）给出了图 B-5 所示带有回热器的冷凝除湿过程中空气、水状态在 T-Q 图上的表示。进风 a_1 与除湿后空气 a_3 在回热器中换热，该过程两股流体流量匹配，㶲耗散仅由传递能力有限造成；冷凝除湿过程同样可以实现流量匹配，与图 B-4（b）所示的处理过程相比，设置回热器的冷凝除湿处理过程减少了由于流量不匹配造成的㶲耗散，此时整个冷凝除湿过程的㶲耗散均是由于传递能力有限引起

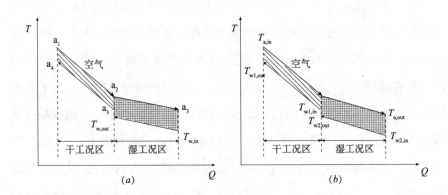

图 B-6　冷凝除湿空气处理过程在 T-Q 的表示

（a）带有回热循环的 T-Q 图；（b）利用两股冷水的 T-Q 图

的。需要注意的是，当进风状态变化时，进风 a_1 对除湿后空气 a_3 的再热效果也会发生变化，即再热后的送风 a_4 温度会发生波动。因而，对于这种在进风与出风间设置回热器的冷凝除湿处理过程，实际应用时应考虑再热效果能否满足送风需求。

此外，为了改善冷凝除湿过程的匹配特性、减少由于流量不匹配造成的㶲耗散，利用两股不同温度的冷水来进行冷凝除湿也是一种可行措施。图 B-6（b）给出了采用两股不同温度的冷水且冷水与干工况区和湿工况区的空气分别流量匹配时的冷凝除湿过程 $T-Q$ 图。干工况区冷水进出口温度分别为 $T_{w1,in}$、$T_{w1,out}$；湿工况区冷水进出口温度为 $T_{w2,in}$、$T_{w2,out}$。该处理过程可实现冷水与空气间的流量匹配，处理过程的㶲耗散仅由传递能力有限造成。

B.3.2 以制冷工质为冷媒

由于制冷剂可视为恒温特性（比热容量无限大），冷凝除湿过程中对干工况区（空气比热容 c_{pa}）和湿工况区（等效比热容 $c_{pa,e}$）均无法满足流量匹配条件。当传递过程的传递能力无穷大时，图 B-7（a）给出了空气与冷水温度随换热量的变化，可以看出由于空气与制冷剂不满足流量匹配条件，此时干工况区和湿工况区的㶲耗散均由流量不匹配造成。进一步地，当传递能力为有限值时，空气、水状态在 $T-Q$ 图上的表示如图 B-7（b）所示，此过程的㶲耗散由传递能力有限和流量不匹配两部分原因共同造成。

为了降低流量不匹配对换热过程的影响，可以提出分级处理的方式，参见图 B-8。图中设置有两级蒸发器对空气进行处理，其中 $T_{e,1}$、$T_{e,2}$ 分别为两级蒸发器中制冷工质的蒸发温度。与图 B-7（b）所示单个蒸发温度的冷凝除湿过程相比，通过设置两级蒸发器、利用两个蒸发温度来分别满足干工况区和湿工况区的空气处理需求，能够有效降低流量不匹配造成的㶲耗散，有助于减小热阻；同时，分级设置蒸发器也有助于提高蒸发温

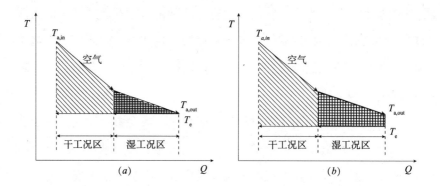

图 B-7 采用制冷工质的冷凝除湿过程整体分析

（a）传递能力无穷大；（b）有限传递能力

度，改善冷凝除湿过程的能效。

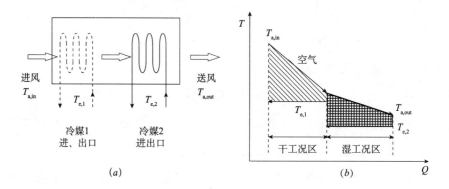

图 B-8 蒸发器分级设置的冷凝除湿空气处理过程

（a）处理过程原理；（b）处理过程 T-Q 图

参考文献

［1］美国国家工程院．20 世纪最伟大的工程技术成就［M］．常平，白玉良，译．广州：暨南大学出版社，2002．

［2］邱忠岳．世界空调发展史［J］．制冷技术．1984（3）：38－40．

［3］赵荣义，范存养，薛殿华，钱以明．空气调节（第三版）［M］．北京：中国建筑工业出版社，2000．

［4］William JW, Richard AG, Edward FOP. Evaluation of available energy for HVAC［J］. ASHRAE Transactions, 1979, 85（1）：214－230.

［5］朱明善．能量系统的㶲分析［M］．北京：清华大学出版社，1988．

［6］Cammarata G, Fichera A, Mammino L, Marletta L. Exergonomic optimization of an air-conditioning system［J］. Journal of Energy resources Technology, 1997, 119：62－69.

［7］任承钦．蒸发冷却㶲分析及板式换热器的设计与模拟研究［D］．长沙：湖南大学，2001．

［8］Gool WV. Thermodynamic of chemical references for exergy analysis［J］. Energy Conversion and Management, 1998, 39（16－18）：1719－1728.

［9］Shukuya M. Exergy concept and its application to the built environment［J］. Building and Environment, 2009, 44（7）：1545－1550.

［10］Kilkis B. Exergy metrication of radiant panel heating and cooling with heat pumps ［J］. Energy Conversion and Management，2012，63：218 - 224.

［11］李震. 湿空气处理过程热力学分析方法及其在溶液除湿空调中应用 ［D］. 北京：清华大学，2004.

［12］王厉. 基于㶲方法的暖通空调系统热力学分析研究 ［D］. 长沙：湖南大学，2012.

［13］Farmahini-Farahani M，Delfani S，Esmaeelian J. Exergy analysis of e-vaporative cooling to select the optimum system in diverse climates ［J］. Energy，2012，40（1）：250 - 257.

［14］Fan B，Jin XQ，Fang X，Du ZM. The method of evaluating operation performance of HVAC system based on exergy analysis ［J］. Energy and Buildings，2014，77：332 - 342.

［15］International Energy Agency's Energy in Buildings and Communities Programme （IEA EBC）. Annex 37，Low exergy systems for heating and cooling of buildings （http：//www. lowex. net/）；Annex 49，Low exergy systems for high-performance buildings and communities （http：//www. annex49. com）；Annex 64，Optimized Performance of Community Energy Supply Systems with Exergy Principles.

［16］IEA-EBC Annex 59. High temperature cooling & low Temperature heating in buildings. http：//www. annex59. com/.

［17］Annex 37 guide book. Heating and cooling with focus on increased energy efficiency and improved comfort. Finland：VTT，2003.

［18］Bean R，Olesen BW，Kim KW. Part 2 history of radiant heating & cooling systems ［J］. ASHRAE Journal，2010，52（2）：50 - 55.

［19］Babiak J，Olesen BW，Petras D. Low temperature heating and high temperature cooling systems ［J］. REHVA Guidebook，2007，7.

［20］Shukuya M，Hammache A. Introduction to the concept of exergy-For a better understanding of low-temperature-heating and high-temperature-cooling systems ［J］. VTT Tiedotteita-Valtion Teknillinen Tutkimuskeskus, 2002, 2158.

[21] 井上宇市，木内俊明，李春夫，等. 空調時の室内気流の混合特性に関する研究［C］. 建築学会大会講演論文集，1977.

[22] Kameyama H, Yoshida K, Yamauchi S, Fueki K. Evaluation of Reference Exergies for the Elements ［J］. Applied Energy, 1982, 11 (1)：69 – 83.

[23] Nakahara N. Prediction of mixing energy loss in a simultaneous heated and cooled room：2-Simulation analyses on seasonal loss ［J］. ASHRAE Transactions, 1993, 99 (1)：115 – 128.

[24] 江亿，刘晓华，谢晓云. 室内热湿环境营造系统的热学分析框架［J］. 暖通空调，2011，41 (3)：1 – 12.

[25] 清华大学建筑节能研究中心. 2014 中国建筑节能年度发展研究报告［M］. 北京：中国建筑工业出版社，2014.

[26] 中国气象局气象信息中心气象资料室，清华大学建筑技术科学系. 中国建筑热环境分析专用气象数据集［M］. 北京：中国建筑工业出版社，2005.

[27] GB 50189—2005. 公共建筑节能设计标准［J］. 北京：中国建筑工业出版社，2005.

[28] GB 50736—2012. 民用建筑供暖通风与空气调节设计规范［J］. 北京：中国建筑工业出版社，2012.

[29] 电子工业部第十设计研究院. 空气调节设计手册（第二版）［M］. 北京：中国建筑工业出版社，1995.

[30] 陆耀庆 主编. 实用供热空调设计手册（第二版）［M］. 北京：中国建筑工业出版社，2008.

[31] 清华大学建筑节能研究中心. 2011 中国建筑节能年度发展研究报告

[M]．北京：中国建筑工业出版社，2011.

[32]　ASHRAE. ASHRAE Standard 62. 1 Ventilation for Acceptable Indoor Air Quality ［M］. Atlanta：American Society of Heating，Refrigerating and Air-Conditioning Engineers，Inc. ，USA，2010.

[33]　张涛，刘晓华，江亿. 集中空调系统各环节温差及提高性能的途径分析 ［J］. 暖通空调. 2011，41（3）：22 – 28.

[34]　祝耀升，张晓奋，单哲简. 地下水空调技术 ［M］. 北京：航空工业出版社，1994.

[35]　Jiang Y，Xie XY. Theoretical and testing performance of an innovative indirect evaporative chiller ［J］. Solar Energy，2010，84（12）：2041 – 2055.

[36]　格力电器股份有限公司. 出水温度 16～18℃ 的离心式冷水机组研发报告 ［R］. 2010.

[37]　张治平，李宏波，谢艳群，钟瑞兴. 一种高温离心式压缩机扩压器的改进与优化 ［J］. 暖通空调，2011，41（1）：17 – 20.

[38]　江亿，付林 主编. 工程前沿：大幅提高热电联产系统效率的途径（第九卷） ［M］. 北京：高等教育出版社，2009.

[39]　方豪，夏建军，江亿. 北方供暖新模式：低品位工业余热应用于城镇集中供暖 ［J］. 建筑科学，2012，28（s2）：11 – 17.

[40]　别玉，胡明辅，郭丽. 平板型太阳集热器瞬时效率曲线的统一性分析 ［J］. 可再生能源，2007，25（4）：18 – 20.

[41]　田琦. U 型管式全玻璃真空管集热器热效率及性能研究 ［J］. 能源工程，2006，（6）：36 – 40.

[42]　祝侃. 降低供热系统能源品位损失的分析与研究 ［D］. 北京：清华大学，2014.

[43]　清华大学建筑节能研究中心. 2015 中国建筑节能年度发展研究报告 ［M］. 北京：中国建筑工业出版社，2015.

［44］ 耿克成. 楼宇式天然气热电冷联供系统的评价及应用研究［D］. 北京: 清华大学, 2004.

［45］ Maivel M, Kurnitski J. Heating system return temperature effect on heat pump performance［J］. Energy and Buildings, 2015, 94: 71-79.

［46］ 王补宣. 工程热力学［M］. 北京: 高等教育出版社, 2011.

［47］ 张涛, 刘晓华, 涂壤, 江亿. 热学参数在建筑热湿环境营造过程中的适用性分析［J］. 暖通空调, 2011, 41 (3): 13-21.

［48］ 朱明善, 林兆庄, 刘颖, 彭晓峰. 工程热力学［M］. 北京: 清华大学出版社, 1994.

［49］ 傅秦生. 能量系统的热力学分析方法［M］. 西安: 西安交通大学出版社, 2005.

［50］ Bejan A. Advanced Engineering Thermodynamics［M］. New York: J. Wiley & Sons, 1997.

［51］ 杨世铭, 陶文铨. 传热学 (第3版)［M］. 北京: 高等教育出版社, 2000.

［52］ 朱明善. 能量系统的㶲分析［M］. 北京: 清华大学出版社, 1988.

［53］ 华贲. 工艺过程用能分析及综合［M］. 北京: 中国石化出版社 (原烃加工出版社), 1989.

［54］ 陈清林, 华贲. 能量系统热力学分析优化方法发展趋势［J］. 自然杂志, 1999, 21 (6): 322-324.

［55］ Ren CQ, Li NP, Tang GF. Principles of exergy analysis in HVAC and evaluation of evaporative cooling schemes［J］. Building and environment, 2002, 37 (11): 1045-1055.

［56］ Xiong ZQ, Dai YJ, Wang RZ. Exergy analysis of liquid desiccant dehumidification system［J］. International Journal of Green Energy, 2010, 7 (3): 241-262.

［57］ Wang L, Li NP, Zhao BW. Exergy performance and thermodynamic properties of the ideal liquid desiccant dehumidification system ［J］. Energy and Buildings, 2010, 42 (12): 2437 – 2444.

［58］ 隋学敏, 张旭. 辐射空调末端的㶲分析与评价［J］. 流体机械, 2010, 38 (4): 71 – 73.

［59］ Ahamed JU, Saidur R, Masjuki HH. A review on exergy analysis of vapor compression refrigeration system ［J］. Renewable and Sustainable Energy Reviews, 2011, 15: 1593 – 1600.

［60］ Hepbasli A. Thermodynamic analysis of household refrigerators ［J］. International Journal of Energy Research, 2007, 31: 947 – 959.

［61］ Yumrutas R, Kunduz M, Kanoglu M. Exergy analysis of vapor compression refrigeration systems ［J］. Exergy, 2002, 2: 266 – 272.

［62］ Xiong ZQ, Dai YJ, Wang RZ. Development of a novel two-stage liquid desiccant dehumidification system assisted by $CaCl_2$ solution using exergy analysis method ［J］. Applied Energy, 2010, 87 (5): 1495 – 1504.

［63］ Jain N, Alleyne A. Exergy-based optimal control of a vapor compression system ［J］. Energy Conversion and Management, 2015, 92: 353 – 365.

［64］ Alkan AM, Keçebas A, Yamankaradeniz N. Exergoeconomic analysis of a district heating system for geothermal energy using specific exergy cost method ［J］. Energy, 2013, 60: 426 – 434.

［65］ 龚光彩, 曾巍, 常世钧. 基于㶲方法的空调冷热源系统优化决策 ［J］. 湖南大学学报, 2005, 32 (5): 16 – 19.

［66］ 袁一, 胡德生 编. 化工过程热力学分析法 ［M］. 北京: 化学工业出版社, 1985.

［67］ 庄友明. 冰蓄冷空调系统和常规空调系统的㶲分析及能耗比较 ［J］. 暖通空调, 2006, 36 (6): 104 – 107.

［68］ Manjunath K, Kaushik SC. Second law thermodynamic study of heat exchangers: A review ［J］. Renewable and Sustainable Energy Reviews,

2014, 40: 348 –374.

[69] 李震, 江亿, 刘晓华, 等. 湿空气处理的㶲分析 [J]. 暖通空调, 2005, 35 (1): 97 –102.

[70] Li Z, Liu XH, Zhang L, Jiang Y. Analysis on the ideal energy efficiency of dehumidification process from buildings [J]. Energy and Buildings. 2010, 42 (11): 2014 –2020.

[71] Zhang L, Liu XH, Jiang Y. Ideal efficiency analysis and comparison of condensing and liquid desiccant dehumidification [J]. Energy and Buildings, 2012, 49: 575 –583.

[72] Zhang L, Liu XH, Jiang Y. A new concept for analyzing the energy efficiency of air-conditioning systems [J]. Energy and Buildings, 2012, 44: 45 –53.

[73] 曹炳阳. 新概念热学: 㶲和㶲耗散 [R]. 北京高校第八届青年教师教学基本功比赛, 2013.

[74] 过增元, 梁新刚, 朱宏晔. 㶲 – 描述物体传递热量能力的物理量 [J]. 自然科学进展, 2006, 16 (10): 1288 –1296.

[75] 李志信, 过增元. 对流传热优化的场协同理论 [M]. 北京: 科学出版社, 2010.

[76] 程新广, 李志信, 过增元. 热传导中的变分原理 [J]. 工程热物理学报, 2004, 25 (3): 457 –459.

[77] 程新广, 孟继安, 过增元. 导热优化中的最小传递势容耗散与最小熵产 [J]. 工程热物理学报, 2005, 26 (6): 1034 –1036.

[78] 柳雄斌, 孟继安, 过增元. 换热器参数优化中的熵产极值和㶲耗散极值 [J]. 科学通报, 2008, 53 (24): 3026 –3029.

[79] 程新广. 㶲及其在传热优化中的应用 [D]. 北京: 清华大学, 2004.

[80] Meng J A, Liang X G, Li Z X, et al. Numerical study on low Reynolds

number convection in alternate elliptical axis tube ［J］. J Enhanc Heat Transf, 2004, 11 (4): 307 –313.

［81］吴晶, 梁新刚. 㶲耗散极值原理在辐射换热优化中的应用 ［J］. 中国科学, 2009, 39 (2): 272 –277.

［82］Guo ZY, Zhu HY, Liang XG. Entransy-A physical quantity describing heat transfer ability ［J］. International Journal of Heat and Mass Transfer, 2007, 50 (13 –14): 2545 –2556.

［83］过增元, 李志信, 周森泉, 熊大曦. 换热器中的温差场均匀性原则 ［J］. 中国科学, 1996, 26 (1): 25 –31.

［84］过增元, 魏澍, 程新广. 换热器强化的场协同原则 ［J］. 科学通报, 2003, 48 (22): 2324 –2327.

［85］吴晶, 程新广, 孟继安, 过增元. 层流对流换热中的势容耗散极值与最小熵产 ［J］. 工程热物理学报, 2006, 27 (1): 100 –102.

［86］Cheng XT, Liang XG. Discussion on the applicability of entropy generation minimization and entransy theory to the evaluation of thermodynamic performance for heat pump systems ［J］. Energy Conversion and Management, 2014, 80: 238 –242.

［87］陈群, 吴晶, 任建勋. 对流换热过程的热力学优化与传热优化 ［J］. 工程热物理学报, 2008, 29 (2): 271 –274.

［88］Wu J, Cheng XT. Generalized thermal resistance and its application to thermal radiation based on entransy theory ［J］. International Journal of Heat and Mass Transfer, 2013, 58 (1 –2): 374 –381.

［89］张伦. 湿空气处理过程中热湿传递与转换特性分析 ［D］. 北京: 清华大学, 2014.

［90］Zhang L, Liu XH, Jiang Y. Application of entransy in the analysis of HVAC systems in buildings ［J］. Energy, 2013, 53: 332 –342.

［91］中原 信生, 梶原 豊久, 伊藤 尚寬. 空気調和における室内混合損

　　　失の防止に関する研究：第 1 報－実大実験による要因効果分析［C］. 空気調和・衛生工学会論文集, 1987, 33: 1 – 12.

［92］伊藤 尚寛, 中原 信生. 空気調和における室内混合損失の防止に関する研究：第 2 報－期間損失発生量のケーススタディ［C］. 空気調和・衛生工学会論文集, 1987, 33: 13 – 22.

［93］伊藤 尚寛, 中原 信生. 空気調和における室内混合損失の防止に関する研究：第 3 報－インテリア部吹出し方式, 蓄熱負荷の効果分析と室内温度分布特性に関する解析［C］. 空気調和・衛生工学会論文集, 1989, 41: 51 – 60.

［94］田浩. 高产热密度数据机房冷却技术研究［D］. 北京：清华大学, 2012.

［95］Olesen BW, Michel E. Heat exchange coefficient between floor surface and space by floor cooling：theory or a question of definition［J］. ASHRAE Transaction, 2000, 106: 684 – 694.

［96］高志宏, 刘晓华, 张伦, 江亿. 辐射板供冷性能影响因素与计算方法［J］. 暖通空调, 2011, 41（1）：33 – 37.

［97］张伦, 刘晓华, 高志宏, 江亿. 室内温度不均匀特性与理想排热排湿效率分析［J］. 暖通空调, 2011, 41（9）：1 – 4.

［98］Takeshi K. Development of liquid cooling air-conditioning system for commercial buildings［C］. 3rd Tsinghua-NSRI workshop on HVAC technology, Osaka, 2015.

［99］Gao TY, David M, Geer J, Schmidt R, Sammakia B. Experimental and numerical dynamic investigation of an energy efficient liquid cooled chiller-less data center test facility［J］. Energy and Buildings, 2015, 91: 83 – 96.

［100］李志浩. 高大建筑物分层空调系统选择［J］. 制冷学报, 1985, 1: 2 – 10.

[101] 朱能，刘珊. 置换通风与冷却顶板的热舒适性研究 [J]. 制冷学报，2000，21 (4)：64-70.

[102] 梁彩华，张小松，谢丁旺，等. 置换通风中风速对地板辐射供冷影响的仿真与试验研究 [J]. 制冷学报，2008，29 (6)：15-20.

[103] 刘晓华，江亿，张涛. 温湿度独立控制空调系统（第二版）[M]. 北京：中国建筑工业出版社，2013.

[104] Causone F, Corgnati SP, Filippi M. Solar radiation and cooling load calculation for radiant systems: Definition and evaluation of the direct solar load [J]. Energy and Buildings, 2010, 42 (3): 305-314.

[105] Olesen BW. Radiant floor cooling systems [J]. ASHRAE Journal, 2008, 50 (9): 16-22.

[106] 张涛. 集中空调系统内部传递损失的热学分析 [D]. 北京：清华大学，2014.

[107] Zhang L, Liu XH, Zhao K, Jiang Y. Entransy analysis and application of a novel indoor cooling system in a large space building [J]. International Journal of Heat and Mass Transfer, 2015, 85: 228-238.

[108] Zhao K, Liu XH, Jiang Y. On-site measured performance of a radiant floor cooling heating system in Xi'an Xianyang International Airport [J]. Solar Energy, 2014, 108: 274-286.

[109] 吴仲华. 能的梯级利用与燃气轮机总能系统 [M]. 北京：机械工业出版社，1988.

[110] 章熙民，任泽霈，梅飞鸣. 传热学（第4版）[M]. 北京：中国建筑工业出版社，2001.

[111] 付林，江亿，张世钢. 基于Co-ah循环的热电联产集中供热方法 [J]. 清华大学学报（自然科学版），2008，48 (9)：1377-1380.

[112] Li Y, Fu L, Zhang SG, Jiang Y, Zhao XL. A new type of district heating method with co-generation based on absorption heat exchange

（co-ah cycle） ［J］. Energy Conversion and Management. 2011，52 （2）：1200 – 1207.

［113］刘晓华，江亿，张涛，张伦. 建筑热湿环境营造过程中换热网络的匹配特性分析［J］. 暖通空调，2011，41（3）：29 – 37.

［114］Chen Q，Fu RH，Xu YC. Electrical circuit analogy for heat transfer analysis and optimization in heat exchanger networks［J］. Applied Energy，2015，139：81 – 92.

［115］田旭东，刘华，张治平，李宏波. 高温离心式冷水机组及其特性研究［J］. 流体机械，2009，37（10）：53 – 56.

［116］贺平，孙刚. 供热工程（第3版）［M］. 北京：中国建筑工业出版社，1993.

［117］Sun FT，Fu L，Zhang SG，Sun J. New waste heat district heating system with combined heat and power based on absorption heat exchange cycle in China［J］. Applied Thermal Engineering，2012，37：136 – 144.

［118］Sun J，Fu L，Sun FT，Zhang SG. Experimental study on a project with CHP system basing on absorption cycles［J］. Applied Thermal Engineering，2014，73：732 – 738.

［119］Sun FT，Fu L，Sun J，Zhang SG. A new waste heat district heating system with combined heat and power（CHP）based on ejector heat exchangers and absorption heatpumps［J］. Energy，2014，69：516 – 524.

［120］李震，田浩，张海强，刘晓华，江亿，钱晓栋. 用于高密度显热机房排热的分离式热管换热器性能优化分析［J］. 暖通空调，2011，41（3）：38 – 43.

［121］Jouhara H，Meskimmon R. Heat pipe based thermal management systems for energy-effcient data centres［J］. Energy，2014，77：265 – 270.

［122］Qian XD，Li Z，Li ZX. A thermal environmental analysis method for data centers［J］. International Journal of Heat and Mass Transfer，

2013，62：579－585.

[123] Qian XD，Li Z，Li ZX. Entransy and exergy analyses of airflow organization in data centers ［J］. International Journal of Heat and Mass Transfer，2015，81：252－259.

[124] 赖文彬. 主机串联在空调系统中的应用 ［J］. 暖通空调，2012，42 (6)：98－100.

[125] 陶永生，张建林，汪虎明，李志浩. 冷水大温差组合式空调机组的研制 ［C］. 全国暖通空调制冷学术文集，2002.

[126] 赵庆珠. 蓄冷技术与系统设计 ［M］. 北京：中国建筑工业出版社，2012.

[127] 曾剑龙. 性能可调节围护结构研究 ［D］. 北京：清华大学，2006.

[128] Jiang Y. State space method for analysis of the thermal behavior of room and calculation of air conditioning load ［J］. ASHRAE Transaction，1981，88：122～132.

[129] 清华大学 DeST 开发组. 建筑环境系统模拟分析方法—DeST ［M］. 北京：中国建筑工业出版社，2006.

[130] 清华大学建筑节能研究中心. 2009 中国建筑节能年度发展研究报告 ［M］. 北京：中国建筑工业出版社，2009.

[131] 吴彻平. 居住建筑围护结构节能分析与工程实践 ［D］. 重庆：重庆大学，2005.

[132] 张海强. 建筑热环境控制中换热网络的优化分析 ［D］. 北京：清华大学，2011.

[133] 许瑛，干建材挥发性有机化合物散发特性研究 ［D］. 北京：清华大学，2004.

[134] 殷维，贾小玲，彭建国，张国强. 夜间通风与建筑蓄热的非线性耦合 ［J］. 建筑热能通风空调，2006，25 (3)：81－83.

[135] 谢晓娜，刘晓华，江亿. 土壤源空调系统全年运行设计与计算分析

［J］. 太阳能学报, 2008, 29（10）：1218 - 1224.

［136］崔萍, 刁乃仁, 杨洪兴, 方肇洪. 竖直地埋管换热器优化设计与模拟软件［J］. 建筑热能通风空调, 2010, 29（5）：50 - 54.

［137］赵康. 高大空间辐射供冷方式研究［D］. 北京：清华大学, 2015.

［138］铃木谦一郎, 大矢信男 著. 除湿设计［M］. 李先瑞译. 北京：中国建筑工业出版社, 1983.

［139］刘晓华, 李震, 张涛. 溶液除湿［M］. 北京：中国建筑工业出版社, 2014.

［140］张立志. 除湿技术［M］. 北京：化学工业出版社, 2005.

［141］张寅平, 张立志, 刘晓华, 等. 建筑环境传质学［M］. 北京：中国建筑工业出版社, 2006.

［142］刘晓华. 溶液调湿式空气处理过程中热湿耦合传递特性分析［D］. 北京：清华大学, 2007.

［143］Liu XH, Li Z, Jiang Y. Similarity of coupled heat and mass transfer process between air-water and air-liquid desiccant contact system［J］. Building and Environment, 2009, 44（12）：2501 - 2509.

［144］张旭, 陈沛霖. 空气热湿处理的不可逆热力学分析及 Le 研究［J］. 同济大学学报（自然科学版）, 1999, 27（5）：561 - 566.

［145］谢晓云. 间接蒸发冷却式空调的研究［D］. 北京：清华大学, 2009.

［146］鲁孟群, 刘何清, 李春林, 张杰. 喷水室内热湿交换数值模拟研究［J］. 制冷与空调, 2010, 24（6）：101 - 106.

［147］Liu XH, Jiang Y, Xia JJ, Chang XM. Analytical solutions of coupled heat and mass transfer processes in liquid desiccant air dehumidifier／regenerator［J］. Energy Conversion and Management, 2007, 48（7）：2221 - 2232.

［148］Zhang L, Liu XH, Jiang JJ, Jiang Y. Exergy calculation and analysis of a dehumidification system using liquid desiccant［J］. Energy and

Buildings, 2014, 69: 318 – 328.

[149] ASHRAE. ASHRAE Handbook-Fundamentals [M]. Atlanta: American Society of Heating, Refrigerating and Air-Conditioning Engineers, Inc., USA, 2000.

[150] Zhang T, Liu XH, Jiang Yi. Performance comparison of liquid desiccant air handling processes from the perspective of match properties [J]. Energy Conversion and Management, 2013, 75: 51 – 60.

[151] 张永宁. 基于案例的美国公共建筑能耗调查分析与用能问题研究 [D]. 北京: 清华大学, 2008.

[152] 涂壤. 固体除湿过程中热湿传递特性及流程优化分析 [D]. 北京: 清华大学, 2014.

[153] Oró E, Depoorter V, Garcia A, Salom J. Energy effciency and renewable energy integration in data centres [J]. Strategies and modelling review. Renewable and Sustainable Energy Reviews, 2015, 42: 429 – 445.

[154] Khalaj AH, Scherer T, Siriwardana J, Halgamuge SK. Multi-objective effciency enhancement using workload spreading in an operational data center [J]. Applied Energy, 2015, 138: 432 – 444.

[155] Zhang HN, Shao SQ, Xu HB, Zou HM, Tian CQ. Integrated system of mechanical refrigeration and thermosyphon for free cooling of data centers [J]. Applied Thermal Engineering, 2015, 75: 185 – 192.

[156] 江亿, 刘晓华, 田浩, 等. 一种热环境控制系统. 中国: CN102213466B, 2013.

[157] Tian H, He ZG, Li Z. A combined cooling solution for high heat density data centers usingmulti-stage heat pipe loops [J]. Energy and Buildings, 2015, 94: 177 – 188.

[158] Simmonds P, Gaw W, Holst S, Reuss S. Using radiant cooled floors to

condition large spaces and maintain comfort conditions ［J］. ASHRAE Transactions, 2000, 106 (1): 695 – 701.

［159］王毅. 首都机场能耗分析与节能措施研究 ［D］. 北京: 清华大学, 2013.

［160］Huang C, Zou Z, Li M. Measurements of indoor thermal environment and energy analysis in a large space building in typical seasons ［J］. Building and Environment, 2007, 42: 1869 – 1877.

［161］Nishioka T, Ohtaka K, Hashimoto N, Onojima H. Measurement and evaluation of the indoor thermal environment in a large domed stadium ［J］. Energy and Buildings, 2000, 32: 217 – 223.

［162］陆燕, 胡仰耆, 卫丹, 等. 浦东国际机场 T2 航站楼节能研究 ［J］. 暖通空调, 2008, 38 (6): 21 – 25.

［163］Saïd MNA, MacDonald RA, Durrant GC. Measurement of thermal stratification in large single-cell buildings ［J］, Energy and Buildings, 1996, 24: 105 – 115.

［164］方勇. 深圳机场 T3 航站楼空调通风系统设计 ［J］. 暖通空调, 2011, 41 (11): 20 – 26.

［165］Simmonds P, Mehlomakulu B, Ebert T. Radiant cooled floors: operation and control dependant upon solar radiation ［J］. ASHRAE Transactions, 2006, 112 (1): 358 – 367.

［166］杨婉, 石德勋, 邹玉容. 成都双流国际机场航站楼空调系统用能状况分析与节能诊断. 暖通空调 ［J］, 2011, 41 (11): 31 – 35.

［167］范存养. 大空间建筑空调设计及工程实录 ［M］. 北京: 中国建筑工业出版社, 2001.

［168］江亿. 冷与热的异与同 ［R］. 全国暖通空调学术年会大会报告, 2012.

［169］Zhao K, Liu XH, Zhang T, Jiang Y. Performance of temperature and humidity independent control air-conditioning system applied in an office building [J]. Energy and Buildings, 2011, 43: 1895 – 1903.

[170] Zhang T, Liu XH, Li Z, Jiang JJ, Tong Z, Jiang Y. On-site measurement and performance optimization of the air-conditioning system for a datacenter in Beijing [J]. Energy and Buildings, 2014, 71: 104 – 114.

[171] Zhao K, Liu XH, Jiang Y. Application of radiant floor cooling in a large open space building with high-intensity solar radiation [J]. Energy and Buildings, 2013, 66: 246 – 257.

[172] 周欣, 燕达, 邓光蔚, 等. 居住建筑集中与分散空调能耗对比研究 [J]. 暖通空调, 2014, 44 (7): 18 – 25.

[173] 李兆坚, 江亿. 住宅空调方式的夏季能耗调查与思考 [J]. 暖通空调, 2008, 38 (2): 37 – 43.

[174] 李兆坚, 江亿. 我国城镇住宅夏季空调能耗状况分析 [J]. 暖通空调, 2009, 39 (5): 82 – 88.

[175] 周欣. 建筑服务系统集中与分散问题的定量分析方法研究 [D]. 北京: 清华大学, 2015.

[176] JGJ 142—2012. 辐射供暖供冷技术规程 [S]. 北京: 中国建筑工业出版社, 2012.

[177] Wepfer WJ, Gaggioli RA, Obert EF. Proper evaluation of available energy for HVAC [J]. ASHRAE Transactions, 1979, 85 (1): 214 – 230.

[178] Qureshi BA, Zubair SM. Application of exergy analysis to various psychrometric processes [J]. International Journal of Energy Research, 2003, 27 (12): 1079 – 1094.

[179] Pitzer KS. Thermodynamics [M]. New York: McGraw-Hill, 1995.

[180] Tu R, Liu XH, Jiang Y. Lowering the regeneration temperature of a rotary wheel dehumidification system using exergy analysis [J]. Energy Conversion and Management, 2015, 89: 162 – 174.

［181］ Zhang T，Liu XH，Zhang L，Jiang Y. Match properties of heat transfer and coupled heat and mass transfer processes in air-conditioning system ［J］. Energy Conversion and Management. 2012，53（1）：103 – 113.

［182］ 江晶晶. 内冷型溶液除湿过程热湿传递性能研究 ［D］. 北京：清华大学，2014.

［183］ 陈林. 液体吸收式新风空调系统的性能及其应用 ［D］. 北京：清华大学，2009.

［184］ Liu XH，Li Z，Jiang Y. Similarity of coupled heat and mass transfer process between air-water and air-liquid desiccant contact system ［J］. Building and Environment. 2009，44（12）：2501 – 2509.

［185］ 宋垚臻. 空气与水逆流直接接触热质交换模型计算及与实验比较 ［J］. 化工学报，2005，56（4）：614 – 619.

［186］ 夏少丹，马建荣，吴疆，等. 考虑路易斯数的逆流塔热力学模型及运行特性分析 ［J］. 暖通空调，2014，44（8）：90 – 95.

［187］ Zhang T，Liu XH，Jiang Y. Performance optimization of heat pump driven liquid desiccant dehumidification systems ［J］. Energy and Buildings，2012，52：132 – 144.